建筑工程资料管理与表格填写系列丛书

电气、智能建筑工程资料管理与表格填写范例

北京土木建筑学会　主编

中国计划出版社

图书在版编目（ＣＩＰ）数据

电气、智能建筑工程资料管理与表格填写范例 / 北京土木建筑学会主编. -- 北京 ： 中国计划出版社，2017.3

（建筑工程资料管理与表格填写系列丛书）

ISBN 978-7-5182-0579-0

Ⅰ．①电… Ⅱ．①北… Ⅲ．①房屋建筑设备－电气设备－建筑安装－资料管理②智能化建筑－建筑工程－资料管理 Ⅳ．①TU85②TU243

中国版本图书馆CIP数据核字(2017)第034679号

建筑工程资料管理与表格填写系列丛书

电气、智能建筑工程资料管理与表格填写范例

北京土木建筑学会　主编

中国计划出版社出版发行

网址：www.jhpress.com

地址：北京市西城区木樨地北里甲 11 号国宏大厦 C 座 3 层

邮政编码：100038　电话：(010)63906433(发行部)

北京市科星印刷有限责任公司印刷

787mm×1092mm　1/16　20 印张　470 千字

2017 年 3 月第 1 版　2017 年 3 月第 1 次印刷

印数 1—2000 册

ISBN 978-7-5182-0579-0

定价：56.00 元

建筑工程资料管理与表格填写系列丛书

《电气、智能建筑工程资料管理与表格填写范例》
编 委 会 名 单

主编单位：北京土木建筑学会

参编单位：北京筑业志远软件开发有限公司

北京万方建知教育科技有限公司

主　　编：赵　伟

副 主 编：郭　冲　　陈昱文

编　　委：（排名不分先后）

谷　军	李亚正	徐红博	赵　伟	郭利民
李　英	李明杰	郭晓辉	郭　冲	陈昱文
张建勋	刘鹏华	荆临铉	白志忠	毕立伟
范　飞	徐宝双	王振宇	温丽丹	刘兴宇
崔　铮	曹　烁	李程程	李思远	李达宁
陈　臣	蔡芳芳	庞灵玲	付海燕	刘小超
姚亚亚	齐丽香	董俊燕		

主　　审：吴松勤

前　　言

建筑工程资料是在工程建设过程中形成的各种形式的信息记录。它既是反映工程质量的客观见证,又是对工程建设项目进行过程检查、竣工验收、质量评定、维修管理的依据,是城市建设档案的重要组成部分。工程资料实现规范化、标准化管理,可以体现企业的技术水平和管理水平,进而提升企业的市场竞争能力,是适应我国工程建设质量管理改革形势的需要。鉴于此,北京土木建筑学会组织有丰富施工经验的技术人员及专家组成了编写组和审编组,编写了建筑工程资料管理与表格填写系列丛书。

丛书依据工程质量验收标准《建筑工程施工质量验收统一标准》GB 50300—2013、资料管理标准《建筑工程资料管理规程》JGJ/T 185—2009、文件归档标准《建设工程文件归档规范》GB/T 50328—2014 及《建筑地基基础工程施工规范》GB 51004—2015、《混凝土结构工程施工质量验收规范》GB 50204—2015、《砌体结构工程施工规范》GB 50924—2014、《屋面工程质量验收规范》GB 50207—2012、《通风与空调工程施工规范》GB 50738—2011、《建设工程监理规范》GB/T 50319—2013 等最新专业工程的施工及验收规范,参考了大量相关专业的书籍,并结合建筑工程专业特点,根据资料类型对资料进行了整理与编制,以方便读者的使用。

建筑工程资料管理与表格填写系列丛书共分为九个分册,分别为:《地基与基础工程资料管理与表格填写范例》、《建筑结构工程资料管理与表格填写范例》、《钢结构工程资料管理与表格填写范例》、《建筑装饰装修工程资料管理与表格填写范例》、《建筑设备安装工程资料管理与表格填写范例》、《电气、智能建筑工程资料管理与表格填写范例》、《隐蔽工程验收资料管理与表格填写范例》、《建筑工程监理资料管理与表格填写范例》、《建筑施工安全资料管理与表格填写范例》。

本书《电气、智能建筑工程资料管理与表格填写范例》为第六分册,共分为六章,主要包括:工程资料管理要求、施工物资资料(C4)、施工记录(C5)、施工试验资料(C6)、质量验收资料(C7)、资料组卷与归档实例范本。按电气、智能建筑施工及验收规范要求对电气工程及智能建筑工程的资料进行了分类整理,对施工过程中形成的资料表格给出了填写范例及填写说明,方便施工人员在资料形成过程中参考使用。读者在阅读本书时,可参考本书的附录《工程资料类别、来源及保存》,以核查在资料收集工作中是否有疏漏。

本书的表格范例样式主要参考了北京、河北、吉林的地方标准,适用于工程施工、建设、监理、设计等广大技术人员,可供其在编制工程资料时以有益的借鉴、学习、参考和指导。本书资料全面,贴近现场,并将新规范的内容融会贯通,做到通俗易懂,具有较强的指导作用和使用价值,可视为规范实施的技术性工具书。

由于时间关系以及编者水平所限,书中难免存在错误与疏漏,恳请广大读者批评指正。

编　者

2017 年 3 月

目　　录

第三章　建筑电气、智能建筑工程施工记录(C5)

第四章　建筑电气、智能建筑工程施工试验资料(C6)

第五章 建筑电气、智能建筑工程质量验收资料(C7)

第六章 建筑电气、智能建筑工程资料组卷与归档实例范本

第一章

工程资料管理要求

本章内容包括下列资料:

- ➤ 工程资料的分类及编号
- ➤ 工程准备阶段文件管理
- ➤ 监理资料管理
- ➤ 施工资料管理
- ➤ 工程资料标准化管理
- ➤ 工程资料组卷及归档管理

第一节　工程资料的分类及编号

一、工程资料的分类

建筑工程资料是在建筑工程建设过程中形成的各种形式信息记录的统称,简称为工程资料。工程资料分为工程准备阶段文件、监理资料、施工资料、竣工图和工程竣工文件5类,这是按照不同收集单位、不同资料类别进行分类的,同时兼顾了工程专业的不同。

1. 工程准备阶段文件

工程准备阶段文件由建设单位负责形成。建设单位应当按照基本建设程序进行工作,重视工程资料管理,配备专职或兼职的工程资料管理人员。建设单位的资料管理人员应负责及时收集基本建设程序各个环节所形成的文件资料,并按类别、形成时间进行登记、立卷、保管。工程竣工后,建设单位应按规定进行移交。涉及需要向政府行政主管部门申报的工程准备阶段文件,应按政府行政主管部门的有关规定执行。工程准备阶段文件经归纳可以分为6种,具体名称如下:

(1)决策立项文件。

(2)建设用地文件。

(3)勘察设计文件。

(4)招投标及合同文件。

(5)开工文件。

(6)商务文件。

2. 监理资料

监理资料由工程建设监理单位负责形成。监理单位应当按照监理规程的要求,重视资料管理工作,配备专职或兼职的监理资料管理人员,及时收集各个环节所形成的文件资料,并按类别、形成时间进行登记、立卷、保管。工程竣工后,监理单位应按规定将监理资料移交给建设单位。监理资料可以分为6种,具体名称如下:

(1)监理管理资料。

(2)进度控制资料。

(3)质量控制资料。

(4)造价控制资料。

(5)合同管理资料。

(6)竣工验收资料。

3. 施工资料

施工资料内容与种类繁多,应由施工单位负责形成,其中部分资料需要监理、设计、勘察等单位签认。施工单位应当按照法律法规和标准规范的要求,高度重视资料管理工作,配备专职的资料管理人员,及时收集各个环节所形成的文件资料,并按类别、形成时间进行登记、立卷、保管。施工过程中,应按照规定接受有关单位的检查。工程竣工后,施工单位应按规定将施工资料移交给建设单位。施工资料可以分为8种,具体名称如下:

（1）施工管理资料。

（2）施工技术资料。

（3）施工进度及造价资料。

（4）施工物资资料。

（5）施工记录。

（6）施工试验记录。

（7）施工质量验收记录。

（8）竣工验收资料。

施工资料一般应为两套，工程竣工后移交建设单位一套，施工单位自留一套。施工资料的保存期限应符合有关规定。

4.竣工图

竣工图是建筑工程竣工档案的重要组成部分，是工程建设完成后的一种凭证性材料。竣工图是建设过程的真实记录，也是工程竣工验收的必备条件。建筑工程日后的维修、管理、改建、扩建，都需要竣工图，因此所有新建、改建、扩建的工程项目在竣工时必须绘制竣工图，竣工图绘制工作应由建设单位负责，也可由建设单位委托施工单位、监理单位或设计单位，编制费用应由建设单位负责。绘制竣工图的主要规定有：

（1）工程竣工后，凡按施工图施工没有变动的，可在施工图图签附近空白处加盖并签署竣工图章。一般性图纸变更，编制单位可根据设计变更依据，在施工图上直接改绘，并加盖及签署竣工图章。

工程竣工后，凡结构形式、工艺、平面布置、项目等重大改变及图面变更超过40%的，应重新绘制竣工图。重新绘制的图纸必须有图名和图号，图号可按原图编号。

（2）竣工图应专业齐全，并应有图纸目录。绘制的竣工图必须准确、清楚、完整、规范，修改必须符合工程的真实情况，即应真实反映项目竣工验收时的客观情况。

（3）用于改绘竣工图的图纸必须是新蓝图或使用绘图仪绘制的白图，不得使用复印的图纸。竣工图编制单位应按照国家建筑制图标准的要求绘制竣工图，使用绘图笔或签字笔及不褪色的绘图墨水。竣工图应采用仿宋字，字体的大小要与原图采用字体的大小相协调，不应出现错别字。竣工图应使用绘图工具或计算机绘制，不得徒手绘制。

（4）竣工图应加盖竣工图印章。竣工图印章应具有明显的"竣工图"字样，并包括编制单位名称、制图人、审核人和编制日期等内容。编制单位、制图人、审核人、技术负责人要对竣工图负责。

（5）竣工图的主要组成内容如下：

1)工艺布置图，包括工艺平面、立面、轴侧图等竣工图；

2)建筑竣工图，包括幕墙竣工图；

3)结构竣工图，包括混凝土、砌体、钢结构等竣工图；

4)建筑给水、排水与采暖竣工图；

5)燃气竣工图；

6)建筑电气竣工图；

7)智能建筑竣工图，包括综合布线、监控、电视天线、火灾报警等竣工图；

8)通风空调竣工图;

9)地面的道路、绿化、庭院照明、喷泉、喷灌等竣工图;

10)地下部分的各种市政、电力、电信管线等竣工图。

5.工程竣工文件

工程竣工文件是建筑工程竣工验收、备案和移交等活动中形成的文件,主要包括《建设工程文件归档规范》GB/T 50328—2014中提出的"竣工验收文件",以及工程竣工决算文件、竣工交档文件和竣工总结文件等内容。

工程竣工文件主要包括"单位(子单位)工程质量竣工验收记录""工程竣工验收报告"等;工程竣工决算文件主要包括"竣工决算资料"等;竣工交档文件主要包括"施工资料移交书""城市建设档案移交书"等;竣工总结文件包括"工程竣工总结"等。

(1)《单位(子单位)工程质量竣工验收记录》。

《单位(子单位)工程质量竣工验收记录》是一个建筑工程项目的最后一份验收资料,应由施工单位填写。

1)单位工程完工,施工单位组织自检合格后,应报请监理单位进行工程预验收,通过后向建设单位提交工程竣工报告并填报《单位(子单位)工程质量竣工验收记录》。建设单位应组织设计单位、监理单位、施工单位等进行工程质量竣工验收并记录,验收记录上各单位必须签字并加盖公章。

2)进行单位(子单位)工程质量竣工验收时,施工单位应同时填报《单位(子单位)工程质量控制资料检查记录》《单位(子单位)工程安全和功能检验资料核查及主要功能抽查记录》《单位(子单位)工程观感质量检查记录》,作为《单位(子单位)工程质量竣工验收记录》的附表。

3)"分部工程"栏根据各《分部(子分部)工程质量验收记录》填写。应对所含各分部工程,由竣工验收组成员共同逐项核查。对表中内容如有异议,应对工程实体进行检查或测试。核查并确认合格后,由监理单位在"验收记录"栏注明共验收了几个分部,符合标准及设计要求的有几个分部,并在右侧的"验收结论"栏内,填入具体的验收结论。

4)"质量控制资料核查"栏根据《单位(子单位)工程质量控制资料核查记录》的核查结论填写。建设单位组织由各方代表组成的验收组成员或委托总监理工程师,按照《单位(子单位)工程质量控制资料核查记录》的内容,对资料进行逐项核查。确认符合要求后,在《单位(子单位)工程质量竣工验收记录》右侧的"验收结论"栏内,填写具体的验收结论。

5)"安全和主要使用功能核查及抽查结果"栏根据《单位(子单位)工程安全和功能检验资料核查及主要功能抽查记录》的核查结论填写。

对于分部工程验收时已经进行了安全和功能检测的项目,单位工程验收时不再重复检测,但要核查以下内容:

①单位工程验收时按规定、约定或设计要求,需要进行的安全功能抽测项目是否都进行了检测,具体检测项目有无遗漏。

②抽测的程序、方法是否符合规定。

③抽测结论是否达到设计及规范规定。

经核查认为符合要求的,在《单位(子单位)工程质量竣工验收记录》中的"验收结论"栏填入符合要求的结论。如果发现某些抽测项目不全或抽测结果达不到设计要求,可进行返工处理,使之达到要求。

6)"观感质量验收"栏根据《单位(子单位)工程观感质量检查记录》的检查结论填写。参加验收的各方代表,在建设单位主持下,对观感质量抽查,共同做出评价。如确认没有影响结构安全和使用功能的项目,符合或基本符合规范要求,应评价为"好"或"一般"。如果某项观感质量被评价为"差",应进行修理。如果确难修理,只要不影响结构安全和使用功能的,可采用协商解决的方法进行验收,并在验收表上注明。

7)"综合验收结论"栏应由参加验收各方共同商定,并由建设单位填写,主要对工程质量是否符合设计和规范要求及总体质量水平做出评价。

(2)《工程竣工报告》。

1)工程概况。写明工程名称、工程地址、工程结构类型、建筑面积、占地面积、地下及地上层数、基础类型、建筑物檐高、主要工程量、开工和完工日期。建设、勘察、设计、监理、总包及分包施工单位名称。

2)施工主要依据。说明施工主要依据,标明合同名称及备案编号、设计图工程号及主要设计变更编号,施工执行的主要标准。

3)工程施工情况。

①人员组织情况:总包单位项目部项目经理、技术负责人、专业负责人、施工现场管理负责人等的姓名、执业证书及编号。特殊工种人员持证上岗情况。

②项目专业分包情况:专业分包情况、分包单位名称、资质证书号码和技术负责人姓名、执业证书及编号。

③工程施工过程:施工工期定额规定的施工天数、实际施工天数、工程总用工工日。按照《建筑工程施工质量验收统一标准》GB 50300—2013中分部工程的划分,简介各分部主要施工方法,重点描述地基基础、主体结构施工过程,包括建筑地基种类(天然或人工)、深度(槽底标高)、承载力数值、允许变形要求、地基处理情况、地基土质和地下水对基础有无侵蚀性、混凝土的制作及浇筑方法、砌体结构的砌筑方法、模板制作方法、钢筋接头方法等。说明主要建筑材料使用情况,用于主体结构建筑材料、门窗、防水、保温材料、混凝土外加剂、特种设备等产品是否符合相关规定,生产厂家是否具有生产许可证和生产厂家名称。建筑材料、构配件设备是否按规定进行了报验,是否按规定进行了复试,有见证取样与送检,有见证取样与送样见证人姓名和见证试验机构名称,是否有合格证明文件,是否符合国家及地方标准。

④工程施工技术措施及质量验收情况:简介各工序采用了哪些技术、质量控制措施及新技术、新工艺和特殊工序。评定工程质量采用的标准,执行《工程建设标准强制性条文》和国家工程施工质量验收规范及安全与功能性检测、原材料试验、施工试验、主要建筑设备、系统调试的情况,说明地基基础与主体结构及分部验收质量达标、企业竣工自检、施工资料管理等情况。

⑤工程完成情况:是否依法完成了合同约定的各项内容,有无甩项,有无质量遗留问题,需要说明的其他事项。

4)工程质量总体评价:工程是否达到设计要求,是否符合《工程建设标准强制性条文》和国家工程施工质量验收规范,是否达到了施工合同的质量目标,是否具备竣工验收条件。《单位工程竣工报告》同时应有总监理工程师签字。

(3)《施工总结》。

1)编制责任和时限要求。施工总结是在施工过程中和工程完工后,根据工程特点、性质进行的阶段性、综合性或专题性总结材料。应由项目经理统筹协调项目有关部门和管理人员共同完成。

2)施工总结包括以下方面的内容:

①工程概况:工程名称,建筑用途,基础结构类型,建筑面积,主要建筑材料,主要分部、分项工程,设计特点等。

②管理方面总结要点:对施工过程中所采用的质量管理措施、消除质量通病措施、降低成本措施、安全技术措施、环境管理措施、文明施工措施、合同管理措施、QC质量管理活动等。

③技术方面总结要点:主要针对工程施工中采用的新技术、新产品、新工艺、新材料进行总结;施工组织设计(施工方案)编制的合理性以及实施情况等。

④经验与教训方面总结:施工过程中出现的质量、安全事故的分析;事故的处理情况;如何杜绝类似事件发生等。

3)施工总结应由项目经理和项目技术负责人签字。

二、工程资料的编号

(1)工程准备阶段文件:可按文件形成时间的先后顺序和类别,由建设单位确定编号原则。

(2)监理资料:可按资料形成时间的先后顺序编号。

(3)施工资料:应按以下形式编号。

$$\underset{①}{\times\times} - \underset{②}{\times\times} - \underset{③}{\times\times} - \underset{④}{\times\times\times}$$

注:①为分部工程代号(2位),按《建筑工程施工质量验收统一标准》GB 50300—2013规定的代号填写。

②为子分部工程代号(2位),按《建筑工程施工质量验收统一标准》GB 50300—2013规定的代号填写。

③为资料的类别编号(2位),按《建筑工程资料管理规程》JGJ/T 185—2009规定的类别编号填写。

④为顺序号,按资料形成时间的先后顺序从001开始逐张编号。

(4)分部工程中每个子分部工程应根据资料属性不同按资料形成的先后顺序分别编号;使用表格相同但检查项目不同时应按资料形成的先后顺序分别编号。

(5)对按单位工程管理,不属于某个分部、子分部工程的施工资料,其编号中分部、子分部工程代号用"00"代替。

(6)同一批物资用在两个以上分部、子分部工程中时,其资料编号中的分部、子分部工程代号按主要使用部位的分部、子分部工程代号填写。

(7)资料编号应填写在资料专用表格右上角的资料编号栏中;无专用表格的资料,应在资料右上角的适当位置注明资料编号。

（8）由施工单位形成的资料,其编号应与资料的形成同步编写;由施工单位收集的资料,其编号应在收集的同时进行编写。

（9）类别及属性相同的施工资料,数量较多时宜建立资料管理目录。管理目录分为通用管理目录和专项管理目录。

（10）资料管理目录的填写要求:

1）工程名称:单位或子单位（单体）工程名称;

2）资料类别:资料项目名称,如工程洽商记录、钢筋连接技术交底等;

3）序号:按时间形成的先后顺序用阿拉伯数字从1开始依次编写;

4）内容摘要:用精练语言提示资料内容;

5）编制单位:资料形成单位名称;

6）日期:资料形成的时间;

7）资料编号:施工资料右上角资料编号中的顺序号;

8）备注:填写需要说明的其他问题。

（11）建筑工程资料管理使用的各种表格应符合资料管理规程的要求,规程没有提供表样的可自行设计,本书提供了各资料表格相应的填写范例。

第二节　工程准备阶段文件管理

工程准备阶段文件是建设单位从立项申请并依法进行项目申报、审批、开工、竣工及备案全过程所形成的全部资料,按其性质可分为:立项决策、建设用地、勘察设计、招投标及合同、开工、商务文件。

一、工程准备阶段文件的基本要求

（1）立项决策文件包括:项目建议书（代可行性研究报告）及其批复、有关立项的会议纪要及相关批示、项目评估研究资料及专家建议等。根据项目大小、投资主体的不同,项目建议书的批复文件分别由国家、行业或地方相关政府管理部门审批。

（2）建设用地文件包括:征占用地的批准文件、国有土地使用证、国有土地使用权出让交易文件、规划意见书、建设用地规划许可证等。建设用地文件分别由国有土地管理部门和规划部门审批形成。

（3）勘察设计文件包括:工程地质勘查报告、土壤氡浓度检测报告、建筑用地钉桩通知单、验线合格文件、设计审查意见、设计图纸及设计计算书、施工图设计文件审查通知书等。建筑用地钉桩通知单、验线合格文件、审定设计方案通知书由规划部门审批形成。

（4）招投标及合同文件包括:工程建设招标文件、投标文件、中标通知书及相关合同文件。

（5）开工文件包括:建设工程规划许可证、建设工程施工许可证等。工程开工文件分别由规划部门和建设行政管理部门审批形成。

（6）商务文件包括:工程投资估算、工程设计概算、施工图预算、施工预算、工程结算等。

二、工程准备阶段文件的形成流程

工程准备阶段文件可按下列流程形成(见图 1-1)。

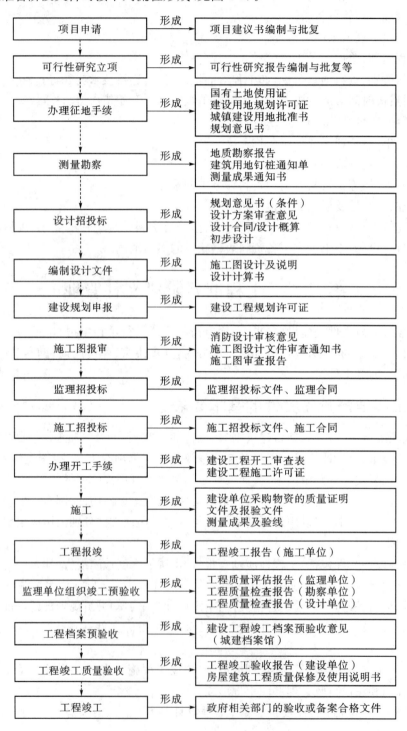

图 1-1　工程准备阶段文件形成流程图

第三节 监理资料管理

监理资料是监理单位在工程建设监理活动过程中所形成的全部资料。

一、监理资料的形成流程

监理资料可按下列流程形成(见图1-2)。

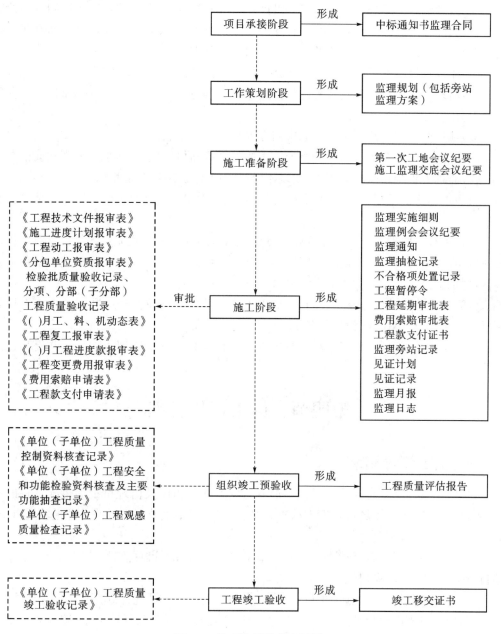

图1-2 监理资料形成流程图

二、监理资料的基本要求

(1)监理(建设)单位应在工程开工前按相关规定确定本工程的见证人员。见证人应履行见证职责,填写见证记录。

(2)监理规划应由总监理工程师审核签字,并经监理单位技术负责人批准。

(3)监理实施细则应由监理工程师根据专业工程特点编制,经总监理工程师审核批准。

(4)监理单位在编制监理规划时,应针对工程的重要部位及重要施工工序制定旁站监理方案,明确旁站监理的范围、内容、程序和旁站监理人员职责等。监理人员应根据旁站监理方案实施旁站,在实施旁站监理时应填写旁站监理记录。

(5)监理月报应由总监理工程师签认并报送建设单位和监理单位。

(6)监理会议纪要由项目监理部根据会议记录整理,经总监理工程师审阅,由与会各方代表会签。

(7)项目监理部的监理工作日志应由专人负责逐日记载。

(8)监理工程师对工程所用物资或施工质量进行随机抽检时,应填写监理抽检记录。

(9)监理工程师在监理过程中,发现不合格项应填写不合格项处置记录。

(10)工程施工过程中如发生质量事故,项目总监理工程师应记录事故情况并书面上报。

(11)项目总监理工程师在工程竣工预验收合格后应撰写工程质量评估报告对工程建设质量做出综合评价。工程质量评估报告应由项目总监理工程师及监理单位技术负责人签认,并加盖公章。

(12)工程竣工验收合格后,项目总监理工程师及建设单位代表应共同签署竣工移交证书,并加盖监理单位、建设单位公章。

(13)工程竣工验收合格后,项目总监理工程师应组织编写监理工作总结并提交建设单位。

第四节　施工资料管理

一、施工管理资料

(1)施工管理资料是在施工过程中形成的反映施工组织及监理审批等情况资料的统称,主要内容有:施工现场质量管理检查记录、施工过程中报监理审批的各种报验报审表、施工试验计划及施工日志等。

(2)施工现场质量管理检查记录应由施工单位填写报项目总监理工程师(或建设单位项目负责人)审查,并做出结论。

(3)单位工程施工前,施工单位应科学、合理地编制施工试验计划并报送监理单位。

(4)施工日志应以单位工程为记载对象,从工程开工起至工程竣工止,按专业指定专人负责逐日记载,其内容应真实。

二、施工技术资料

（1）施工技术资料是在施工过程中形成的，用以指导正确、规范、科学施工的技术文件及反映工程变更情况的各种资料的总称，主要内容有：施工组织设计及施工方案、技术交底记录、图纸会审记录、设计变更通知单、工程变更洽商记录等。

（2）施工技术资料可按下列流程形成（见图1-3）。

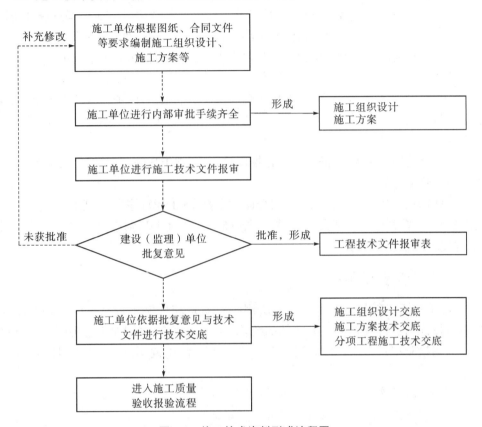

图1-3 施工技术资料形成流程图

（3）施工组织设计由施工单位编制完成，经企业技术负责人审批并填写工程技术文件报审表报监理单位批准实施。

（4）施工方案编制内容应齐全有针对性，可根据工程规模大小、技术复杂程度、施工重点部位及施工季节变化等情况分别编制。施工方案应经项目部技术负责人或公司技术部门负责人审批，并填写工程技术文件报审表报请监理单位批准实施。

（5）施工组织设计应由施工单位的技术负责人组织交底，"四新"（新材料、新产品、新技术、新工艺）技术应用及专项施工方案应由项目技术负责人组织交底；分项工程施工方案应由专业工长组织交底。各项交底应有文字记录并有交底双方人员的签字。

（6）图纸会审应由建设单位组织，设计、监理和施工单位技术负责人及有关人员参加。设计单位对各专业问题进行交底，施工单位负责将设计交底内容按专业汇总、整理形成图纸会审记录，有关各方签字确认。

三、施工进度及造价资料

（1）施工单位根据现场实际情况达到开工条件时，应向项目监理部申报《工程动工报审表》，由监理工程师审核，总监理工程师签署审批结论，并报建设单位。

（2）施工单位应根据建设工程施工合同的约定，按时编制施工总进度计划、季度进度计划、月进度计划，并按时填写《施工进度计划报审表》报项目监理部审批。

（3）施工单位每月25日前报《（　）月工、料、机动态表》。主要施工设备进场并调试合格后也应填写《（　）月工、料、机动态表》报项目监理部。塔吊、外用电梯等的安检资料及计量设备检定资料应于开始使用的一个月内作为本表的附件，由施工单位报审，监理单位留存备案。

（4）工程延期事件终止后，施工单位在合同约定的期限内，向项目监理部提交《工程延期申请表》，总监理工程师在最终评估出延期天数，并与建设单位协商一致后，签发《工程延期审批表》。

（5）对于较复杂或持续时间较长的延期申请，总监理工程师可用《工作联系单》给予施工单位一个暂定的延期时间。

（6）总监理工程师根据实际情况，按合同约定签发《工程暂停令》。无论由何方原因造成的工程暂停，在暂停原因消失，具备复工条件时，总监理工程师应要求施工单位及时填写《工程复工报审表》，并予以签批。

四、施工物资资料

（1）施工物资资料是反映工程施工所用物资质量和性能是否满足设计和使用要求的各种质量证明文件及相关配套文件的统称，主要内容有：各种质量证明文件、材料及构配件进场检验记录、设备开箱检验记录、设备安装使用说明书、各种材料的进场复试报告等。

（2）施工物资资料可按下列流程形成（见图1-4）。

（3）建筑工程使用的各种主要物资应有质量证明文件。

（4）产品质量合格证、型式检验报告、性能检测报告、生产许可证、商检证明、中国强制认证（CCC）证书、计量设备检定证书等均属于质量证明文件。

（5）涉及消防、电力、卫生、环保等有关物资，须经行政管理部门认可的，应有相应的认可文件。

（6）进口材料和设备应有中文安装使用说明书及性能检测报告。

（7）国家规定须经强制认证的产品应有认证标志（CCC），生产厂家应提供认证证书复印件，认证证书应在有效期内。

（8）施工物资进场后施工单位应对进场物资数量、型号和外观等进行检查，并填写材料及构配件进场检验记录或设备开箱检验记录。

（9）施工单位应按国家有关规范、标准的规定对进场物资进行复试或试验，没有专用试验表格的可用本书提供的材料通用试验表格；规范、标准要求实行见证时，应按规定进行有见证取样和送检。

（10）施工物资进场后施工单位应报监理单位查验并签字。

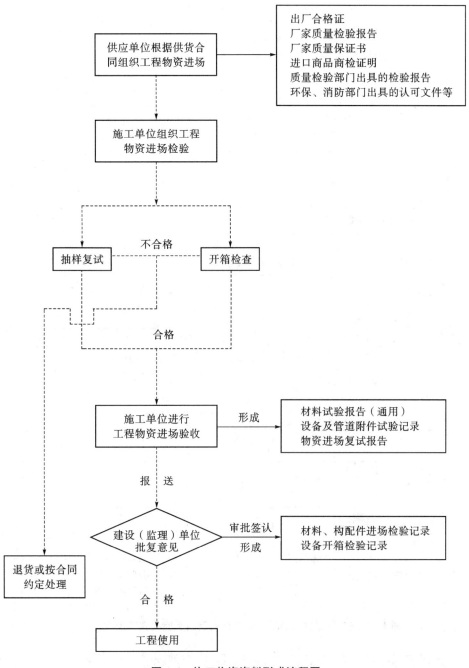

图 1-4 施工物资资料形成流程图

五、施工记录

（1）施工记录是施工单位在施工过程中形成的，为保证工程质量和安全的各种内部检查记录的统称。

（2）施工测量、施工记录、施工试验及质量验收资料可按下列流程形成（见图1-5）。

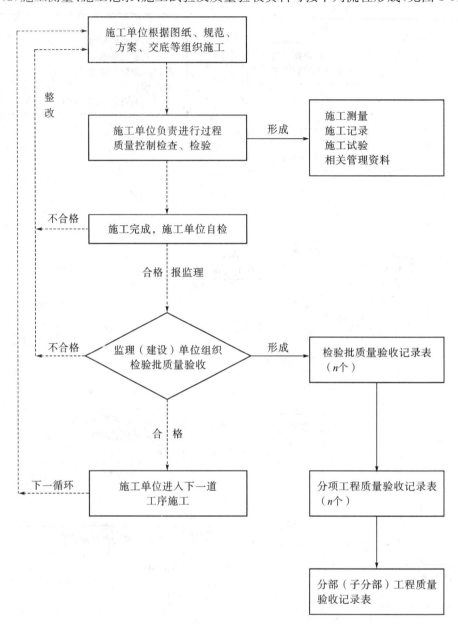

图1-5　施工测量、施工记录、施工试验及质量验收资料形成流程图

（3）凡国家标准规范规定隐蔽工程检查项目的，应做隐蔽工程检查验收并填写隐蔽工程验收记录，涉及结构安全的重要部位应留置隐蔽前的影像资料。

（4）同一单位（子单位）工程，不同专业施工单位之间应进行工程交接检查并填写交接检查记录。移交单位、接收单位共同对移交工程进行验收，并对质量情况、遗留问题、工序要求、注意事项、成品保护等进行记录。

（5）智能建筑工程应对设备安装工程质量及观感质量进行检查，并做智能建筑工程安装质量检查记录。

（6）国家规范标准要求或施工需要对施工过程进行记录时应留有施工记录，没有专用记录表格的可使用施工检查通用记录表。

六、施工试验资料

（1）施工试验资料是指按照设计及国家标准规范的要求，在施工过程中所进行的各种检测及测试资料的统称。

（2）建筑工程中的主要设备、系统的防雷接地、保护接地、工作接地、防静电接地以及设计有要求的接地电阻应有电阻测试记录，并应附《电气防雷接地装置隐检与平面示意图》说明。

（3）建筑工程中的主要电气设备和动力、照明线路及其他必须摇测绝缘电阻，配管及管内穿线分项质量验收前和单位工程质量竣工验收前，应分别按系统回路进行测试，不得遗漏。

（4）电气器具安装完成后，按层、按部位（户）进行的通电检查，并进行记录，内容包括接线情况、电气器具开关情况等。电气器具应全数进行通电安全检查。

（5）电气设备应有空载试运行记录，空载试运行应符合安装工艺、产品技术条件及相关规范标准的要求。

（6）建筑物照明应有通电试运行记录。公用建筑照明系统通电连续试运行时间为24h，民用住宅照明系统通电连续试运行时间为8h。所有照明灯具均应开启，且每2h记录运行状态1次，连续试运行时间内无故障。

（7）漏电开关应有模拟试验记录，动力和照明工程的漏电保护装置应全数做模拟动作试验，并符合设计要求的额定值。

（8）大容量（630A及以上）导线、母线连接处或开关，在设计计算负荷运行情况下应做温度抽测记录，温升值稳定且不大于设计值。

（9）避雷带的每个支持件应做垂直拉力试验，支持件的承受垂直拉力应大于49N（5kg）。

（10）逆变应急电源安装完毕后应全数做测试试验，并应符合设计要求的额定值和《逆变应急电源》GB/T 21225—2007的规定。

（11）柴油发电机安装完毕后应全数做测试试验，并应符合设计要求的额定值和国家相应的规范标准的规定。

（12）电气工程施工完毕后应对低压配电系统进行调试，调试合格后应对低压配电电源质量进行检测，并应符合设计要求的额定值和《建筑节能工程施工质量验收规范》GB 50411—2007的规定。

（13）建筑安装工程施工完毕后各系统进行联合调试时，应全数检查监测与控制节能工程的设备是否齐全，使用功能是否达到设计要求和《建筑节能工程施工质量验收规范》GB 50411—2007的规定。

（14）建筑物照明系统通电试运行中，应测试并记录照明系统的照度和功率密度值，并应符合设计要求的额定值和《建筑节能工程施工质量验收规范》GB 50411—2007的规定。

(15)智能建筑各系统在安装调试完成后,应对设备及系统逐项进行自检,填写自检测记录。

(16)智能建筑各系统,应按规范要求进行不中断试运行,填写试运行记录并提供试运行报告。

(17)国家规范标准中要求进行的各种施工试验应有施工试验报告,没有专用试验报告表格的可使用通用试验表格。

七、施工质量验收资料

(1)施工质量验收资料是参与工程建设的有关单位根据相关标准、规范对工程质量是否达到合格做出确认的各种文件的统称。主要内容有:检验批质量验收记录、分项工程质量验收记录、分部(子分部)工程质量验收记录、结构实体检验等。

(2)施工单位在完成分项工程检验批施工,自检合格后,由项目专业质量检查员填写检验批质量验收记录表,报请项目专业监理工程师组织质量检查员等进行验收确认。

(3)分项工程所包含的检验批全部完工并验收合格后,由施工单位技术负责人填写分项工程质量验收记录表,报请项目专业监理工程师组织有关人员验收确认。

(4)分部(子分部)工程所包含的全部分项工程完工并验收合格后,由施工单位技术负责人填写分部(子分部)工程质量验收记录表,报请项目总监理工程师组织有关人员验收确认。

八、工程竣工质量验收资料

(1)工程竣工质量验收资料是指工程竣工时必须具备的各种质量验收资料。主要内容有:单位工程竣工预验收报验表、单位(子单位)工程质量竣工验收记录、单位(子单位)工程质量控制资料核查记录、单位(子单位)工程安全和功能检查资料核查及主要功能抽查记录、单位(子单位)工程观感质量检查记录、室内环境检测报告、建筑节能工程现场实体检验报告、工程竣工质量报告、工程概况表等。

(2)工程竣工质量验收资料可按下列流程形成(见图1-6)。

(3)单位(子单位)工程的室内环境、建筑工程节能性能应检测合格并有检测报告。

(4)单位工程完工后施工单位应编写工程竣工报告,内容包括:工程概况及实际完成情况,工程实体质量,施工资料,主要建筑设备、系统调试,安全和功能检测,主要功能抽查等。

(5)单位(子单位)工程完工后,由施工单位填写单位工程竣工预验收报验表报项目监理部,申请工程竣工预验收。总监理工程师组织项目监理部人员与施工单位进行检查预验收,合格后总监理工程师签署单位工程竣工预验收报验表、单位(子单位)工程质量控制资料核查记录、单位(子单位)工程安全和功能检查资料核查及主要功能抽查记录和单位(子单位)工程观感质量检查记录等并报建设单位,申请竣工验收。

(6)建设单位应组织设计、监理、施工等单位对工程进行竣工验收,各单位应在单位(子单位)工程质量竣工验收记录上签字并加盖公章。

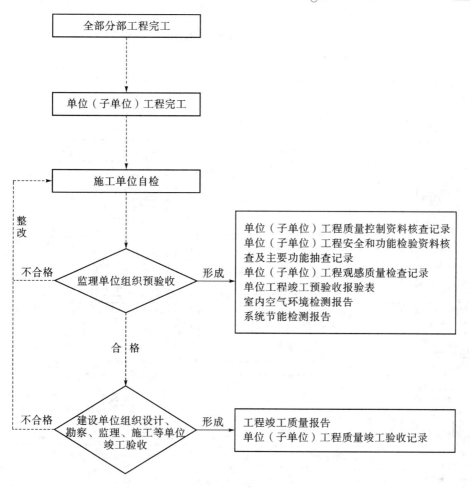

图 1-6 工程竣工质量验收资料形成流程图

第五节 工程资料标准化管理

一、电气照明安装工程

电气照明安装工程应形成的资料及流程如图 1-7 所示。

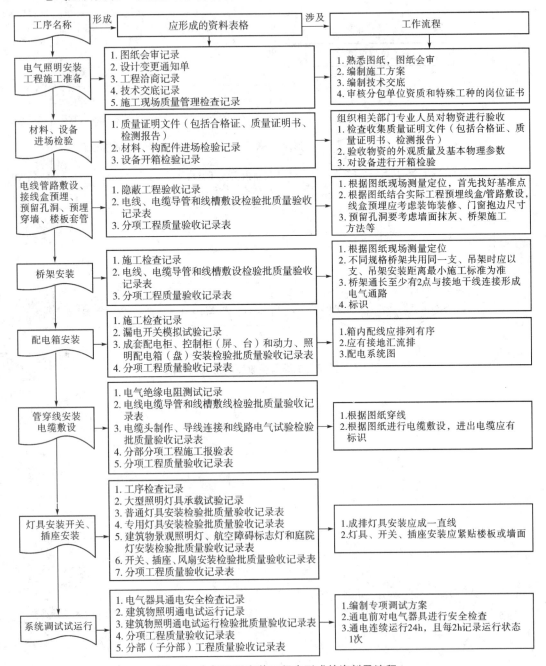

图 1-7 电气照明安装工程应形成的资料及流程

二、防雷及接地装置安装工程

防雷及接地装置安装工程应形成的资料及流程如图 1-8 所示。

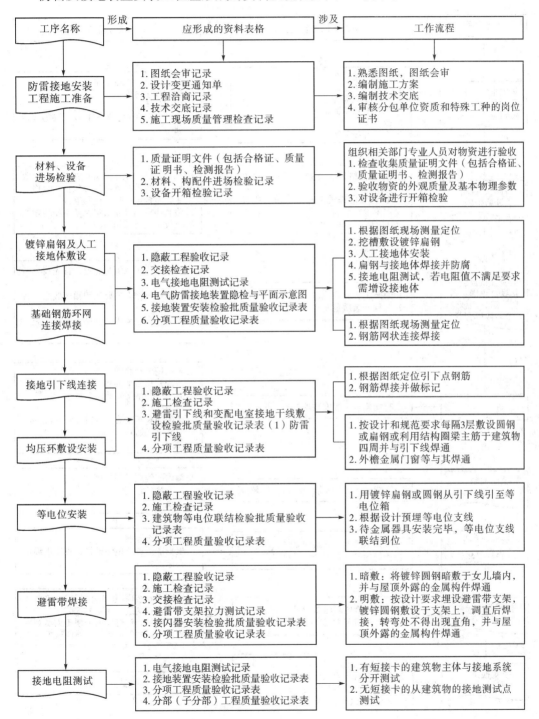

图 1-8　防雷及接地装置安装工程应形成的资料及流程

三、火灾报警及消防联动系统安装工程

火灾报警及消防联动系统安装工程应形成的资料及流程如图1-9所示。

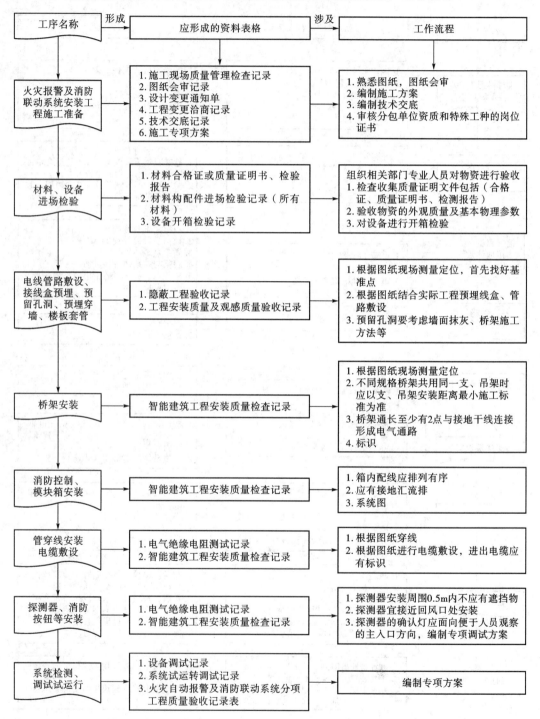

图1-9　火灾报警及消防联动系统安装工程应形成的资料及流程

四、安全防范系统安装工程

安全防范系统安装工程应形成的资料及流程如图 1-10 所示。

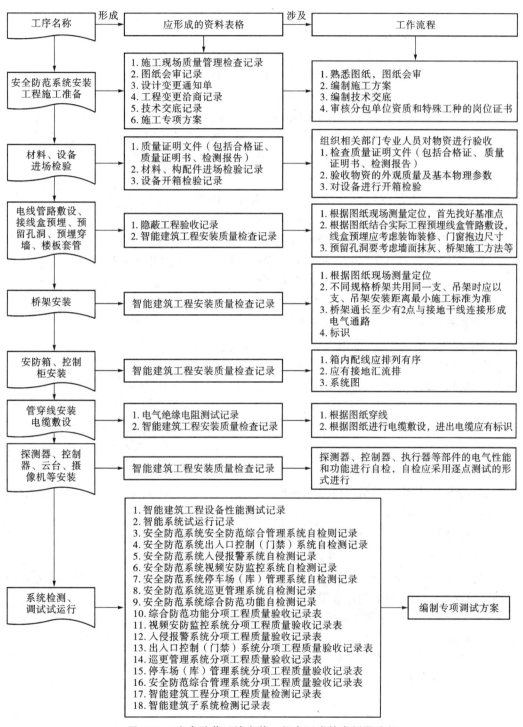

图 1-10 安全防范系统安装工程应形成的资料及流程

第六节　工程资料组卷及归档管理

一、工程资料组卷

(1)工程竣工后,工程建设的各参建单位应对工程资料编制组卷。

(2)工程资料组卷应遵循以下原则:

1)组卷应遵循工程文件资料的形成规律,保持卷内文件资料的内在联系;

2)工程准备阶段文件和监理资料可按一个项目或一个单位工程进行整理和组卷;

3)施工资料应按单位工程进行组卷,可根据工程大小及资料的多少等具体情况选择按专业或按分部、分项等进行整理和组卷;

4)竣工图应按设计单位提供的施工图专业序列组卷;

5)专业承包单位的工程资料应单独组卷;

6)建筑节能工程现场实体检验资料应单独组卷;

7)移交城建档案馆保存的工程资料案卷中,施工验收资料部分应单独组成一卷;

8)资料管理目录应与其对应工程资料一同组卷;

9)工程资料可根据资料数量多少组成一卷或多卷。

(3)工程资料案卷应符合以下要求:

1)案卷应有案卷封面、卷内目录、内容、备考表及封底。

2)案卷不宜过厚,一般不超过 40mm。

3)案卷应美观、整齐,案卷内不应有重复资料。

二、工程资料归档

(1)专业承包单位应向总承包单位(或建设单位)移交不少于一套完整的工程档案,并办理相关移交手续。

(2)监理单位、施工总承包单位应各自向建设单位移交不少于一套完整的工程档案,并办理相关的移交手续。

(3)建设单位应在工程竣工验收合格后六个月内,将城建档案馆预验收合格的工程档案移交城建档案馆,并办理相关手续。

(4)国家和北京市重点工程及五万平方米以上的大型公建工程,建设单位应将列入城建档案馆保存的工程档案制作成缩微胶片,移交城建档案馆。

(5)工程参建各方应将各自的工程档案归档保存,归档内容见《建筑工程施工质量验收统一标准》GB 50300—2013。

(6)监理单位、施工单位应根据有关规定合理确定工程档案的保存期限。

(7)建设单位工程档案的保存期限应与工程使用年限相同。

第二章

建筑电气、智能建筑工程施工物资资料(C4)

本章内容包括下列资料:

▶ 建筑电气工程材料、构配件进场检验

▶ 建筑电气工程设备开箱检验

▶ 智能建筑工程物资进场检验

第一节 建筑电气工程材料、构配件进场检验

一、工程材料、构配件种类

(1)电线、电缆、照明灯具、开关、插座、风扇、风机及附件。

(2)接线盒、导管、型钢和电焊条。

(3)电缆桥架、线槽、裸母线、裸导线、电缆头部件及接线端子、钢制灯柱、混凝土电杆和其他混凝土制品。

(4)镀锌制品(支架、横担、接地极、避雷用型钢)和外线金具。

(5)封闭母线、插接母线。

二、工程材料、构配件进场检验要求

1.变压器、箱式变电所、高压电器及电瓷制品

(1)查验合格证和随带技术文件:变压器应有出厂试验记录。

(2)外观检查:设备应有铭牌,表面涂层应完整,附件应齐全,绝缘件应无缺损、裂纹,充油部分不应渗漏,充气高压设备气压指示应正常。

2.高压成套配电柜、蓄电池柜、UPS柜、EPS柜、低压成套配电柜(箱)、控制柜(台、箱)

(1)查验合格证和随带技术文件:高压和低压成套配电柜、蓄电池柜、UPS柜、EPS柜等成套柜应有出厂试验报告。

(2)核对产品型号、产品技术参数:应符合设计要求。

(3)外观检查:设备应有铭牌,表面涂层应完整、无明显碰撞凹陷,设备内元器件应完好无损、接线无脱落脱焊,绝缘导线的材质、规格应符合设计要求,蓄电池柜内电池壳体应无碎裂、漏液,充油、充气设备应无泄漏。

3.柴油发电机组

(1)核对主机、附件、专用工具、备品备件和随机技术文件:合格证和出厂试运行记录应齐全、完整,发电机及其控制柜应有出厂试验记录。

(2)外观检查:设备应有铭牌,涂层应完整,机身应无缺件。

4.电动机、电加热器、电动执行机构和低压开关设备

(1)查验合格证和随机技术文件:内容应填写齐全、完整。

(2)外观检查:设备应有铭牌,涂层应完整,设备器件或附件应齐全、完好、无缺损。

5.照明灯具及附件

(1)查验合格证:合格证内容应填写齐全、完整,灯具材质应符合设计要求和产品标准要求;新型气体放电灯应随带技术文件;太阳能灯具的内部短路保护、过载保护、反向放电保护、极性反接保护等功能性试验资料应齐全,并应符合设计要求。

(2)外观检查:

1)灯具涂层应完整、无损伤,附件应齐全,Ⅰ类灯具的外露可导电部分应具有专用的

PE 端子。

2)固定灯具带电部件及提供防触电保护的部位应为绝缘材料,且应耐燃烧和防引燃。

3)消防应急灯具应获得消防产品型式试验合格评定,且具有认证标志。

4)疏散指示标志灯具的保护罩应完整、无裂纹。

5)游泳池和类似场所灯具(水下灯及防水灯具)的防护等级应符合设计要求,当对其密闭和绝缘性能有异议时,应按批抽样送有资质的试验室检测。

6)内部接线应为铜芯绝缘导线,其截面积应与灯具功率相匹配,且不应小于 0.5mm²。

(3)自带蓄电池的供电时间检测:对于自带蓄电池的应急灯具,应现场检测蓄电池最少持续供电时间,且应符合设计要求。

(4)绝缘性能检测:对灯具的绝缘性能进行现场抽样检测,灯具的绝缘电阻值不应小于 2MΩ,灯具内绝缘导线的绝缘层厚度不应小于 0.6mm。

6.开关、插座、接线盒和风扇及附件

(1)查验合格证:合格证内容填写应齐全、完整。

(2)外观检查:开关、插座的面板及接线盒盒体应完整、无碎裂、零件齐全,风扇应无损坏、涂层完整,调速器等附件应适配。

(3)电气和机械性能检测:对开关、插座的电气和机械性能应进行现场抽样检测,并应符合下列规定:

1)不同极性带电部件间的电气间隙不应小于 3mm,爬电距离不应小于 3mm。

2)绝缘电阻值不应小于 5MΩ。

3)用自攻锁紧螺钉或自切螺钉安装的,螺钉与软塑固定件旋合长度不应小于 8mm,绝缘材料固定件在经受 10 次拧紧退出试验后,应无松动或掉渣,螺钉及螺纹应无损坏现象。

4)对于金属间相旋合的螺钉螺母,拧紧后完全退出,反复 5 次后,应仍然能正常使用。

(4)对开关、插座、接线盒及面板等绝缘材料的耐非正常热、耐燃和耐漏电起痕性能有异议时,应按批抽样送有资质的试验室检测。

7.绝缘导线、电缆

(1)查验合格证:合格证内容填写应齐全、完整。

(2)外观检查:包装完好,电缆端头应密封良好,标识应齐全。抽检的绝缘导线或电缆绝缘层应完整无损,厚度均匀。电缆无压扁、扭曲,铠装不应松卷。绝缘导线、电缆外护层应有明显标识和制造厂标。

(3)检测绝缘性能:电线、电缆的绝缘性能应符合产品技术标准或产品技术文件规定。

(4)检查标称截面积和电阻值:绝缘导线、电缆的标称截面积应符合设计要求,其导体电阻值应符合现行国家标准《电缆的导体》GB/T 3956 的有关规定。当对绝缘导线和电缆的导电性能、绝缘性能、绝缘厚度、机械性能和阻燃耐火性能有异议时,应按批抽样送有资质的试验室检测。检测项目和内容应符合国家现行有关产品标准的规定。

8.导管

(1)查验合格证:钢导管应有产品质量证明书,塑料导管应有合格证及相应检测报告。

(2)外观检查:钢导管应无压扁,内壁应光滑;非镀锌钢导管不应有锈蚀,油漆应完整;镀锌钢导管镀层覆盖应完整、表面无锈斑;塑料导管及配件不应碎裂、表面应有阻燃标记和制造厂标。

(3)应按批抽样检测导管的管径、壁厚及均匀度,并应符合国家现行有关产品标准的规定。

(4)对机械连接的钢导管及其配件的电气连续性有异议时,应按现行国家标准《电气安装用导管系统》GB 20041 的有关规定进行检验。

(5)对塑料导管及配件的阻燃性能有异议时,应按批抽样送有资质的试验室检测。

9. 型钢和电焊条

(1)查验合格证和材质证明书;有异议时,应按批抽样送有资质的试验室检测。

(2)外观检查:型钢表面应无严重锈蚀、过度扭曲和弯折变形;电焊条包装应完整,拆包检查焊条尾部应无锈斑。

10. 金属镀锌制品

(1)查验产品质量证明书:应按设计要求查验其符合性。

(2)外观检查:镀锌层应覆盖完整、表面无锈斑,金具配件应齐全,无砂眼。

(3)埋入土壤中的热浸镀锌钢材应检测其镀锌层厚度不应小于 $63\mu m$。

(4)对镀锌质量有异议时,应按批抽样送有资质的试验室检测。

13. 梯架、托盘和槽盒

(1)查验合格证及出厂检验报告:内容填写应齐全、完整。

(2)外观检查:配件应齐全,表面应光滑、不变形;钢制梯架、托盘和槽盒涂层应完整、无锈蚀;塑料槽盒应无破损、色泽均匀,对阻燃性能有异议时,应按批抽样送有资质的试验室检测;铝合金梯架、托盘和槽盒涂层应完整,不应有扭曲变形、压扁或表面划伤等现象。

14. 母线槽

(1)查验合格证和随带安装技术文件,并应符合下列规定:

1)CCC 型式试验报告中的技术参数应符合设计要求,导体规格及相应温升值应与 CCC 型式试验报告中的导体规格一致,当对导体的载流能力有异议时,应送有资质的试验室做极限温升试验,额定电流的温升应符合国家现行有关产品标准的规定。

2)耐火母线槽除应通过 CCC 认证外,还应提供由国家认可的检测机构出具的型式检验报告,其耐火时间应符合设计要求。

3)保护接地导体(PE)应与外壳有可靠的连接,其截面积应符合产品技术文件规定;当外壳兼作保护接地导体(PE)时,CCC 型式试验报告和产品结构应符合国家现行有关产品标准的规定。

(2)外观检查:防潮密封应良好,各段编号应标志清晰,附件应齐全、无缺损,外壳应无明显变形,母线螺栓搭接面应平整、镀层覆盖应完整、无起皮和麻面;插接母线槽上的静触头应无缺损、表面光滑、镀层完整;对有防护等级要求的母线槽尚应检查产品及附件的防护等级与设计的符合性,其标识应完整。

三、《材料、构配件进场检验记录》填写范例

材料、构配件进场检验记录(一)				资料编号		×××	
工程名称		××办公楼工程		检验日期		××年×月×日	
序号	名称	规格型号	进场数量	生产厂家合格证号	检验项目	检验结果	备注
1	焊接钢管	SC70	500m	××钢管厂 合格证:××	查验合格证及材质证明书;外观检查;抽检导管的管径、壁厚及均匀度	合格	—
2	焊接钢管	SC100	200m	××钢管厂 合格证:××	查验合格证及材质证明书;外观检查;抽检导管的管径、壁厚及均匀度	合格	—
3	镀锌钢管	SC20	3000m	××钢管厂 合格证:××	查验合格证及镀锌质量证明书;外观检查;抽检导管的管径、壁厚及均匀度	合格	—
4	镀锌钢管	SC25	2000m	××钢管厂 合格证:××	查验合格证及镀锌质量证明书;外观检查;抽检导管的管径、壁厚及均匀度	合格	—

检验结论:
符合设计及规范要求

签字栏	建设(监理)单位	施工单位	××建设集团有限公司	
		专业质检员	专业工长	检验员
	×××	×××	×××	×××

注:本表由施工单位填写。

材料、构配件进场检验记录(二)

| | | | | 资料编号 | | ×××| |

工程名称			××办公楼工程		检验日期	××年×月×日	
序号	名称	规格型号	进场数量	生产厂家 合格证号	检验项目	检验结果	备注
1	电力电缆	ZRVV 4×185 +1×95	400m	××电缆厂 合格证:××	查验合格证及检测报告;生产许可证等;"CCC"认证标志;外观检查	合格	—
2	耐火电缆	NH-VV 4×35 +1×16	200m	××电缆厂 合格证:××	查验合格证及检测报告;生产许可证等;"CCC"认证标志;外观检查	合格	—
3	塑料铜芯线	BV 2.5mm^2	1000m	××电缆总厂 合格证:××	查验合格证,生产许可证及"CCC"认证标志;外观检查;抽检线芯直径及绝缘层厚度	合格	—
4	塑料铜芯线	BV 4mm^2	800m	××电缆总厂 合格证:××	查验合格证,生产许可证及"CCC"认证标志;外观检查;抽检线芯直径及绝缘层厚度	合格	—
5	塑料铜芯线	BV 10mm^2	500m	××电缆总厂 合格证:××	查验合格证,生产许可证及"CCC"认证标志;外观检查;抽检线芯直径及绝缘层厚度	合格	—

检验结论

符合设计及规范要求

签字栏	建设(监理)单位	施工单位	××建设集团有限公司	
		专业质检员	专业工长	检验员
	×××	×××	×××	×××

注:本表由施工单位填写。

材料、构配件进场检验记录(三)

资料编号	×××

工程名称	××办公楼工程	检验日期	××年×月×日

序号	名称	规格型号	进场数量	生产厂家 合格证号	检验项目	检验结果	备注
1	双管控弧荧光灯	2×40W	102套	××光电器材厂 合格证:××	外观、质量证明文件	合格	—
2	带蓄电双管控弧荧光灯	2×40W	6套	××光电器材厂 合格证:××	外观、质量证明文件	合格	—
3	单管荧光灯	1×40W	952套	××光电器材厂 合格证:××	外观、质量证明文件	合格	—
4	单管荧光灯	1×30W	180套	××光电器材厂 合格证:××	外观、质量证明文件	合格	—
5	带防尘罩单管荧光灯	1×40W	102套	××光电器材厂 合格证:××	外观、质量证明文件	合格	—
6	313# 吸顶灯	1×40W	15套	××光电器材厂 合格证:××	外观、质量证明文件	合格	—
7	壁灯	60W	34套	××光电器材厂 合格证:××	外观、质量证明文件	合格	—

检验结论:

灯具涂层完整,无损伤,附件齐全,对成套灯具的绝缘电阻、内部接线等性能进行现场抽样检测,灯具的绝缘电阻值不小于2MΩ,内部接线为铜芯绝缘电线,芯线截面积不小于 $0.5mm^2$,各项质量证明文件齐全,符合设计要求及施工验收规范规定

签字栏	建设(监理)单位	施工单位	××建设集团有限公司	
		专业质检员	专业工长	检验员
	×××	×××	×××	×××

注:本表由施工单位填写。

四、《材料、构配件进场检验记录》填写说明

1. 表格解析

(1)责任部门：项目物资部。

(2)填写要点。

1)"工程名称"栏与施工图纸标签栏内名称相一致。

2)"检验日期"栏按实际日期填写，一般为物资进场日期。

3)"名称"栏填写物资的名称。

4)"规格型号"栏按材料、构配件铭牌填写。

5)"进场数量"栏填写物资的数量，且应有计量单位。

6)"生产厂家、合格证号"栏应填写物资的生产厂家，合格证编号。

7)"检验项目"栏应包括物资的质量证明文件、外观质量、数量、规格型号等。

8)"检验结果"栏填写该物资的检验情况。

9)"检验结论"栏是对所有物资从外观质量、材质、规格型号、数量做出的综合评价。

10)"专业质检员"为现场质量检查员。

11)"专业工长"为材料使用部门的主管负责人。

12)"检验员"为物资接收部门的主管负责人。

(3)填写与主要签认责任：材料员、质量员。

(4)提交时限：进场验收通过后1d内提交。

(5)交圈关系：各物资的厂别、种类相一致，并与出厂合格证、各类试验报告、施工日志等进场日期要交圈吻合。

2. 相关规定及要求

(1)基本管理要求：工程物资主要包括建筑材料、成品、半成品、构配件、设备等，建筑工程所使用的工程物资均应有出厂质量证明文件(包括产品合格证、质量合格证、检验报告、试验报告、产品生产许可证和质量保证书等)。质量证明文件应反映工程物资的品种、规格、数量、性能指标等，并与实际进场物资相符。

(2)复印件管理：质量证明文件的复印件应与原件内容一致，加盖原件存放单位公章，注明原件存放处，并有经办人签字和时间。

(3)进场检验管理：建筑工程采用的主要材料、半成品、成品、构配件、器具、设备应进行现场验收(检查包装、数量、品种规格、有效期、质量证明文件等)，形成进场检验记录；涉及安全、功能的有关物资应按工程施工质量验收规范及相关规定进行复试(试验单位应向委托单位提供电子版试验数据)或有见证取样送检，有相应试(检)验报告。

(4)变更管理：涉及结构安全和使用功能的材料需要代换且改变了设计要求时，应有设计、监理(建设)、施工单位共同签署的认可文件(设计变更通知单、工程洽商记录等)。

(5)新材料、新产品管理：凡使用的新材料、新产品，应有由具备鉴定资格的单位或部门出具的鉴定证书，同时具有产品质量标准和试验要求，使用前应按其质量标准和试验要求进行试(检)验。新材料、新产品还应提供安装、维修、使用和工艺标准等相关

技术文件。

（6）进口材料管理：进口材料和设备等应有商检证明、中文版的质量证明文件、性能检测报告以及中文版的安装、维修、使用、试验要求等技术文件。

（7）特殊物资管理：涉及安全、卫生、环保的物资应由有相应资质等级检测单位的检测报告，如压力容器、消防设备、生活供水设备、卫生洁具等。

（8）业主采购物资管理：由建设单位采购的建筑材料、构配件和设备，建设单位应保证建筑材料、构配件和设备符合设计文件和合同要求，并保证相关物资文件的完整、真实和有效（物资管理基本要求按上述1~7条执行）。

（9）物资分级管理。工程物资资料应实行分级管理。供应单位或加工单位负责收集、整理和保存所供物资原材料的质量证明文件；施工单位则需收集、整理和保存供应单位或加工单位提供的质量证明文件和进场后进行的试（检）验报告。各单位应对各自范围内工程资料的汇集、整理结果负责，并保证工程资料的可追溯性。

第二节　建筑电气工程设备开箱检验

一、设备种类

（1）电力变压器、柴油发电机组。

（2）高、低压成套配电柜、蓄电池柜、不间断电源柜、控制柜（屏、台）及动力、照明配电箱（盘、柜）。

（3）电动机、电加热器、电动执行机构和高、低压开关设备。

二、设备进场验收要求

（1）电气设备进场检验结论应有记录，确认符合规范规定，才能在施工中应用。

（2）因有异议送有资质试验室进行抽样检测的，试验室应出具检测报告，确认符合规范和相关技术标准规定，才能在施工中应用。异议指：

1）近期因产品质量低劣而被曝光的；

2）经了解在工程使用中发生质量问题的；

3）进场后经观察与同类产品有明显差异的。

（3）凡使用新设备、新产品、新工艺、新技术的，应有鉴定单位出具的鉴定证书，同时应有产品质量标准、使用说明和工艺要求，使用前应按其质量标准进行检验和试验。以法定程序批准进入市场的新设备、器具，除符合规范规定外，还应提供安装、使用、维修和试验要求等技术文件。

（4）进口设备应有商检证明和中文版的质量证明文件（国家认证委员会公布的强制性认证产品除外）［CCC认证］、性能检测报告以及中文版的安装、使用、维修和试验要求等技术文件，方可在工程中使用。

（5）建筑电气施工中使用的电工产品必须经过"中国国家认证认可监督管理委员会"的认证，认证标志为"中国强制认证"（CCC），并在认证有效期内，符合认证要求。

三、《设备开箱检验记录》填写范例

设备开箱检验记录(一)		资料编号	×××
设备名称	配电柜	检查日期	××年×月×日
规格型号	GGD	总数量	4台
装箱单号	050909～050911、051001	检验数量	4台

检验记录	包装情况	包装完好、无损坏,标识明确
	随机文件	产品合格证、出厂检验报告、安装使用说明书、装箱单、保修卡、总装图、原理图、接线图
	备件与附件	钥匙8把
	外观情况	外观良好,铭牌齐全、清晰;涂覆层色泽均匀,无流痕、针眼、气泡、漏底现象;镀层均匀光洁,附着力良好,无锈蚀现象;紧固件无松动;机内整洁,接地牢固,接线无脱落、脱焊
	测试情况	机内开关、按钮开启灵活,通断正常,合格

检验结果	缺、损附备件明细表					
	序号	名　称	规　格	单位	数量	备注

结论:

　　经检查包装、随机文件齐全,外观良好,测试情况合格,符合设计及规范要求,同意验收

签字栏	建设(监理)单位	施工单位	供应单位
	×××	×××	×××

注:本表由施工单位填写。

设备开箱检验记录(二)		资料编号	×××

设备名称	照明配电箱	检查日期	××年×月×日
规格型号	XRM-130	总 数 量	10
装箱单号	—	检验数量	10

检验记录	包装情况	良好
	随机文件	生产许可证,合格证,"CCC"认证证书
	备件与附件	齐全
	外观情况	良好,无锈蚀及漆皮脱落现象
	测试情况	测试情况良好

检验结果	缺、损附备件明细表					
	序号	名 称	规 格	单位	数量	备注

结论:

随机文件齐全,观感检查及测试情况良好,附备件齐全符合设计规范要求

签字栏	建设(监理)单位	施工单位	供应单位
	×××	×××	×××

注:本表由施工单位填写。

四、《设备开箱检验记录》填写说明

建筑工程所使用的设备进场后,应由施工单位、建设(监理)单位、供货单位共同开箱检验,并填写《设备开箱检验记录》。建筑电气工程设备开箱检验的主要内容:

(1)变压器、箱式变电所、高压电器及电瓷制品:

1)查验合格证和随带技术文件,生产许可证及出厂试验记录;

2)外观检查:有铭牌,附件齐全,绝缘件无缺损、裂纹,充油部分不渗漏,充气高压设备气压指示正常,涂层完整。

(2)柴油发电机组:

1)依据装箱单,核对主机、附件、专用工具、备件和随带技术文件,查验合格证、生产许可证和出厂试运行记录,发电机及其控制柜有出厂试验记录;

2)外观检查:有铭牌,机身无缺件,涂层完整。

(3)高、低压成套配电柜、蓄电池柜、不间断电源柜、控制柜(屏、台)及动力、照明配电箱(盘):

1)查验合格证和随带技术文件,查验生产许可证及许可证编号,查验"CCC"认证标志,及出厂试验记录,并提供认证证书复印件;

2)外观检查:有铭牌,柜内元器件无损坏丢失、接线无脱落脱焊,蓄电池柜内电池壳体无碎裂、漏液,充油、充气设备无泄漏,涂层完整,无明显碰抖撞凹痕。

(4)电动机、电加热器、电动执行机构和低压开关设备:

1)查验合格证和随带技术文件,查验生产许可证及许可证编号,查验"CCC"认证标志,并提供认证证书复印件;

2)外观检查:有铭牌,附件齐全,电气接线端子完好,设备器件无缺损,涂层完整。

第三节　智能建筑工程物资进场检验

一、物资进场检验要求

(1)智能建筑工程所涉及的产品应包括智能建筑工程各智能化系统中使用的材料,硬件设备、软件产品和工程中应用的各种系统接口。

(2)产品质量检查应包括列入《中华人民共和国实施强制性产品认证的产品目录》或实施生产许可证和上网许可证管理的产品,未列入强制性认证产品目录或未实施生产许可证和上网许可证管理的产品应按规定程序通过产品检测后方可使用。

(3)产品功能、性能等项目的检测应按相应的现行国家产品标准进行;供需双方有特殊要求的产品,可按合同规定或设计要求进行。

(4)对不具备现场检测条件的产品,可要求进行工厂检测并出具检测报告。

(5)硬件设备及材料的质量检查重点应包括安全性、可靠性及电磁兼容性等项目,可靠性检测可参考生产厂家出具的可靠性检测可参考生产厂家出具的可靠性检测报告。

(6)软件产品质量应按下列内容检查:

1)商业化的软件,如操作系统、数据库管理系统、应用系统软件、信息安全软件和网管软件等应做好使用许可证及使用范围的检查。

2)由系统承包商编制的用户应用软件、用户组态软件及接口软件等应用软件,除进行功能测试和系统测试之外,还应根据需要进行容量、可靠性、安全性、可恢复性、兼容性、自诊断等多项功能测试,并保证软件的可维护性。

3)所有自编软件均应提供完整的文档(包括软件资料、程序结构说明、安装调试说明、使用和维护说明书等)。

(7)系统接口的质量应按下列要求检查:

1)系统承包商应提交接口规范,接口规范应在合同签订时由合同签订机构负责审定。

2)系统承包商应根据接口规范制定接口测试方案,实现接口规范中规定的各项功能,不发生兼容性及通信瓶颈问题,并保证系统接口制造和安装质量。

二、《材料、构配件进场检验记录》填写范例

材料、构配件进场检验记录					资料编号	×××
工程名称	××办公楼工程				检验日期	××年×月×日
序号	名　称	规格型号	进场数量	生产厂家/合格证号	检验项目	检验结果	备注

序号	名　称	规格型号	进场数量	生产厂家 合格证号	检验项目	检验结果	备注
1	有线电视系统物理发泡聚乙烯绝缘同轴电缆	SYWV-75-9	300m	××电缆有限公司	外观、质量证明文件	合格	
2	有线电视系统物理发泡聚乙烯绝缘同轴电缆	SYWV-75-7	300m	××电缆有限公司	外观、质量证明文件	合格	
3	有线电视系统物理发泡聚乙烯绝缘同轴电缆	SYWV-75-5	600m	××电缆有限公司	外观、质量证明文件	合格	

检验结论：

　　以上材料经外观检验合格，电缆绝缘皮完好无损、厚度均匀，保护层标识明确无遗漏，电缆无压扁、扭曲等现象，材质、规格型号均符合设计和规范要求，产品质量证明文件齐全

签字栏	建设(监理)单位	施工单位	××电信工程有限公司	
		专业质检员	专业工长	检验员
	×××	×××	×××	×××

注：本表由施工单位填写。

三、《材料、构配件进场检验记录》填写说明

　　参见建筑电气工程《材料、构配件进场检验记录》的相关填写说明。

四、《设备开箱检验记录》填写范例

设备开箱检验记录		资料编号	×××
设备名称	火灾报警控制器(联动型)	检查日期	××年×月×日
规格型号	JB-QG-LD128E	总 数 量	2套
装箱单号	051228	检验数量	2套

检验记录	包装情况	包装完好、无损坏,标识明确
	随机文件	产品合格证、检验报告、技术说明书、装箱单、CCC认证及证书复印件、厂家资质证明文件
	备件与附件	箱体连接用木板、螺栓、螺母齐全
	外观情况	良好,无损坏、锈蚀现象
	测试情况	合格,符合设计要求及规范规定

检验结果	缺、损附备件明细表					
	序号	名　称	规　格	单位	数量	备注

结论:

　　经检查,包装、随机文件齐全,外观良好,测试情况合格,符合设计及规范要求,同意使用

签字栏	建设(监理)单位	施工单位	供应单位
	×××	×××	×××

注:本表由施工单位填写。

五、《设备开箱检验记录》填写说明

参见建筑电气工程《设备开箱检验记录》的相关填写说明。

第三章

建筑电气、智能建筑工程施工记录(C5)

本章内容包括下列资料：

➤ 建筑电气隐蔽工程验收记录

➤ 建筑电气工程交接检查记录

➤ 建筑电气工程施工检查记录

➤ 智能建筑隐蔽工程检查验收

第一节　建筑电气隐蔽工程验收记录

一、主要检查项目与检查方法

1. 主要检查项目

(1)埋于结构内的各种电线导管:检查导管的品种、规格、位置、弯扁度、弯曲半径、连接、跨接地线、防腐、管盒固定、管口处理、敷设情况、保护层、需焊接部位的焊接质量等。

(2)利用结构钢筋做的避雷引下线:检查轴线位置、钢筋数量、规格、搭接长度、焊接质量、与接地极、避雷网、均压环等连接点的焊接情况等。

(3)等电位及均压环暗埋:检查使用材料的品种、规格、安装位置、连接方法、连接质量、保护层厚度等。

(4)接地极装置埋设:检查接地极的位置、间距、数量、材质、埋深,接地极的连接方法、连接质量、防腐情况等。

(5)金属门窗、幕墙与避雷引下线的连接:检查连接材料的品种、规格、连接位置和数量、连接方法和质量等。

(6)不进人吊顶内的电线导管:检查导管的品种、规格、位置、弯扁度、弯曲半径、连接、跨接地线、防腐、需焊接部位的焊接质量、管盒固定、管口处理、固定方法、固定间距等。

(7)不进人吊顶内的线槽:检查材料品种、规格、位置、连接、接地、防腐、固定方法、固定间距及与其他管线的位置关系等。

(8)直埋电缆:检查电缆的品种、规格、埋设方法、埋深、弯曲半径、标桩埋设情况等。

(9)不进人的电缆沟敷设电缆:检查电缆的品种、规格、弯曲半径、固定方法、固定间距、标识情况等。

(10)有防火要求时,桥架、电缆沟内部的防火处理。

2. 检查方法

(1)敷设在素土内的线管和电缆应分块、分区检查。

(2)敷设在混凝土内的线管应随土建进度分墙体、顶板检查。

(3)敷设在混凝土内的防雷接地、引线及均压环应分层或分区随土建进度检查。

(4)二次设备接地、防静电、等电位、地槽、门窗接地应分层或分区检查。

(5)吊顶内的配管、线槽、桥架、母线安装应分层或分区检查。

(6)封闭竖井内的配管、线槽、桥架、母线安装应按井号或电气回路检查。

二、《隐蔽工程验收记录》填写范例

隐蔽工程验收记录(一)		资料编号	×××
工程名称		××办公楼工程	
隐检项目	不进人电缆沟敷设电缆	隐检日期	××年×月×日
隐检部位	地下一层配电室电缆沟　⑥~⑦/⑧~⑥轴线		−4.800m 标高

隐检依据:施工图图号＿＿＿＿电施××＿＿＿＿＿,设计变更/洽商(编号＿＿＿＿／＿＿＿＿)及
　　　　　有关国家现行标准等。

主要材料名称及规格/型号:＿＿＿＿＿交联聚乙烯电力电缆 YJV,其他附属材料＿＿＿＿＿

隐检内容:

　　1.电缆具有出厂合格证、生产许可证、"CCC"认证标志及认证证书复印件。其型号、规格及电压等级符合设计要求。

　　2.电缆敷设前验收电缆沟的尺寸及电缆支架间距符合设计要求,电缆沟内清洁干燥。

　　3.电缆在支架上敷设,按电压等级排列。电缆排列整齐、少交叉,并在每个支架上固定。电缆固定用的夹具和支架不形成闭合铁磁回路。

　　4.敷设电缆的电缆沟已按设计要求位置,做好防火隔堵。

　　5.电缆在其首端、末端和分支处设标志牌。标志牌规格一致,并有防腐性能,挂装牢固

检查意见:

　　经检查,地下一层配电室电缆沟电缆敷设符合设计要求和《建筑电气工程施工质量验收规范》GB 50303—2015 的规定

检查结论:　☑同意隐蔽　　　□不同意,修改后进行复查

复查结论:

复查人:　　　　　　　　　　　　复查日期:

签字栏	建设(监理)单位	施工单位	××建设工程有限公司	
		专业技术负责人	专业质检员	专业工长
	×××	×××	×××	×××

注:本表由施工单位填写,建设单位、施工单位、城建档案馆各保存一份。

隐蔽工程验收记录(二)

	资料编号	×××

工程名称	××办公楼工程		
隐检项目	电线导管、电缆导管和线槽敷设	隐检日期	××年×月×日
隐检部位	一层地面以下钢管敷设	轴线	×× 标高

隐检依据:施工图图号_____电施××_____,设计变更/洽商(编号_____/_____)及有关国家现行标准等。

主要材料名称及规格/型号:_____焊接钢管_____SC40、SC50、SC70、SC80_____

隐检内容:

1.该部位使用的焊接钢管材质、规格、型号符合设计要求。

2.钢管敷设位置、埋深、固定方式符合设计及验收规范要求。

3.钢管的弯曲半径符合设计及规范要求,且无折扁和裂缝,管内无铁屑及毛刺,切断口平整、光滑。

4.接头连接:采用套管焊接(钢管壁厚均符合国标要求,且均大于2mm允许套管焊接)、套管长度大于管外径的2.5倍,焊缝牢固、严密。

5.焊接钢管内外壁防腐处理符合设计及验收规范要求。

6.钢管与接地体已做等电位连接,符合设计要求

检查意见:

经检查,符合设计要求和《建筑电气工程施工质量验收规范》GB 50303—2015 的规定

检查结论: ☑同意隐蔽 □不同意,修改后进行复查

复查结论:

复查人: 复查日期:

签字栏	建设(监理)单位	施工单位	××建设工程有限公司	
		专业技术负责人	专业质检员	专业工长
	×××	×××	×××	×××

注:本表由施工单位填写,建设单位、施工单位、城建档案馆各保存一份。

隐蔽工程验收记录(三)

		资料编号	×× ×
工程名称	××办公楼工程		
隐检项目	电线导管、电缆导管及线槽敷设	隐检日期	××年×月×日
隐检部位	二层板 层 ①～⑥/Ⓐ～Ⓕ轴线	××标高	

隐检依据:施工图图号___电施 2、3、20、45、48___,设计变更/洽商(编号___/___)及有关国家现行标准等。

主要材料名称及规格/型号:_____

隐检内容:

1.按图电施 2、3、20、45、48 会审纪要及施工规范要求,电气干线与弱电预埋采用焊接钢管,管路连接采用套管为管长的 1.5～3 倍,连接管口的对口处应在套管的中心,焊口应焊接牢固严密。

2.管路进箱、盒内壁 3～5mm,不宜斜插进入,且焊接后应补涂防腐,弯曲半径≥6D,弯扁度小等于 0.1D;盒开孔应整齐并与管径相吻合,要求一管一孔,暗配钢管与盒采用焊接联结,焊缝不小于 1/3 管子的周长。

3.焊接钢管应做接地,管过盒及套管应跨接,跨接采用不小于 ф6 圆钢焊接,焊接长度为圆钢直径的 6 倍,双面焊焊缝饱满,无虚焊、夹渣、气孔,焊毕除尽焊渣。

4.照明线路管路敷设采用 PVC 管套管专用胶水黏结法,套管长度为管外径的 1.5～3 倍,接口处黏结牢固。管弯曲半径≥6D,弯扁度≤0.1D,管进盒长度为 3～5mm,管口光滑平整,护口保护

接地跨接钢筋不小于 6mm 圆钢   1.5～3D
弯曲半径 R>6D
弯扁度不大于 0.1D
灯头盒
管入盒应不大于 5mm

弯曲半径 R>6D   PVC 管
灯头盒
螺纹接头

影像资料的部位、数量:××   申报人:×××

检查意见:

经检查:上述各项内容符合设计要求及《建筑电气工程质量验收规范》GB 50303—2015 的规定

检查结论: ☑同意隐蔽   □不同意,修改后进行复查

复查结论:

复查人: 复查日期:

签字栏	施工单位	××机电工程有限公司	专业技术负责人	专业质检员	专业工长
			×××	×××	×××
	监理(建设)单位	××工程建设监理有限公司	专业工程师	×××	

注:本表由施工单位填写,并附影像资料。

隐蔽工程验收记录(四)		资料编号	×××
工程名称		××办公楼工程	
隐检项目	电线导管、电缆导管和线槽敷设	隐检日期	××年×月×日
隐检部位	现浇板、墙、梁柱内导管、线盒敷设	轴线 ××	标高 ××

隐检依据:施工图图号＿＿＿＿电施××＿＿＿＿,设计变更/洽商(编号＿＿＿／＿＿＿)及
　　　　有关国家现行标准等。

主要材料名称及规格/型号:＿＿＿＿＿＿＿阻燃管;阻燃线盒＿＿＿＿＿＿＿＿
　　　　　　PC20、PC25、PC32、PC40;八角盒、四角盒、86系列开关盒

隐检内容:

　　1.该部位使用的 PC 管材材质、规格、型号符合设计要求。

　　2.PC 管材敷设位置、固定方法、保护层符合设计及验收规范要求。

　　3.PC 管材弯曲半径符合设计及规范要求,且无折皱、凹陷和裂缝。

　　4.接头连接:采用配套 PC 接头套管黏结,黏结牢固、严密,符合设计及施工验收规范要求。

　　5.线盒材质、规格、型号、坐标、数量符合设计及施工验收规范要求

检查意见:

　　经检查,符合设计要求和《建筑电气工程施工质量验收规范》GB 50303—2015 的规定

检查结论: ☑同意隐蔽 　　□不同意,修改后进行复查

复查结论:

复查人: 　　　　　　　　　　复查日期:

签字栏	建设(监理)单位	施工单位	××建设工程有限公司	
		专业技术负责人	专业质检员	专业工长
	×××	×××	×××	×××

注:本表由施工单位填写,建设单位、施工单位、城建档案馆各保存一份。

隐蔽工程验收记录(五)

资料编号	×××

工程名称	××办公楼工程		
隐检项目	电线导管、电缆导管和线槽敷设	隐检日期	××年×月×日
隐检部位	六层吊顶内的线管、线盒敷设	轴线	××标高

隐检依据:施工图图号_____电施××_____,设计变更/洽商(编号_____/_____)及
有关国家现行标准等。

主要材料名称及规格/型号:_____阻燃管;热镀锌钢管、阻燃圆形接线盒、金属接线盒_____
PC20、PC25、PC32、PC40;JDG20、JDG25

隐检内容:

1.该部位使用的 PC 阻燃管及 JDG 热镀锌钢管的材质、规格、型号、符合设计要求。

2.导管沿吊架敷设,管路敷设位置、固定间距符合设计图纸要求,且固定牢固。

3.导管弯曲半径符合设计及规范要求,且无折皱、凹陷和裂缝。

4.PC 阻燃管采用套管黏结、套管长度不小于管外径的 3 倍,黏结牢固、严密,套管位于两管头中部,符合设计及施工验收规范要求。

5.JDG 热镀锌钢管采用紧定连接,导管与导管之间、导管与金属线盒之间的连接均设跨接地线并采用专用接地线卡连接,跨接线采用 6mm² 的铜芯软线,且 JDG 热镀锌钢管已做等电位连接。

6.线盒材质、规格、型号、坐标、数量符合设计及施工验收规范要求

检查意见:

经检查,符合设计要求和《建筑电气工程施工质量验收规范》GB 50303—2015 的规定

检查结论: ☑同意隐蔽 □不同意,修改后进行复查

复查结论:

复查人: 复查日期:

签字栏	建设(监理)单位	施工单位	××建设工程有限公司	
		专业技术负责人	专业质检员	专业工长
	×××	×××	×××	×××

注:本表由施工单位填写,建设单位、施工单位、城建档案馆各保存一份。

隐蔽工程验收记录(六)

资料编号	×× ×

工程名称	××办公楼工程	
隐检项目	直埋电缆敷设	隐检日期　××年×月×日
隐检部位	室外　Ⓑ、⑤ 轴线　−0.7m 标高	

隐检依据:施工图图号＿＿＿＿＿电施××＿＿＿＿＿,设计变更/洽商(编号＿＿＿＿/＿＿＿＿)及
　　　有关国家现行标准等。

主要材料名称及规格/型号:＿＿＿＿＿绕包型　聚氯乙烯绝缘电力电缆＿＿＿＿＿

＿＿＿＿＿＿＿＿＿＿＿VV$_{22}$-3×185＋2×95＿＿＿＿＿＿＿＿＿＿＿

隐检内容:

　　1.电缆××(型号)、××(规格)符合设计要求,敷设位置符合电气施工图纸。

　　2.电缆敷设方法采用人工加滚轮敷设。

　　3.电缆覆土深度 0.7m,各电缆间外皮间距 0.10m,电缆上、下的细土保护层厚度不小于 0.1m,上盖混凝土板。

　　4.电缆敷设时,电缆的弯曲半径符合规范要求及电缆本身的要求。

　　5.电缆在沟内敷设有适量的蛇形弯,电缆的两端、中间接头、电缆井内、电缆过管处、垂直位差处均应留有适当的余度

检查意见:

　　经检查,室外直埋电缆敷设符合设计要求和《建筑电气工程施工质量验收规范》GB 50303—2015 的规定

检查结论:　☑同意隐蔽　　　　□不同意,修改后进行复查

复查结论:

复查人:　　　　　　　　　　　复查日期:

签字栏	建设(监理)单位	施工单位	××建设工程有限公司	
		专业技术负责人	专业质检员	专业工长
	×××	×××	×××	×××

注:本表由施工单位填写,建设单位、施工单位、城建档案馆各保存一份。

隐蔽工程验收记录(七)

资料编号	×××

工程名称	××办公楼工程		
隐检项目	接地装置安装	隐检日期	××年×月×日
隐检部位	基础接地焊接 层　①～④/Ⓐ～Ⓑ 轴线　　××标高		

隐检依据:施工图图号　　　电施2、3、40、52　　　　,设计变更/洽商(编号　　/　　)及
有关国家现行标准等。

主要材料名称及规格/型号:_____

隐检内容:

　　1.按照电施图图纸、会审纪要及施工规范要求进行施工,基础接地利用有引下线处桩承台内主筋 φ8 共四根主筋(即用 φ12 圆钢将桩内两根主筋并跨焊后再与柱筋引下线主筋和基础梁梁底两根主筋相焊通),形成良好的电气通路。如图所示。

　　2.地下室各设备、电梯轨道等电位接地采用−40×4 镀锌扁钢与基础梁接地主筋焊通,位置按图施工。

　　3.接地焊接双面焊,焊接长度均≥6D,焊缝饱满,无虚焊、夹渣咬肉等现象,焊完均除尽焊渣。

　　4.另附地下室基础接地焊接平面图

柱内两根对角主筋引下线
转角处用φ12圆钢进行跨接
基础梁两根主筋
跨接筋为φ12圆钢
利用桩基内(一处)两根φ8的主筋与引下线主筋和梁主筋相焊通,跨接筋用φ12圆钢焊接

影像资料的部位、数量:××　　　　　　　　　　　　申报人:×××

检查意见:

　　经检查:上述各项内容符合设计要求及《建筑电气工程质量验收规范》GB 50303—2015 的规定

检查结论:　　☑同意隐蔽　　　□不同意,修改后进行复查

复查结论:

复查人:　　　　　　　　　　　　复查日期:

签字栏	施工单位	××机电工程有限公司	专业技术负责人	专业质检员	专业工长
			×××	×××	×××
	监理(建设)单位	××工程建设监理有限公司	专业工程师		×××

注:本表由施工单位填写,并附影像资料。

二、《隐蔽工程验收记录》填写说明

1. 表格解析

(1)责任部门。

项目工程部、项目技术部。

(2)隐检记录填写要点。

1)工程名称:与施工图纸中图签一致。

2)隐检项目:应按实际检查项目填写,具体写明(子)分部工程名称和施工工序主要检查内容。

3)隐检部位:对于结构工程隐检部位应体现层、轴线、标高和构件名称(墙、柱、板、梁);对于装饰工程隐检部位应体现楼层、轴线(或建筑功能房间/区域名称,如楼梯间、公共走廊、会议室、餐厅等)。

4)隐检依据:施工图纸、设计变更、工程洽商及相关的施工质量验收规范、标准、规程;本工程的施工组织设计、施工方案、技术交底等。特殊的隐检项目如新材料、新工艺、新设备等要标注具体的执行标准文号或企业标准文号。

5)隐检内容:应将隐检的项目、具体内容描述清楚。应严格反映施工图的设计要求;按照施工质量验收规范的自检情况。若文字不能表达清楚的,可用详图或大样图表示。

6)检查意见和检查结论:应由监理单位填写。所有隐检内容是否全部符合要求应明确。隐检中第一次验收未通过的,应注明质量问题和复查要求。

7)复查结论:应由监理单位填写,主要是针对第一次检查存在的问题进行复查,描述对质量问题的整改情况。

8)隐蔽工程验收记录应由项目专业工长填报,项目资料员按照不同的隐检项目分类汇总整理。施工单位、监理单位、建设单位各留存一份。

2. 隐检记录填写相关规定及要求

隐蔽工程是指上道工序被下道工序所掩盖,其自身的质量无法再进行检查的工程。隐检即对隐蔽工程进行检查,并通过表格的形式将工程隐检项目的隐检内容、质量情况、检查意见、复查意见等记录下来,作为以后建筑工程的维护、改造、扩建等重要的技术资料。隐检合格后方可进行下道工序施工。

(1)隐检程序。

隐蔽工程检查是保证工程质量与安全的重要过程控制检查,应分专业、分系统、分区段(划分的施工段)、分部位、分工序、分层进行。

隐蔽工程施工完毕后,由专业工长填写隐检记录,项目技术负责人组织监理单位旁站,施工单位专业工长、质量检查员共同参加。验收后由监理单位签署审核意见,并下审核结论。若检查存在问题,则在审核结论中给予明示。对存在的问题,必须按处理意见进行处理,处理后对该项进行复查,并将复查结论填入栏内。

凡未经过隐蔽工程验收或验收不合格的工程,不允许进行下一道工序的施工。

隐蔽工程验收记录所反应的部位、时间、检查要求等应与相应的施工日志、方案和交底、试验报告、检验批质量验收记录等反映的内容相一致。

凡国家规范标准规定隐蔽工程检查项目的,应做隐蔽工程检查验收并填写隐蔽工程验收记录。涉及结构安全的重要部位应留置隐蔽前的影像资料。

(2)"隐检"与"检验批验收"的关系。

"隐检"与"检验批验收"都是对受检对象的一种"验收"。在国家验收规范中,"验收"与"检查"在概念上明显不同。"验收"不能由施工单位自己单方面进行,必须由施工单位之外的监理或建设单位参加,是一种具有公正性的确认或认可,而"检查"则可以仅由施工单位自己单方面进行。

但是,建筑工程的验收要求比较复杂。"隐检"与"检验批验收"虽然都属于验收的范畴,但两者针对的对象、所起的作用有所不同。

检验批验收是所有验收的最基本层次,即所有其他层次(分项、分部、单位工程等)的验收都是建立在检验批验收基础上的,工程的所有部位、工序都应归入某个检验批验收,不应遗漏。而隐蔽工程验收则仅仅针对将被隐蔽的工程部位做出验收。施工中隐蔽工程虽然很多,但一个建筑工程,还有大量非隐蔽部位。因此,两者并不相同,"隐检"与"检验批验收"应分别进行。

在施工中,"隐检"验收与"检验批验收"的关系,可以有"之前"、"之后"和"等同"三种不同情况:

第一种情况,在"检验批验收"之前进行的"隐蔽工程验收":这种情况主要针对某些工作量相对较小的部位或施工做法、处理措施等。如抹灰的不同基层交接部位加强措施、桩孔的沉渣厚度、基槽槽底的清理、胡子筋处理、被隐蔽的重要节点做法、被隐蔽的螺栓紧固、被隐蔽的预埋件防腐阻燃处理等。

这些工作量相对较小的部位或施工做法、处理措施,不宜作为一个"检验批"来验收,施工中将其列为"隐蔽工程验收"。

第二种情况,在"检验批验收"之后进行的"隐蔽工程验收":这种情况主要针对某些工作量相对较大的工程部位,如分部、子分部工程等。这些工作量相对较大的工程部位往往作为一个整体,需要同时进行隐蔽,这时可能有若干个检验批已经验收合格。按照国家验收规范规定,这些工程部位在整体隐蔽之前,需作"隐蔽工程验收"。如整个地基基础的隐蔽验收、主体结构验收(进入装饰装修施工将隐蔽主体结构)等,显然是在检验批验收之后进行。

第三种情况,与"检验批验收"内容相同的"隐蔽工程验收":当"隐蔽工程验收"针对的部位已经被列为"检验批"进行验收时,"隐蔽工程验收"就与"检验批验收"具有同样的验收内容,此时"隐蔽工程验收"可与"检验批验收"合并进行。亦即按照"检验批验收"的要求进行即可,使用"检验批验收单"来代替"隐蔽工程验收单",不必再重复进行"隐蔽工程验收"。

分清上述三种情况,弄清"隐蔽工程验收"与"检验批验收"的关系,不仅有利于施工资料管理,对于工程验收也会有所裨益。

第二节 建筑电气工程交接检查记录

一、交接检查的程序与内容

1. 施工交接检查的程序

进行施工交接检查时,应在交工单位自检合格的基础上,由交工单位提出交接。承接单位接到交接通知后,应委派专业技术人员对交接部位按国家标准、规范、施工方案等予以检查校核,必要时可请具备相应检测资质的单位进行检测,合格后方可接收并在工程交接检验记录上签字确认。

2. 工序交接的内容

(1)架空线路及杆上电气设备安装应按以下程序进行:

1)线路方向和杆位及拉线坑位测量埋桩后,经检查确认,才能挖掘杆坑和拉线坑;

2)杆坑、拉线坑的深度和坑型,经检查确认,才能立杆和埋设拉线盘;

3)杆上高压电气设备交接试验合格,才能通电;

4)架空线路做绝缘检查,且经单相冲击试验合格,才能通电;

5)架空线路的相位经检查确认,才能与接户线连接。

(2)变压器、箱式变电所安装应按以下程序进行:

1)变压器、箱式变电所的基础验收合格,且对埋入基础的电线导管、电缆导管和变压器进、出线预留孔及相关预埋件进行检查,才能安装变压器、箱式变电所;

2)杆上变压器的支架紧固检查后,才能吊装变压器且就位固定;

3)变压器及接地装置交接试验合格,才能通电。

(3)成套配电柜、控制柜(屏、台)和动力、照明配电箱(盘)安装应按以下程序进行:

1)埋设的基础型钢和柜、屏、台下的电线沟等相关建筑物检查合格,才能安装柜、屏、台;

2)室内外落地动力配电箱的基础验收合格,且对埋入基础的电线导管、电缆导管进行检查,才能安装箱体;

3)墙上明装的动力、照明配电箱(盘)的预埋件(金属埋件、螺栓),在抹灰前预留和预埋;暗装的动力、照明配电箱的预留孔和动力、照明配线的线盒及电线导管等,经检查确认到位,才能安装配电箱(盘);

4)接地(PE)或接零(PEN)连接完成后,核对柜、屏、台、箱、盘内的元件规格、型号,且交接试验合格,才能投入试运行。

(4)低压电动机、电动热器及电动执行机构应与机构设备完成连接,绝缘电阻测试合格,经手动操作符合工艺要求,才能接线。

(5)柴油发电机组安装应按以下程序进行:

1)基础验收合格,才能安装机组;

2)地脚螺栓固定的机且经初平、螺栓孔灌浆、精平、紧固地脚螺栓、二次灌浆等机构安装程序;安放式的机组将底部垫平、垫实;

3)油、气、水冷、风冷、烟气排放等系统和隔振防噪声设备安装完成；按设计要求配置的消防器材齐全到位；发电机静态试验、随机配电盘控制柜接线检查合格,才能空载试运行；

4)发电机空载试运行和试验调整合格,才能负荷试运行；

5)在规定时间内,连接无故障负荷运行合格,才能投入备用状态。

(6)不间断电源按产品技术要求试验调整,应检查确认,才能接至馈电网路。

(7)低压电气动力设备试验和试运行应按以下程序进行：

1)设备的可接近裸露导体接地(PE)或接零(PEN)连接完成,经检查合格,才能进行试验；

2)动力成套配电(控制)柜、屏、台、箱、盘的交流工频耐压试验,保护装置的动作试验合格,才能通电；

3)控制回路模拟动作试验合格,盘车或手动操作,电气部分与机械部分的转动或动作协调一致,经检查确认,才能空载试运行。

(8)裸母线、封闭母线、插接式母线安装应按以下程序进行：

1)变压器、高低压成套配电柜、穿墙套管及绝缘子等安装就位,经检查合格,才能安装变压器和高低压成套配电柜的母线；

2)封闭、插接式母线安装,在结构封顶、室内底层地面施工完成或已确定地面标高、场地清理、层间距离复核后,才能确定支架设置位置；

3)与封闭、插接式母线安装位置有关的管道、空调及建筑装修工程施工基本结束,确认扫尾施工不会影响已安装的母线,才能安装母线；

4)封闭、插接式母线每段母线组对接续前,绝缘电阻测试合格,绝缘电阻值大于20MΩ,才能安装组对；

5)母线支架和封闭、插接式母线的外壳接地(PE)或接零(PEN)连接完成,母线绝缘电阻测试和交流工频耐压试验合格,才能通电。

(9)电缆桥架安装和桥架内电缆敷设应按以下程序进行：

1)测量定位,安装桥架的支架,经检查确认,才能安装桥架；

2)桥架安装检查合格,才能敷设电缆；

3)电缆敷设前绝缘测试合格,才能敷设；

4)电缆电气交接试验合格,且对接线去向、相位和防火隔堵措施等检查确认,才能通电。

(10)电缆在沟内、竖井内支架上敷设应按以下程序进行：

1)电缆沟、电缆竖井内的施工临时设施、模板及建筑废料等清除,测量定位后,才能安装支架；

2)电缆沟、电缆竖井内支架安装及电缆导管敷设结束,接地(PE)或接零(PEN)连接完成,经检查确认,才能敷设电缆；

3)电缆敷设前绝缘测试合格,才能敷设；

4)电缆交接试验合格,且对接线去向、相位和防火隔堵措施等检查确认,才能通电。

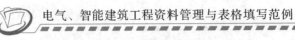

(11)电线导管、电缆导管和线槽敷设应按以下程序进行：

1)除埋入混凝土中的非镀锌钢导管外壁不做防腐处理外，其他场所的非镀锌钢导管内外壁均做防腐处理，经检查确认，才能配管；

2)室外直埋导管的路径、沟槽深度、宽度及垫层处理经检查确认，才能埋设导管；

3)现浇混凝土板内配管在底层钢筋绑扎完成，上层钢筋未绑扎前敷设，且检查确认，才能绑扎上层钢筋和浇捣混凝土；

4)现浇混凝土墙体内的钢筋网片绑扎完成，门、窗等位置已放线，经检查确认，才能在墙体内配管；

5)被隐蔽的接线盒和导管在隐蔽前检查合格，才能隐蔽；

6)在梁、板、柱等部位明配管的导管套管、埋件、支架等检查合格，才能配管；

7)吊顶上的灯位及电气器具位置先放样，且与土建及各专业施工单位商定，才能在吊顶内配管；

8)顶棚和墙面的喷浆、油漆或壁纸等基本完成，才能敷设线槽、槽板。

(12)电线、电缆穿管及线槽敷线应按以下程序进行：

1)接地(PE)或接零(PEN)及其他焊接施工完成，经检查确认，才能穿入电线或电缆以及线槽内敷线；

2)与导管连接的柜、屏、台、箱、盘安装完成，管内积水及杂物清理干净，经检查确认，才能穿入电线、电缆；

3)电缆穿管前绝缘测试合格，才能穿入导管；

4)电线、电缆交接试验合格，且对接线去向和相位等检查确认，才能通电。

(13)钢索配管的预埋件及预留孔，应预埋、预留完成；装修工程除地面外基本结束，才能吊装钢索及敷设线路。

(14)电缆头制作和接线应按以下程序进行：

1)电缆连接位置、连接长度和绝缘测试经检查确认，才能制作电缆头；

2)控制电缆绝缘电阻测试和校对合格，才能接线。

(15)照明灯具安装应按以下程序进行：

1)安装灯具的预埋螺栓、吊杆和吊顶上嵌入式灯具安装专用骨架等完成，按设计要求做承载试验合格，才能安装灯具；

2)影响灯具安装的模板、脚手架拆除；顶棚和墙面喷浆、油漆或壁纸等及地面清理工作基本完成后，才能安装灯具；

3)导线绝缘测试合格，才能灯具接线；

4)高空安装的灯具，地面通断电试验合格，才能安装。

(16)照明开关、插座、风扇安装；吊扇的吊钩预埋完成；电线绝缘测试应合格，顶棚和墙面的喷浆、油漆或壁纸等应基本完成，才能安装开关、插座和风扇。

(17)照明系统的测试和通电试运行应按以下程序进行：

1)电线绝缘电阻测试前电线的接续完成；

2)照明箱(盘)、灯具、开关、插座的绝缘电阻测试在就位前或接线前完成；

3)备用电源或事故照明电源作空载自动投切试验前拆除负荷，空载自动投切试验合格,才能做有载自动投切试验；

4)电气器具及线路绝缘电阻测试合格,才能通电试验；

5)照明全负荷试验必须在本条的1)、2)、4)完成后进行。

(18)接地装置安装应按以下程序进行：

1)建筑物基础接地体：底板钢筋敷设完成,按设计要求做接地施工,经检查确认,才能支模或浇捣混凝土；

2)人工接地体：按设计要求位置开挖沟槽,经检查确认,才能打入接地极和敷设地区接地干线；

3)接地模板：按设计位置开挖模块坑,并将地下接地干线引到模块上,经检查确认,才能相互焊接；

4)装置隐蔽：检查验收合格,才能覆土回填。

(19)引下线安装应按以下程序进行：

1)利用建筑物柱内主筋作引下线,在柱内主筋绑扎后,按设计要求施工,经检查确认,才能支模；

2)直接从基础接地体或人工接地体暗敷入粉刷层内的引下线,经检查确认不外露,才能贴面砖或刷涂料等；

3)直接从基础接地体或人工接地体引出明敷的引下线,先埋设或安装支架,经检查确认,才能敷设引下线。

(20)等电位联结应按以下程序进行：

1)总等联结：对可作导电接地体的金属管道入户处和供总等电位联结的接地干线的位置检查确认,才能安装焊接总等电位联结端子板,按设计要求做总等电位联结；

2)辅助等电位联结：对供辅助等电位联结的接地母线位置检查确认,才能安装焊接辅助等电位联结端子板,按设计要求做辅助等电位联结；

3)对特殊要求的建筑金属屏蔽网箱,网箱施工完成,经检查确认,才能与接地线连接。

(21)接闪器安装：接地装置和引下线应施工完成,才能安装接闪器,且与引下线连接。

(22)防雷接地系统测试：接地装置施工完成测试应合格；避雷接闪器安装完成,整个防雷接地系统连成回路,才能系统测试。

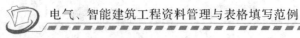

二、《交接检查记录》填写范例

交接检查记录		资料编号	×××
工程名称		××办公楼工程	
移交单位名称	××建筑集团	**接收单位名称**	××建筑机电安装公司
交接部位	变配电室内配电柜基础	**检查日期**	××年×月×日

交接内容:

  变配电室内配电柜基础槽钢预留洞口的混凝土强度为 C40,坐标为Ⓕ~Ⓖ/①~⑨轴,洞口尺寸为 12000mm×900mm×1200mm,四周预埋 8 号槽钢,洞口尺寸与槽钢型号、位置均匀与设计基础图相同

检查结果:

  经移交、接收及见证单位共同检查,成套配电柜槽钢基础洞口施工符合设计要求及施工规范规定,同意交接

复查意见:

复查人: **复查日期:**

见证单位意见:

  以上情况属实,已进行正式交接

见证单位名称: ××监理有限责任公司

签字栏	移交单位	接收单位	见证单位
	×××	×××	×××

注:1.本表移交单位填写。

  2.见证单位应根据实际检查情况,并汇总移交和接收单位意见形成见证单位意见。

三、《交接检查记录》填写说明

（1）相关规定及要求。

《交接检查记录》适用于不同施工单位之间的移交检查，当前一专业工程施工质量对后续专业工程施工质量产生直接影响时，应进行交接检查。移交单位、接收单位和见证单位共同对移交工程进行验收，并对质量情况、注意事项、成品保护等进行记录。

（2）填写要点。

1）《交接检查记录》由移交单位形成，其中表头和"交接内容"由移交单位填写，"检查结果"由接收单位填写，"复查意见"由见证单位填写。

2）"见证单位"：当在总包管理范围内的分包单位之间移交时，见证单位应为"总包单位"；当在总包单位和其他专业分包单位之间移交时，见证单位应为"建设（监理）单位"。

3）见证单位应根据实际检查情况，对质量情况、遗留问题、工序要求、注意事项、成品保护等进行记录，并汇总移交和接受单位意见形成"见证单位意见"。

4）由移交单位、接收单位和见证单位三方共同签认的《交接检查记录》方可生效。

第三节　建筑电气工程施工检查记录

一、主要检查项目

（1）设备基础、明配管（包括能进人吊顶内）。

（2）明装线槽、桥架、母线（包括能进人吊顶内）、等电位连接。

（3）屋顶明装避雷带、变配电装置。

（4）机电表面器具（开关、插座、灯具）。

二、主要检查内容

1. 设备基础

设备基础位置、混凝土强度、几何尺寸、预留孔、预埋件。

2. 明配管（包括能进人吊顶内）

品种、规格、位置、连接、弯扁度、弯曲半径、跨接地线、焊接质量、固定、防腐、外观处理等。

3. 明装线槽、桥架、母线（包括能进人吊顶内）

品种、规格、位置、连接、接地、防腐、固定方法、固定间距等。

4. 等电位连接

连接导线的品种和规格、连接的物件、连接方法等。

5. 屋顶明装避雷带

材料的品种和规格、连接方法、焊接质量、固定和防腐情况等。

6. 变配电装置

位置、高低压电源进出口方向、电缆位置、高程等。

7. 机电表面器具(开关、插座、灯具)

位置、标高、规格、型号和外观效果等。

三、主要检查方法

1. 多层住宅工程

以单元门为单位,每个单元门做一次;有地下室的地下室做一次;屋面有电气分部施工内容的做一次。

2. 高层塔楼工程

正负零以下做一次;地上每4～6层做一次;屋面做一次。

3. 高层板楼工程

按施工轴线分段做,每4到6个轴线为一段,做的次数与高层塔楼工程相同,分段时注意不要把一个住户分成两段。

4. 综合楼工程

分段分层做。

四、《施工检查记录(通用)》填写范例

施工检查记录(通用)(一)		资料编号	×××
工程名称	××办公楼工程	检查项目	设备基础
检查部位	变配电室	检查日期	××年×月×日

隐检依据:施工图纸(施工图纸号　电施1　)、设计变更/洽商(编号　/　)和有关规范、规程。
主要材料或设备:　　　槽钢　　　
规格/型号:　　　100mm×50mm　　　

检查内容:

1.设备基础的位置位于地下一层变配电室东侧,符合设计图纸要求;

2.设备基础几何尺寸为 1000mm×3000mm;

3.预埋件采用 100mm×50mm 槽钢;

4.混凝土强度符合设计规范要求

检查结论:

符合设计及规范要求

复查意见:

复查人:　　　　　　　　　　复查日期:

施工单位	××水电分公司		
专业技术负责人	专业质检员		专业工长
×××	×××		×××

注:本表由施工单位填写并保存。

施工检查记录(通用)(二)		资料编号	×××
工程名称	××办公楼工程	检查项目	避雷带敷设
检查部位	屋顶	检查日期	××年×月×日

隐检依据:施工图纸(施工图纸号__电施27__)、设计变更/洽商(编号___/___)和有关规范、规程。

主要材料或设备:_____镀锌圆钢_____

规格/型号:_____$\phi 10$_____

检查内容:

 1.屋顶避雷带采用××(规格)镀锌圆钢,符合设计规范要求;

 2.搭接长度大于圆钢直径的6倍,且两面施焊;

 3.焊接处药皮已清除,涂刷防腐漆;

 4.避雷带平正顺直,固定点支持件间距均匀、固定可靠

检查结论:

 符合设计及规范要求

复查意见:

复查人: 复查日期:

施工单位	××水电分公司	
专业技术负责人	专业质检员	专业工长
×××	×××	×××

注:本表由施工单位填写并保存。

施工检查记录(通用)(三)		资料编号	×××
工程名称	××办公楼工程	检查项目	照明系统机电表面器具安装
检查部位	×段×层至×段×层	检查日期	××年×月×日

隐检依据:施工图纸(施工图纸号___电施5、电施6、电施7___)、设计变更/洽商(编号___/___)
和有关规范、规程。

主要材料或设备:___接线盒、灯头盒___

规格/型号:___86H40、T_1___

检查内容:

　　1.开关、插座、灯具的规格、型号符合施工图纸要求;

　　2.开关、插座、灯具安装的位置及标高符合设计及规范要求;

　　3.安装平正

检查结论:

　　经查:×层、×房间、×轴线照明开关有一处安装位置与施工图纸不符

复查意见:

　　经复查:照明开关已按图纸位置进行移位,经修复符合设计及规范要求

复查人:		复查日期:	
施工单位		××水电分公司	
专业技术负责人	专业质检员		专业工长
×××	×××		×××

注:本表由施工单位填写并保存。

五、《施工检查记录》填写说明

(1)填写要求。

1)检查施工完毕后,施工单位应由专业技术负责人、工长、质检员共同进行检查。

2)主要检查内容包括:应根据检查项目和内容认真进行检查,不得落项,检查内容应根据规范要求填写齐全、明了,检验结果和结论齐全。

(2)填写要点。

1)除签字栏必须亲笔签字外,其余项目栏均须打印。

2)检查应及时;设备、机电表面器具的安装位置、标高应在抹灰前进行;吊顶或轻钢龙骨墙部位的配管及线槽的检查应在封板前进行。当检查无问题时,复查意见栏不应填写。

3)资料编号栏参照隐蔽工程验收记录编号编写,表式不同时顺序号应重新编号。

4)要求无未了事项:表格中凡需填空的地方,实际已发生的,如实填写;未发生的,则在空白处划"—"。

5)检查内容栏应说明的内容:

①门口的翘板开关因构造柱钢筋密而无法稳装开关盒,其开关要移位,而移位又不符合《建筑电气工程施工质量验收规范》GB 50303—2015 的规定,在不影响操作方便和电气安全的情况下,可做洽商移位处理,这样的问题应在检查内容中说明。

②暖气炉片进出支管间有电源插座时,其插座距暖气管的距离不符合《建筑电气通用图集》(92DQ8)中要求的上 200mm、下 300mm 的规定,应采取技术处理并办理洽商,同时应在检查内容中说明。

③照明配电箱按《建筑电气工程施工质量验收规范》GB 50303—2015 中的要求,同一电器器件端子上的导线连接不应多于 2 根,防松垫圈等零件应齐全;箱(盘)内宜分别设置中性导体(W)和保护接地导体(PE)汇流排,汇流排上同一端子不应连接不同回路的 N 或PE。如不符合要求,应办理洽商,同时在检查内容中应说明。

第四节　智能建筑隐蔽工程检查验收

一、隐蔽检查项目

(1) 埋在结构内的各种电线导管:检查导管的品种、规格、位置、弯扁度、弯曲半径、连接、跨接地线、防腐、需焊接部位的焊接质量、管盒固定、管口处理、敷设情况、保护层等。

(2) 不能进人吊顶内的电线导管:检查导管的品种、规格、位置、弯扁度、弯曲半径、连接、跨接地线、防腐、需焊接部位的焊接质量、管盒固定、管口处理、固定方法、固定间距等。

(3) 不能进人吊顶内的线槽:检查其品种、规格、位置、连接、接地、防腐、固定方法、固定间距等。

(4) 直埋电缆:检查电缆的品种、规格、埋设方法、埋深、弯曲半径、标桩埋设情况等。

(5) 不进人的电缆沟敷设电缆:检查电缆的品种、规格、弯曲半径、固定方法、固定间距、标识情况等。

二、《隐蔽工程验收记录》填写范例

隐蔽工程验收记录(一)		资料编号	××
工程名称	××办公楼工程		
隐检项目	通信网络系统(预留电话、数据线、有线电视进线保护管)	隐检日期	××年×月×日
隐检部位	地下一层墙体 ②~③/ⓒ~ⓓ 轴线 −1.400m 标高		

隐检依据:施工图图号(_____弱电施-1_____),设计变更/洽商(编号____/____)及有关国家现行标准等。

主要材料名称及规格/型号:_____镀锌钢管ϕ100;防水钢板 500×900mm_____

隐检内容:

    电话、数据线、有线电视进线保护管为 8 根 ϕ100 镀锌钢管,与预制好的防水钢板焊接在一起,双面施焊,焊缝均匀牢固,焊接处药皮清理干净。进线保护管位置、标高正确

影像资料的部位、数量:××

申报人:×××

检查意见:

    经检查,符合设计要求及《智能建筑工程施工质量验收规范》GB 50339—2013 的规定

检查结论: ☑同意隐蔽   □不同意,修改后进行复查

复查结论:

复查人: 复查日期:

签字栏	施工单位	××机电工程有限公司	专业技术负责人	专业质检员	专业工长
			×××	×××	×××
	监理(建设)单位	××工程建设监理有限公司	专业工程师	×××	

注:本表由施工单位填写,并附影像资料。

隐蔽工程验收记录(二)

隐蔽工程验收记录(二)	资料编号	×××

工程名称	××办公楼工程		
隐检项目	有线电视系统布线	隐检日期	××年×月×日
隐检部位	三层 ①～⑬/Ⓐ～Ⓖ 轴线	吊顶内	9.200～10.200m 标高

隐检依据:施工图图号(____弱电施-5____),设计变更/洽商(编号____/____)及有关
国家现行标准等。

主要材料名称及规格/型号:____有线电视系统物理发泡聚乙烯绝缘同轴电缆,SYWV-75-9____
SYWV-75-7____SYWV-75-5____

隐检内容:

    1.物理发泡电视电缆产品合格证、检测报告、采用国际标准证、入网认定证书等齐全、有效,合格;
其品种、型号符合设计要求。

    2.吊顶线槽内缆线弯曲半径大于缆线外径的6倍。

    3.缆线无扭曲,排列整齐,且捆扎结实,受力分散。

    4.缆线无损坏、无刮伤,标识清晰,并且配有对应的标签。

    隐检内容已做完,请予以检查

影像资料的部位、数量:××

申报人:×××

检查意见:

    经检查,该部位线槽内缆线敷设符合设计要求和《智能建筑工程质量验收规范》GB 50339—2013
的规定

检查结论: ☑同意隐蔽   □不同意,修改后进行复查

复查结论:

复查人: 复查日期:

签字栏	施工单位	××机电工程有限公司	专业技术负责人	专业质检员	专业工长
			×××	×××	×××
	监理(建设)单位	××工程建设监理有限公司	专业工程师		×××

注:本表由施工单位填写,并附影像资料。

三、《隐蔽工程验收记录》填写说明

参见建筑电气工程隐检记录相关填写说明。

第四章

建筑电气、智能建筑工程施工试验资料（C6）

本章内容包括下列资料：

► 建筑电气工程施工试验记录

► 智能建筑工程子系统检测记录

第一节　建筑电气工程施工试验记录

一、《电气接地电阻测试记录》填写范例

电气接地电阻测试记录		资料编号		×××	
工程名称	××办公楼工程	测试日期		××年×月×日	
仪表型号	ZC-8	天气情况	晴	气温(℃)	6
接地类型	□防雷接地　　□计算机接地　　□工作接地　　□保护接地　　□防静电接地　　□逻辑接地　　□重复接地　　☑综合接地　　□医疗设备接地				
设计要求	□≤10Ω　　□≤4Ω　　☑≤1Ω　　□≤0.1Ω　　□≤　Ω　　□				
测试结论： 　　经测试计算,接地电阻值为 0.2Ω,符合设计要求和《建筑电气工程施工质量验收规范》GB 50303—2015规定					
签字栏	施工单位	××机电工程有限公司	专业技术负责人	专业质检员	专业工长
			×××	×××	×××
	监理(建设)单位	××工程建设监理有限公司	专业工程师		×××

注:本表由施工单位填写。

二、《电气接地电阻测试记录》填写说明

1. 表格解析

(1)责任部门。

专业分包及项目机电部。

(2)提交时限。

接地装置完成后进行,若未达到设计要求,增设人工接地体,增设后再次测试。

(3)资料归档。

本表一式三份,由施工单位填写,施工单位、建设单位归档保存,监理单位过程保存。

(4)填写要点。

1)工程名称:应与规划许可证、设计图中工程名称一致。

2)测试日期:进行接地电阻测试的实际日期。

3)测试结论:是实际测试值,即实测值乘以季节修正系数,就是接地电阻测试结果,并应有明确的结论。

4)对于选择框,有此项内容,在选择框处划"√",若无此项内容,可空着,不必划"×"。

2. 相关要求

(1)接地电阻测试主要包括设备、系统的防雷接地、保护接地、工作接地、防静电接地以及设计有要求的接地电阻测试,并应附电气接地装置隐检与平面示意图。

(2)测试仪表一般选用 ZC-8 型接地电阻测量仪。测量仪表要在检定有效期内,有校准状态标识。

(3)每年 4～10 月期间进行测试时,应乘以季节系数 ψ 值(ψ 值见表 4-1)。

表 4-1　接地装置接地电阻值的季节系数 ψ 值

埋深（m）	水平接地体	长度为 2～3m 的垂直接地体
0.5	1.40～1.80	1.20～1.40
0.8～1.0	1.25～1.45	1.15～1.30
2.5～3.0	1.00～1.10	1.00～1.10

注:大地比较干燥时,则取表中的较小值;比较潮湿时,则取表中的较大值。

(4)接地电阻应及时进行测试,当利用自然接地体作为接地装置时,应在底板钢筋绑扎完毕后进行测试;当利用人工接地体作为接地装置时,应在回填土之前进行测试;若电阻值达不到设计、规范要求时,应补做人工接地极。

(5)电气接地电阻测试记录应由建设(监理)单位及施工单位共同进行检查。

三、《电气接地装置隐检与平面示意图表》填写范例

电气接地装置隐检与平面示意图表		资料编号	×××

工程名称	××办公楼工程	图　　号	电施-15
接地类型	防雷接地	组数	—	设计要求	≤1Ω

接地装置平面示意图(绘制比例要适当,注明各组别编号及有关尺寸)

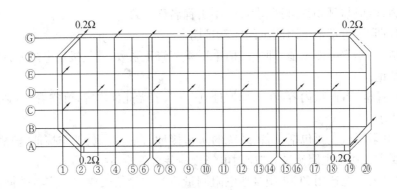

接地装置敷设情况检查表(单位:mm)

槽沟尺寸	沿结构外四周,深700mm	土质情况	砂质黏土
接地极规格	—	打进深度	—
接地体规格	40×4镀锌扁钢	焊接情况	符合规范规定
防腐处理	焊接处均涂沥青油	接地电阻	(取最大值)　0.2Ω
检验结论	符合设计和规范要求	检验日期	××年×月×日

签字栏	施工单位	××机电工程有限公司	专业技术负责人	专业质检员	专业工长
			×××	×××	×××
	监理(建设)单位	××工程建设监理有限公司	专业工程师		×××

注:本表由施工单位填写。

四、《电气接地装置隐检与平面示意图表》填写说明

1. 表格解析

(1)责任部门:项目机电部。

(2)提交时限:接地装置隐蔽前完成。

(3)资料归档:本表一式三份,由施工单位填写,施工单位、建设单位归档保存,监理单位过程保存。

(4)填写要点。

1)工程名称:应与规划许可证、设计图中工程名称一致。

2)图号:本次接地电阻测试所涉及的施工图编号。

3)接地类型:同电气接地电阻测试记录一致。

4)组数:进行本次电气接地电阻测试的同类型的总数。

5)接地装置平面示意图:绘制比例要恰当,注明各组别编号及有关尺寸。

2. 相关要求

(1)防雷接地系统测试:接地装置施工完成测试应合格;避雷接闪器安装完成,整个防雷接地系统连成回路,才能系统测试。

(2)变压器中性点应与接地装置引出干线直接连接,接地装置的接地电阻值必须符合设计要求。

(3)测试接地装置的接地电阻值必须符合设计要求。

五、《电气绝缘电阻测试记录》填写范例

<table>
<tr><td colspan="8" rowspan="2" style="text-align:center">电气绝缘电阻测试记录</td><td>资料编号</td><td>×××</td></tr>
<tr><td>工程名称</td><td colspan="5">××办公楼工程</td><td>测试日期</td><td>××年×月×日</td></tr>
</table>

工程名称	××办公楼工程			测试日期	××年×月×日	
计量单位	MΩ			天气情况	晴	
仪表型号	ZC-7		电压(V)	1000	气温(℃)	23

试验内容		相间			相对零			相对地			零对地
		L_1-L_2	L_2-L_3	L_3-L_1	L_1-N	L_2-N	L_3-N	L_1-PE	L_2-PE	L_3-PE	$N-PE$
层数·路别·名称·编号	三　层										
	$3AL_{3-1}$										
	支路1	750			700			700			700
	支路2		600			650			700		700
	支路3			700			750			750	700
	支路4	700			700			700			700
	支路5		750			600			650		700
	支路6			700			700			750	750

测试结论:

经测试:符合设计要求和《建筑电气工程施工质量验收规范》GB 50303—2015 的规定

签字栏	施工单位	××机电工程有限公司	专业技术负责人	专业质检员	专业工长
			×××	×××	×××
	监理(建设)单位	××工程建设监理有限公司	专业工程师		×××

注:本表由施工单位填写。

六、《电气绝缘电阻测试记录》填写说明

电气绝缘电阻测试主要包括电气设备和动力、照明线路及其他必须摇测绝缘电阻的测试，配管及管内穿线分项质量验收前和单位工程质量竣工验收前，应分别按系统回路进行测试，不得遗漏。电气绝缘电阻的检测仪器应在检定有效期内。

1. 表格解析

（1）责任部门：项目机电部。

（2）提交时限：配管及管内穿线分项质量验收前和单位工程竣工验收前完成。

（3）资料归档：本表一式三份，由施工单位填写，施工单位、建设单位归档保存，监理单位过程保存。

（4）填写要点。

1）工程名称：应与规划许可证、设计图中工程名称一致。

2）测试日期：进行接地电阻测试的实际日期。

3）计量单位：摇测所采用的计量单位，一般为"MΩ"。

4）天气情况：绝缘电阻测试时的天气情况，一般应在晴天进行绝缘电阻测试。

5）仪表型号：摇表型号，如 ZC-7。

6）电压：摇表的电压等级，摇表铭牌或合格证上所标电压值。

7）气温：进行绝缘电阻测试时的测试点或处的（室内或室外）空气温度。

8）试验内容：层数、路别、名称、编号（填写所测回路在施工图上的编号）。

9）测试结论：填写最小值，大于规范要求，但如果《建筑电气工程施工质量验收规范》GB 50303—2015 对所进行绝缘电阻测试项目没有要求的，不能简单填写符合《建筑电气工程施工质量验收规范》GB 50303—2015 的要求，可填写符合设计及规范要求。

10）签字栏：专业施工单位相关责任人签认齐全后方有效。

（5）表格检查要点。

1）当同一配电箱（盘、柜）内支路很多，又是同一天进行测试时，本表格填不下，可续表格进行填写，但编号应一致。

2）阻值必须符合规范、标准的要求，若不符合规范、标准的要求，应查找原因并进行处理，直到符合要求方可填写此表。

3）要求检测阻值结果和测试结论齐全。

4）无未了事项。表格中凡需填空的地方，实际已发生，如实填写；未发生的，则在空白处划"—"。

2. 相关要求

（1）照明灯具及附件应符合以下规定。

对成套灯具的绝缘电阻、内部接线等性能进行现场抽样检测。灯具的绝缘电阻不小于 2MΩ，内部接线为铜芯绝缘电线，芯线截面积不小于 $0.5mm^2$，橡胶或聚氯乙烯（PVC）绝缘电线的绝缘层厚度不小于 0.6mm。对游泳池和类似场所灯具（水下灯及防水灯具）的密闭和绝缘性能有异议时，按批抽样送有资质的实验室检测。

（2）开关、插座、接线盒和风扇及其附件应符合以下规定。

对开关、插座的电气和机械性能进行现场抽样检测,绝缘电阻值不小于 5MΩ。

(3)低压电动机、电加热器及电动执行机构应与机械设备完成连接,绝缘电阻测试合格,经手动操作符合工艺要求,才能接线。

(4)裸母线、封闭母线、插接式母线安装应按以下程序进行。

1)封闭、插接式母线每段母线组对接续前,绝缘电阻测试合格,绝缘电阻值大于 20MΩ,才能安装组对;

2)母线支架和封闭、插接式母线的外壳接地(PE)或接零(PEN)连接完成,母线绝缘电阻测试和交流工频耐压试验合格,才能通电。

(5)电缆桥架安装和桥架内电缆敷设,应在电缆敷设前做绝缘测试,测试合格后才能敷设。

(6)电缆在沟内、竖井内支架上敷设,应在电缆穿管前做绝缘测试,测试合格后才能穿入导管。

(7)电缆头制作和接线,应在控制电缆绝缘电阻测试和校线合格后接线。

(8)照明灯具安装应导线绝缘测试合格,才能灯具接线。

(9)照明开关、插座、风扇安装:吊扇的吊钩预埋完成;电线绝缘测试应合格,顶棚和墙面的喷浆、油漆或壁纸等应基本完成,才能安装开关、插座和风扇。

(10)照明系统的测试和通电试运行应,电线的接续应在电线绝缘电阻测试前完成。

七、《电气器具通电安全检查记录》填写范例

电气器具通电安全检查记录																					资料编号						×××	
工程名称				××办公楼工程											检查日期							××年×月×日							
楼门单元或区域场所												×段×层																	
层数	开　　　关									灯　　　具									插　　　座									
	1	2	3	4	5	6	7	8	9	1	2	3	4	5	6	7	8	9	1	2	3	4	5	6	7	8	9
×段×层	√	√	√	√	√	√	√	√	√	√	×	√	√	√	√	√	√	√	√	√	√	√	×	√	√	√	√
	√	√	√	√	√	√	√	√		√	√	√	√	√	√	√	√		√	√	√	√	√	√	√	√	
	√	√	√	√	×	√	√	√		√	√	√	√	√	√	√	√		√	√	√	√	√	√	√	√	√
	√	√	√	√	√	√	√	√		√	√	√	√	√	√	√	√		√	√	√	√	√	√	√	√	√
	√	√		√	√	√				√	√								√	√	√	√	√	√			

检查结论:

经查:开关一个未断相线,一个罗灯口中心未接相线,两个插座接线有误,已修复合格,其余符合《建筑电气工程施工质量验收规范》GB 50303—2015 要求

签字栏	施工单位	××机电工程有限公司	
	专业技术负责人	专业质检员	专业工长
	×××	×××	×××

注:本表由施工单位填写。

八、《电气器具通电安全检查记录》填写说明

电气器具安装完成后,按层、按部位(户)进行通电检查,并做记录。内容包括接线情况、电气器具开关情况等。电气器具应全数进行通电安全检查。

1. 表格解析

(1)责任部门:项目机电部。

(2)提交时限:电气器具安装完成后进行。

(3)资料归档:本表一式三份,由施工单位填写,施工单位、建设单位归档保存,监理单位过程保存。

(4)填写要点。

1)工程名称:应与规划许可证、设计图中工程名称一致。

2)检查日期:进行电气器具通电安全检查的日期。

3)楼门单元或区域场所:指进行器具通电安全检查的电气器具所在的工程部位。

4)层数:检查电气器具所在的层数。

5)检查正确、符合要求时填写"√",反之则填写"×"。当检查不符合要求时,应进行修复,并在检查结论中说明修复结果。当检查部位为同一楼门单元(或区域场所),检查点很多又是同一天检查时,本表格填不下,可续表格进行填写,但编号应一致。

6)签字栏:专业施工单位相关责任人签认齐全后方有效。

2. 相关要求

(1)电气器具通电安全检查是保证照明灯具、开关、插座等能够达到安全使用的重要措施,也是对电气设备调整试验内容的补充。

(2)电气器具通电安全记录应由施工单位的专业技术负责人、专业质检员、专业工长参加。

九、《电气设备空载试运行记录》填写范例

电气设备空载试运行记录				资料编号	×××	

工程名称	××办公楼工程					
试运行项目	电气动力 2# 电动机		填写日期	××年×月×日		
试运行时间	由 3 日 14 时 0 分 开始,至 3 日 16 时 0 分 结束					

运行负荷记录	运行时间	运行电压(V)			运行电流(A)			温度(℃)
		L_1-N (L_1-L_2)	L_2-N (L_2-L_3)	L_3-N (L_3-L_1)	L_1 相	L_2 相	L_3 相	
	14:00	380	382	384	45	45	45	36
	15:00	380	381	381	45	45	45	36
	16:00	380	385	383	47	45	45	37

试运行情况记录:

经 2h 通电试运行,电动机转向和机械转动无异常情况,检查机身和轴承的温升符合技术条件要求;配电线路、开关、仪表等运行正常,符合设计和《建筑电气工程施工质量验收规范》GB 50303—2015 规定

签字栏	施工单位	××机电工程有限公司	专业技术负责人	专业质检员	专业工长
			×××	×××	×××
	监理(建设)单位	××工程建设监理有限公司	专业工程师		×××

注:本表由施工单位填写。

十、《电气设备空载试运行记录》填写说明

建筑电气设备安装完毕后应进行耐压及调整试验。主要包括:高压电气装置及其保护系统(如电力变压器、高压开关柜、高压机等),发电机组、低压电气动力设备和低压配电箱(柜)等。

1. 表格解析

(1)责任部门:专业分包及项目机电部。

(2)提交时限:电气设备安装完成后进行。

(3)填写要点。

1)试运行项目:填写空载试运行的电气设备名称、设备功率。

2)试运行时间:试运行的启停时间,由××日××时××分开始,至××日××时××分结束。

3)运行时间:电气设备每次空载运行时间。

4)运行电压(V)、运行电流(A):电气设备每次空载运行平稳时的各相的电压、电流值。

5)温度(℃):电气设备每次空载运行时主要工作或关键部件(按设计或有关规范、标准、规程规定或机械工艺装置的空载状态运行的要求)的温度,一般设备轴承温度不超过65℃。

6)试运行情况记录:填写电气设备实际运行状态,线路是否过热,电气设备的运转、温升、噪声等是否正常,电压、电流是否稳定,仪表指示等是否正常等,并注明合格与否。

2. 相关要求

(1)试运行前,相关电气设备和线路应按《建筑电气工程施工质量验收规范》GB 50303—2015中规定试验合格。

(2)各个系统设备的交接试验记录依据《建筑电气工程施工质量验收规范》GB 50303—2015中附录B和附录C的要求进行试验。

(3)成套配电(控制)柜、台、箱、盘的运行电压、电流应正常,各种仪表指示正常。

(4)电动机应试通电,检查转向和机械转动有无异常情况;可空载试运行的电动机,时间一般为2h,每一小时记录一次空载电流,共记录3次,且检查机身和轴承的温升。

(5)交流电动机在空载状态下(不投料)可启动次数及间隔时间应符合产品技术条件的要求;连续启动2次的时间间隔不应小于5min,再次启动应在电动机冷却至常温下。空载状态(不投料)运行,应记录电流、电压、温度、运行时间等有关数据,且应符合建筑设备或工艺装置的空载状态运行(不投料)要求。

(6)电动执行机构的动作方向及指示,应与工艺装置的设计要求保持一致。

十一、《建筑物照明通电试运行记录》填写范例

建筑物照明通电试运行记录		资料编号	×××
工程名称	××办公楼工程		公建□/住宅☑
试运项目	照明系统	填写日期	××年×月×日
试运时间	由 5 日 8 时 0 分 开始,至 5 日 16 时 0 分 结束		

	运行时间	运行电压(V)			运行电流(A)			温度(℃)
		L_1-N (L_1-L_2)	L_2-N (L_2-L_3)	L_3-N (L_3-L_1)	L_1相	L_2相	L_3相	
运行负荷记录	8:00至10:00	225	225	225	79	78	79	51
	10:00至12:00	220	220	220	80	79	80	53
	12:00至14:00	230	230	230	79	77	79	52
	14:00至16:00	225	225	225	77	76	77	51
	16:00至18:00	225	220	225	78	77	79	51

试运行情况记录:

照明系统灯具、风扇等电器均投入运行,经 8h 通电试验,配电控制正确,空开、电度表、线路结点温度及器具运行情况正常,符合设计及规范要求

签字栏	施工单位	××机电工程有限公司	专业技术负责人	专业质检员	专业工长
			×××	×××	×××
	监理(建设)单位	××工程建设监理有限公司	专业工程师	×××	

注:本表由施工单位填写。

十二、《建筑物照明通电试运行记录》填写说明

照明系统通电,灯具回路控制应与照明配电箱及回路的标识一致;开关与灯具控制顺序相对应,风扇的转向及调速开关应正常。公用建筑照明系统通电连续试运行时间为24h,民用住宅照明系统通电连续试运行时间应为8h。所有照明灯具均应开启,且每2h记录运行状态1次,连续试运行时间内无故障。

1.表格解析

(1)责任部门:项目机电部。

(2)提交时限:单位工程竣工验收前完成。

(3)资料归档:本表一式三份,由施工单位填写,施工单位、建设单位归档保存,监理单位过程保存。

(4)填写要点。

1)工程名称:应与规划许可证、设计图中工程名称一致。

2)选项栏:若本建筑为公建,则在公建后的"□"内划"√";若为住宅则在住宅后的"□"内划"√"选择。

3)试运项目:填写室内、景观、庭院等照明系统全负荷通电试运行。

4)填写日期:通电试运行的实际日期。

5)试运时间:试运行的启停时间,由××日××时××分开始,至××日××时××分结束。

6)运行时间:照明系统通电试运行在连续运行期间,每隔2h记录运行状态时的时间,××时××分至××时××分。

7)运行电压(V)、运行电流(A):照明系统通电试运行时,每2h记录运行状态时的各相的电压、电流值。

8)温度(℃):照明系统通电试运行时,每2h记录运行状态时的环境温度,××℃。

9)试运行情况记录:填写照明系统实际运行状态,配电控制、开关、计量仪表等是否正常,线路是否过热,电压、电流是否稳定,并注明合格与否。

10)签字栏:专业施工单位相关责任人签认齐全后方有效。

2.相关要求

(1)建筑物照明通电试运行要求。

1)通电试运行前检查。

①复查总电源开关至各照明回路进线电源开关接线是否正确;

②照明配电箱及回路标识应正确一致;

③检查漏电保护器接线是否正确,严格区分工作零线(N)与专用保护零线(PE),专用保护零线(PE)严禁接入漏电开关;

④检查开关箱内各接线端子连接是否正确可靠;

⑤断开各回路分电源开关,合上总进线开关,检查漏电测试按钮是否灵敏有效。

2)分回路试通电。

①将各回路灯具等用电设备开关全部置于断开位置;

②逐次合上各分回路电源开关；

③分回路逐次合上灯具等的控制开关,检查开关与灯具控制顺序是否对应,风扇的转向及调速开关是否正常；

④用试电笔检查各插座相序连接是否正确,带开关插座的开关是否能正确关断相线。

3)故障检查整改。

①发现问题应及时排除,不得带电作业；

②对检查中发现的问题应采取分回路隔离排除法予以解决；

③对开关一送,电漏电保护就跳闸的现象,重点检查工作零线与保护零线是否混接、导线是否绝缘不良。

4)公用建筑照明系统通电连续试运行时间应为 24h,每 2h 记录运行状态 1 次,共记录 13 次;民用住宅照明系统通电连续试运行时间应为 8h,每 2h 记录运行状态 1 次,共记录 5 次;所有照明灯具均应在开启且连续试运行时间内无故障。

(2)建筑物照明通电试运行方法。

1)所有照明灯具均应开启。

2)建筑物照明通电试运行不应分层、分段进行,应按供电系统进行。一般住宅以单元门为单位工程中的电气分部工程应全部投入试运行。

3)试运行应从总进线柜的总开关开始供电,不应甩掉总进线柜及总开关,而使其性能不能接受考验。

4)建筑物照明通电试运行应在电气器具通电安全检查完后进行,或按有关规定及合同约定要求进行。

(3)建筑物照明通电试运行记录应由监理(建设)单位及施工单位共同进行检查。

十三、《大型照明灯具承载试验记录》填写范例

大型照明灯具承载试验记录			资料编号	×××
工程名称	××办公楼工程			
楼　　层	一层	试验日期	××年×月×日	
灯具名称	安装部位	数　量	灯具自重(kg)	试验载重(kg)
花灯	大厅	10套	35	175

检查结论：

　　一层大厅使用灯具的规格、型号符合设计要求,预埋螺栓直径符合规范要求,经做承载试验,试验载重 175kg,试验时间为 15min,预埋件牢固可靠,符合规范规定

签字栏	施工单位	××机电工程有限公司	专业技术负责人	专业质检员	专业工长
			×××	×××	×××
	监理(建设)单位	××工程建设监理有限公司	专业工程师	×××	

注:本表由施工单位填写。

十四、《大型照明灯具承载试验记录》填写说明

1. 表格解析

(1)责任部门:项目机电部。

(2)提交时限:在灯具安装前完成。

(3)资料归档:本表一式三份,由施工单位填写,施工单位、建设单位归档保存,监理单位过程保存。

2. 相关要求

(1)大型照明灯具承载试验要求。

1)大型灯具的界定。

①大型的花灯。

②设计单独出图的。

③灯具本身指明的。

2)大型灯具应在预埋螺栓、吊钩、吊杆或吊顶上嵌入式安装专用骨架等物件上安装,吊钩圆钢直径不应小于灯具挂销直径,且不应小于6mm。

(2)大型照明灯具承载试验方法。

1)大型灯具的固定及悬挂装置,应按灯具重量的2倍做承载试验;质量大于10kg的灯具,其固定装置应按5倍灯具重量的恒定均布荷载作强度试验。

2)大型灯具的固定及悬挂装置,应全数做承载试验。

3)试验重物宜距地面30cm左右,试验时间为15min。

(3)照明灯具承载试验应由监理(建设)单位、施工单位共同进行检查。

十五、《漏电开关模拟试验记录》填写范例

漏电开关模拟试验记录		资料编号		×××	
工程名称		××办公楼工程			
试验器具	漏电开关检测仪(MI 2121 型)		**试验日期**		××年×月×日

安装部位	型 号	设 计 要 求		实 际 测 试	
		动作电流 (mA)	动作时间 (ms)	动作电流 (mA)	动作时间 (ms)
低压配电室(1#)柜	vigiNS400N-300A/3P	300	100	300	90
低压配电室(动力)柜	vigiNS250N-200A/3P	500	200	500	180
一层甲单元(户)箱 厕所插座支路	DPNvigi-16A	30	100	27	80
一层甲单元(户)箱 厨房插座支路	DPNvigi-16A	30	100	28	90
屋顶风机控制箱(风) 插座支路	DPNvigi-16A	30	100	27	80
电梯机房(梯)柜 插座支路	DPNvigi-16A	30	100	28	90
弱电竖井插座箱 插座1支路	DPNvigi-16A	30	100	28	90

测试结论:

经对全楼配电柜、箱(盘)内所有带漏电保护的回路的测试,所有漏电保护装置动作可靠,漏电保护装置的动作电流和动作时间均符合设计及施工规范要求

签字栏	施工单位	××机电工程 有限公司	专业技术负责人	专业质检员	专业工长
			×××	×××	×××
	监理(建设)单位	××工程建设监理有限公司	专业工程师		×××

注:本表由施工单位填写。

十六、《漏电开关模拟试验记录》填写说明

依据《建筑电气工程施工质量验收规范》GB 50303—2015 中规定动力和照明工程的带有漏电保护装置的回路均要进行漏电开关模拟试验。

1. 表格解析

(1)责任部门:项目机电部。

(2)提交时限:漏电开关安装完毕,分项质量验收前完成。

(3)填写要点。

1)工程名称:应与规划许可证、设计图中工程名称一致。

2)试验器具:漏电开关模拟试验所使用的仪器。

3)安装部位:漏电模拟试验的开关所安装的部位。

4)型号:进行漏电模拟试验的开关型号。

5)设计要求,动作电流(mA)、动作时间(ms):施工图纸漏电开关所要求的额定动作电流(mA)、动作时间(ms)值。

6)实际测试,动作电流(mA)、动作时间(ms):漏电开关模拟试验进行测试的动作电流(mA)与动作时间(ms)的实际测试值。

7)测试结论栏:实际测试的动作电流(mA)与动作时间(ms)的最大值小于设计要求的动作电流(mA)、动作时间(ms)额定值,并注明合格与否。

2. 相关要求

(1)动力和照明工程的漏电保护装置应做模拟动作试验。

(2)照明配电箱(盘)安装应符合下列规定:

1)箱(盘)内配线整齐,无绞接现象。导线连接紧密,不伤芯线,不断股。垫图下螺钉两侧压的导线截面积相同,同一端子上导线连接不多于2根,防松垫圈等零件齐全。

2)箱(盘)内开关动作灵活可靠。

3)箱(盘)内宜分别设置中性导体(N)和保护接地导体(PE)汇流排,汇流排上同一端子不应连接不同回路的N或PE。

(3)漏电开关模拟试验方法。

1)漏电开关模拟试验应使用漏电开关检测仪,并在检定有效期内。

2)漏电开关模拟试验应100％检查。

3)测试住宅工程的漏电保护装置动作电流应符合设计要求;测试其他设备的漏电保护装置动作电流应依据《民用建筑电气设计规范》JGJ 16—2008 中第12.3.7条的数值要求。

十七、《大容量电气线路结点测温记录》填写范例

大容量电气线路结点测温记录		资料编号		×××
工程名称		××办公楼工程		
测试地点	地下配电室	测试品种		导线□/母线☑/开关□
测试工具	远红外摇表测量仪	测试日期		××年×月×日
测试回路(部位)	测试时间	电流(A)	设计温度(℃)	测试温度(℃)
地下配电室1#柜A相母线	10:00	640	60	55
地下配电室1#柜B相母线	10:00	645	60	55
地下配电室1#柜C相母线	10:00	645	60	55

测试结论：

　　设备在设计计算负荷运行情况下,对母线与电缆的连接结点进行抽测,温升值稳定且不大于设计值,符合设计及施工规范规定

签字栏	施工单位	××机电工程有限公司	专业技术负责人	专业质检员	专业工长
			×××	×××	×××
	监理(建设)单位	××工程建设监理有限公司	专业工程师		×××

注:本表由施工单位填写。

十八、《大容量电气线路结点测温记录》填写说明

大容量(630A及以上)导线或母线连接处,在设计计算机负荷运行情况下应做温度抽测记录,温升值稳定且不大于设计值。

1.表格解析

(1)责任部门:项目机电部。

(2)提交时限:分项工程安装完毕,分项质量验收前或单位工程质量验收前完成。

(3)填写要点。

1)工程名称:规划许可证、设计图中工程名称一致。

2)测试地点:进行结点测温的地点,一般为导线大容量、母线连接处或开关所处的工程部位。

3)测试品种:在被测项后的"□"内划"√"进行选择。

4)测试工具:大容量电气线路结点测温所使用的仪器、仪表等。

5)测试回路(部位):大容量(630A及以上)导线、母线连接处或开关在施工图纸上的回路编号。

6)测试时间:大容量测温选择系统全负荷运行和空载运行时进行测试,时间填写进行测温开始时间即可。

7)电流(A):指进行结点测温时导线、母线或开关的电流值。

8)设计温度(℃):在设计额定电压、额定电流下,大容量电气线路结点处的额定温度。

9)测试温度(℃):在设计额定电压、额定电流下,大容量电气线路结点处的实际测量温度,一般分别在用电最高峰和最小时进行测试。

10)测试结论:填写测试温度最大值小于设计温度,并注明合格与否。

2.相关要求

(1)大容量电气线路结点测温要求:大容量(630A及以上)导线、母线连接处,在设计计算负荷运行情况下应做温度抽测记录,温升值稳定且不大于设计值。

(2)大容量电气线路结点测温方法。

1)大容量电气线路结点测温应使用远红外摇表测量仪,并在检定有效期内。

2)应对导线或母线连接处温度进行测量,且温升值稳定不大于设计值。

3)设计温度应根据所测材料的种类而定。导线应符合《额定电压450/750V及以下聚氯乙烯绝缘电缆》GB 5023.1—5023.7生产标准的设计温度;电缆应符合《电力工程电缆设计规范》GB 50217—2007中附录A的设计温度等。

(3)大容量电气线路结点测温应由监理(建设)单位及施工单位共同进行检查。

十九、《避雷带支架拉力测试记录》填写范例

避雷带支架拉力测试记录					资料编号	×××	
工程名称			×××办公楼工程				
测试部位			屋顶		测试日期	××年×月×日	
序号	拉力(kg)	序号	拉力(kg)	序号	拉力(kg)	序号	拉力(kg)
1	5.5	17	5.5	33	5.5		
2	5.5	18	5.5	34	5.5		
3	5.5	19	5.5	35	5.5		
4	5.5	20	5.5	36	5.5		
5	5.5	21	5.5	37	5.5		
6	5.5	22	5.5	38	5.5		
7	5.5	23	5.5				
8	5.5	24	5.5				
9	5.5	25	5.5				
10	5.5	26	5.5				
11	5.5	27	5.5				
12	5.5	28	5.5				
13	5.5	29	5.5				
14	5.5	30	5.5				
15	5.5	31	5.5				
16	5.5	32	5.5				

检查结论:

　　屋顶避雷带安装平正顺直,固定点支持件间距均匀,经对全楼避雷带支架(共计38处)进行测试,每个支持件均能承受大于49N(5kg)的垂直拉力,固定牢固可靠,符合设计及施工规范要求

签字栏	施工单位	××机电工程有限公司	专业技术负责人	专业质检员	专业工长
			×××	×××	×××
	监理(建设)单位	××工程建设监理有限公司	专业工程师		×××

注:本表由施工单位填写。

二十、《避雷带支架拉力测试记录》填写说明

1.表格解析

(1)责任部门:项目机电部。

(2)提交时限:在避雷带安装前完成。

(3)资料归档:本表一式三份,由施工单位填写,施工单位、建设单位归档保存,监理单位过程保存。

(4)填写要点。

1)工程名称:应与规划许可证、设计图中工程名称一致。

2)测试部位:女儿墙(屋面)避雷带支架。

3)测试日期:避雷带支架拉力测试的实际日期。

4)序号:避雷带支架拉力测试流水号。

5)拉力(kg):避雷带支架垂直拉力测试的实际测试值,应大于49N(5kg)。在此表格中,拉力(kg)一栏,应该填写同一数值。

6)检查结论:填写实际拉力值(kg)。

7)签字栏:专业施工单位相关责任人签认齐全后方有效。

2.相关要求

(1)避雷带支架拉力测试要求。

1)避雷带应平正顺直,固定点支持件间距均匀、固定可靠,每个支持件应能承受大于49N(5kg)的垂直拉力。

2)当设计无要求时,明敷接地引下线及室内接地干线的支持件间距应符合:水平直线部分0.5~1.5m,垂直直线部分1.5~3m,弯曲部分0.3~0.5m。

(2)避雷带支架拉力测试方法。

1)避雷带支架垂直拉力测试应使用弹簧秤,弹簧秤的量程应能满足规范要求,并在检定有效期内。

2)避雷带的支持件10m以内应100%进行垂直拉力测试,大于10m应30%进行垂直拉力测试。

(3)避雷带支架拉力测试应由监理(建设)单位及施工单位共同进行检查。

二十一、《逆变应急电源测试试验记录》填写范例

逆变应急电源测试试验记录			资料编号	×××
工程名称	××办公楼工程		施工单位	××机电工程有限公司
安装部位	配电室		测试日期	××年×月×日
规格型号	HIPULSE160kV·A		环境温度(℃)	25
检查测试内容			额定值	测试值
输入电压(V)			380	412
输出电压(V)	空载		380	388
	满载	正常运行	380	383
		逆变应急运行	380	383
输出电流(A)	满载	正常运行	380	382
		逆变应急运行	380	378
能量恢复时间(h)				
切换时间(s)			0.003	0.002
逆变储能供电能力(min)			60	62
过载能力 (输出表观功率额定 值120%的阻性负载)	正常运行	连续工作时间(min)	10	13
	逆变应急运行	连续工作时间(min)	10	12
噪声检测(dB)	正常运行		58~68	60
	逆变应急运行		58~68	61
测试结果	符合设计规范要求,合格			
签字栏	施工单位	××机电工程 有限公司	专业技术负责人	专业工长	测试人员
			×××	×××	×××
	监理(建设)单位	××工程建设监理有限公司	专业工程师	×××	

注:本表由施工单位填写。

二十二、《柴油发电机测试试验记录》填写范例

柴油发电机测试试验记录		资料编号	×××
工程名称	××办公楼工程	施工单位	××机电工程有限公司
安装部位	一层柴油机房	测试日期	××年×月×日
规格型号	DCM300	环境温度(℃)	−30～45
检查测试内容		额定值	测试值
输出电压(V)	空载	400	405
	满载	400	398
输出电流(A)	满载	486	487
切换时间(s)		10	9
供电能力(min)		24	24
噪声检测(dB)	空载	105	98
	满载	105	104
测试结果	符合设计及规范要求,合格		
签字栏	施工单位	××机电工程有限公司	专业技术负责人 ××× / 专业工长 ××× / 测试人员 ×××
	监理(建设)单位	××工程建设监理有限公司	专业工程师 ×××

注:本表由施工单位填写。

二十三、《柴油发电机测试试验记录》填写说明

(1)资料归档。

本表一式三份,由施工单位填写,施工单位、建设单位归档保存,监理单位过程保存。

(2)相关要求。

表 4-2   发电机交接试验

序号	部位 内容		试 验 内 容	试 验 结 果
1	静态试验	定子电路	测量定子绕组的绝缘电阻和吸收比	400V 发电机绝缘电阻值大于 0.5MΩ,其他高压发电机绝缘电阻不低于其额定电压 1MΩ/kV 沥青浸胶及烘卷云母绝缘吸收比大于 1.3 环氧粉云母绝缘吸收比大于 1.6
2			在常温下,绕组表面温度与空气温度差在±3 ℃范围内测量各相直流电阻	各相直流电阻值相互间差值不大于最小值的 2%,与出厂值在同温度下比差值不大于 2%
3			1kV 以上发电机定子绕组直流耐压试验和泄漏电流测量	试验电压为电机额定电压的 3 倍。试验电压按每级 50% 的额定电压分阶段升高,每阶段停留 1min,并记录泄漏电流;在规定的试验电压下,泄漏电流应符合下列规定: 1.各相泄漏电流的差别不应大于最小值的 100%,当最大泄漏电流在 20μA 以下,各相间的差值可不考虑。 2.泄漏电流不应随时间延长而增大。 3.泄漏电流不应随电压不成比例显著增长
			交流工频耐压试验 1min	试验电压为 $1.6U_n + 800V$,无闪络击穿现象,U_n 为发电机额定电压
4		转子电路	用 1000V 兆欧表测量转子绝缘电阻	绝缘电阻值大于 0.5MΩ
5			在常温下,绕组表面温度与空气温度差在±3℃范围内测量绕组直流电阻	数值与出厂值在同温度下比差值不大于 2%
6			交流工频耐压试验 1min	用 2500V 摇表测量绝缘电阻替代

续表 4-2

序号	部位\内容		试 验 内 容	试 验 结 果
7	静态试验	励磁电路	退出励磁电路电子器件后,测量励磁电路的线路设备的绝缘电阻	绝缘电阻值大于 0.5MΩ
8			退出励磁电路电子器件后,进行交流工频耐压试验 1min	试验电压 1000V,无击穿闪络现象
9		其他	有绝缘轴承的用 1000V 兆欧表测量轴承绝缘电阻	绝缘电阻值大于 0.5MΩ
10			测量检温计(埋入式)绝缘电阻,校验检温计精度	用 250V 兆欧表检测不短路,精度符合出厂规定
11			测量灭磁电阻,自同步电阻器的直流电阻	与铭牌相比较,其差值为 ±10%
12	运转试验		发电机空载特性试验	按设备说明书比对,符合要求
13			测量相序和残压	相序与出线标识相符
14			测量空载和负荷后轴电压	按设备说明书比对,符合要求
15			测量启停试验	按设计要求检查,符合要求
16			1kV 以上发电机转子绕组膛外、膛内阻抗测量(转子如抽出)	应无明显差别
17			1kV 以上发电机灭磁时间常数测量	按设备说明书比对,符合要求
18			1kV 以上发电机短路特性试验	按设备说明书比对,符合要求

二十四、《低压配电电源质量测试记录》填写范例

<table>
<tr><td colspan="4">低压配电电源质量测试记录</td><td>资料编号</td><td>×××</td></tr>
<tr><td>工程名称</td><td colspan="5">××办公楼工程</td></tr>
<tr><td>施工单位</td><td colspan="3">××建设集团有限公司</td><td>测试日期</td><td>××年×月×日</td></tr>
<tr><td colspan="2">测试设备名称及型号</td><td colspan="4">PITG　3500 电能质量测量仪</td></tr>
<tr><td colspan="4">检查测试内容</td><td>测试值(V)</td><td>偏差(%)</td></tr>
<tr><td rowspan="4" colspan="2">供电电压</td><td rowspan="3">三相</td><td>A 相</td><td>—</td><td></td></tr>
<tr><td>B 相</td><td>—</td><td></td></tr>
<tr><td>C 相</td><td>—</td><td></td></tr>
<tr><td colspan="2">单相</td><td>220</td><td>0</td></tr>
<tr><td rowspan="3" colspan="2">公共电网
谐波电压</td><td colspan="2">电压总谐波畸变率(%)</td><td colspan="2">5</td></tr>
<tr><td colspan="2">奇次(1～25 次)谐波含有率(%)</td><td colspan="2">4</td></tr>
<tr><td colspan="2">偶次(2～24 次)谐波含有率(%)</td><td colspan="2">2</td></tr>
<tr><td colspan="4">谐波电流(A)</td><td colspan="2">附检测设备打印记录</td></tr>
<tr><td>测试结果</td><td colspan="5">符合设计及规范要求，合格</td></tr>
<tr><td rowspan="3">签字栏</td><td rowspan="2">施工单位</td><td rowspan="2">××机电工程有限公司</td><td>专业技术负责人</td><td>专业工长</td><td>测试人员</td></tr>
<tr><td>×××</td><td>×××</td><td>×××</td></tr>
<tr><td>监理(建设)单位</td><td colspan="2">××工程建设监理有限公司</td><td>专业工程师</td><td>×××</td></tr>
</table>

注：本表由施工单位填写。

二十五、《低压配电电源质量测试记录》填写说明

（1）资料归档。

本表一式三份，由施工单位填写，施工单位、建设单位归档保存，监理单位过程保存。

（2）相关要求。

1）低压配电系统选择的电缆、电线截面不得低于设计值，进场时应对其截面和每芯导体电阻值进行见证取样送检。每芯导体电阻值应符合表 4-3 的规定。

表 4-3　不同标称截面的电缆、电线每芯导体最大电阻值

标称截面（mm²）	20℃时导体最大电阻（Ω/km）圆铜导体（不镀金属）	标称截面（mm²）	20℃时导体最大电阻（Ω/km）圆铜导体（不镀金属）
0.5	36.0	35	0.524
0.75	24.5	50	0.387
1.0	18.1	70	0.268
1.5	12.1	95	0.193
2.5	7.41	120	0.153
4	4.61	150	0.124
6	3.08	185	0.0991
10	1.83	240	0.0754
16	1.15	300	0.0601
25	0.727		

2）工程安装完成后应对低压配电系统进行调试，调试合格后应对低压配电电源质量进行检测。

①供电电压允许偏差：三相供电电压允许偏差为标称系统电压的 ±7%；单相 220V 为 +7%、−10%。

②公共电网谐波电压限值为：380V 的电网标称电压，电压总谐波畸变率（THFu）为 5%，奇次（1～25 次）谐波含有率为 4%，偶次（2～24 次）谐波含有率为 2%。

③谐波电流不应超过表 4-4 中规定的允许值。

表 4-4　谐波电流允许值

标准电压（kV）	基准短路容量（MV·A）	谐波次数及谐波电流允许值（A）											
		2	3	4	5	6	7	8	9	10	11	12	13
		78	62	39	62	26	44	19	21	16	28	13	24
0.38	10	14	15	16	17	18	19	20	21	22	23	24	25
		11	12	9.7	18	8.6	16	7.8	8.9	7.1	14	6.5	12

（3）三相电压不平衡度允许值为 2%，短时不得超过 4%。

第二节　智能建筑工程子系统检测记录

一、《监测与控制节能工程检查记录》填写范例

监测与控制节能工程检查记录		资料编号	×××
工程名称　　　×× 办公楼工程		日　　期	××年×月×日

序号	检查项目	检验内容及其规范标准要求	检查结果
1	空调与采暖的冷源	控制及故障报警功能应符合设计要求	符合设计要求
2	空调与采暖的热源	控制及故障报警功能应符合设计要求	符合设计要求
3	空调水系统	控制及故障报警功能应符合设计要求	符合设计要求
4	通风与空调检测控制系统	控制及故障报警功能应符合设计要求	符合设计要求
5	供配电的监测与数据采集系统	监测采集的运行数据和报警功能应符合设计要求	符合设计要求
6	大型公共建筑的公用照明区	集中控制并按建筑使用条件和天然采光状况采取分区、分组控制,并按需要采取调光或降低照度的控制措施	符合设计要求
7	宾馆、饭店的每间(套)客房	应设置节能控制型开关	符合要求
8	居住建筑有天然采光的楼梯间、走道的一般照明	应采用节能自熄开关	符合要求
9	房间或场所设有两列或多列灯具的控制	所控灯列与侧窗平行	符合要求
		电教室、会议室、多功能厅、报告厅等场所按靠近或远离讲台分组	符合要求
10	庭院灯、路灯的控制	开启和熄灭时间应根据自然光线变换智能控制,其供电方式可采用太阳能	符合要求

签字栏	施工单位	×× 机电工程有限公司	专业技术负责人	专业工长	检查人员
			×××	×××	×××
	监理(建设)单位	×× 工程建设监理有限公司	专业工程师		×××

注:本表由施工单位填写。

二、《智能建筑工程设备性能测试记录》填写范例

智能建筑工程设备性能测试记录										资料编号	×××
工程名称	××办公楼工程									**测试时间**	××年×月×日
系统名称	建筑设备监控系统										
设备名称	**测试项目**	**测 试 记 录**									**备　　注**
电动水阀	在零开度、50%和80%的行程处与控制指令的一致性及响应速度	合格	合格	合格	合格	合格					
											按照 GB 50339 中规定的数量要求,对现场设备性能进行测试

结论:

经测试,全部合格

签字栏	施工单位	××机电工程有限公司	专业技术负责人	专业质检员	测试人员
			×××	×××	×××
	监理(建设)单位	××工程建设监理有限公司	专业工程师		×××

注:本表由施工单位填写。

三、《综合布线系统工程电气性能测试记录》填写范例

综合布线系统工程电气性能测试记录										资料编号		×××
工程名称		××办公楼工程								测试时间		××年×月×日
测试仪表型号			FLUKEDSP-4000									
序号	编号			内容							记录	
				电缆系统						光缆系统		
	地址号	缆线号	设备号	长度	接线图	衰减	近端串音(2端)	电缆屏蔽层连通情况	其他任选项目	衰减	长度	
1	F1	01	01	45.5	正确	6.2dB	43.5dB	良好	特性阻抗107	6dB	236m	

结论:

符合设计和规范要求

签字栏	施工单位	××机电工程有限公司	专业技术负责人	专业质检员	测试人员
			×××	×××	×××
	监理(建设)单位	××工程建设监理有限公司		专业工程师	×××

注:本表由施工单位填写。

四、《综合布线系统工程电气性能测试记录》填写说明

(1)归档保存。

本表一式三份,由施工单位填写,施工单位,建设单位归档保存,监理单位过程保存。

(2)相关要求。

1)综合布线系统性能检测应采用专用测试仪器对系统的各条链路进行检测,并对系统的信号传输技术指标及工程质量进行评定。

2)综合布线系统性能检测时,光纤布线应全部检测,检测对绞电缆布线链路时,以不低于10%的比例进行随机抽样检测,抽样点必须包括最远布线点。

3)系统性能检测合格判定应包括单项合格判定和综合合格判定。

①单项合格判定如下。

a.对绞电缆布线某一个信息端口及其水平布线电缆(信息点)按《综合布线系统工程验收规范》GB 50312—2007 中的要求,有一个项目不合格,则该信息点判为不合格;垂直布线电缆某线对按连通性、长度要求、衰减和串扰等进行检测,有一个项目不合格,则判该线对不合格。

b.光缆布线测试结果不满足《综合布线系统工程验收规范》GB 50312—2007 中的要求,则该光纤链路判为不合格。

c.允许未通过检测的信息点、线对、光纤链路经修复后复检。

②综合合格判定如下。

a.光缆布线检测时,如果系统中有一条光纤链路无法修复,则判为不合格。

b.对绞电缆布线抽样检测时,被抽样检测点(线对)不合格比例不大于1%,则视为抽样检测通过;不合格点(线对)必须予以修复并复验。被抽样检测点(线对)不合格比例大于1%,则视为一次抽样检测不通过,应进行加倍抽样;加倍抽样不合格比例不大于1%,则视为抽样检测通过。如果不合格比例仍大于1%,则视为抽样检测不通过,应进行全部检测,并按全部检测的要求进行判定。

c.对绞电缆布线全部检测时,如果有下面两种情况之一时则判为不合格;无法修复的信息点数目超过信息点总数的1%;不合格线对数目超赶线对总数的1%。

d.全部检测或抽样检测的结论为合格,则系统检测合格;否则为不合格。

五、《建筑物照明系统照度测试记录》填写范例

建筑物照明系统照度测试记录		资料编号		×××	
工程名称		××办公楼工程			
测试器具名称、型号	照度测量仪 TES-1332A		测试日期、时间		××年×月×日
测试部位	照度 （lx）	功率密度 （kW/m²）	测试部位	照度 （lx）	功率密度 （kW/m²）
多功能厅	315	16	办公室	322	10

测试结论：

符合设计及规范要求

签字栏	施工单位	××机电工程 有限公司	专业技术负责人	专业质检员	测试人员
			×××	×××	×××
	监理（建设）单位	××工程建设监理有限公司		专业工程师	×××

注：本表由施工单位填写。

六、《通信网络系统检测记录》填写范例

1.程控电话交换系统自检测记录

程控电话交换系统自检测记录			资料编号		×××
工程名称		××办公楼工程	检测时间		××年×月×日
部 位		一层			
检测内容			检测记录	备 注	
1	通电测试前检查	标称工作电压为-48V	-48V	允许变化范围-57～-40V	
2	硬件检查测试	可见可闻报警信号工作正常	合格		
3	系统检查测试	装入测试程序,通过自检,确认硬件系统无故障	合格		
4 初验测试	可靠性	不得导致50%以上的用户线、中继线不能进行呼叫处理	合格	执行YD 5077规定	
		每一用户群通话中断或停止接续,每群每月不大于0.1次	合格		
		中继群通话中断或停止接续:0.15次/月(≤64话路);0.1次/月(64～480话路)	合格		
		个别用户不正常呼入、呼出接续:每千门用户,≤0.5户次/月;每百条中继,≤0.5线次/月	合格		
		一个月内,处理机再启动指标为1～5次(包括3类再启动)	合格		
		软件测试故障不大于8个/月,硬件更换印刷电路板次数每月不大于0.05次/100户及0.005次/30路PCM系统	合格		
		长时间通话,12对话机保持48h	合格		
	障碍率测试:局内障碍率不大于3.4×10⁻⁴		合格	同时40个用户模拟呼叫10万次	
	性能测试	本局呼叫	合格	每次抽测3～5次	
		出、入局呼叫	合格	中继100%测试	
		汇接中继测试(各种方式)	合格	各抽测5次	
		其他各类呼叫	合格		
		计费差错率指标不超过10⁻⁴	合格		
		特服业务(特别为110、119、120等)	合格	作100%测试	
		用户线接入调制解调器,传输速率为2400bps,数据误码率不大于1×10⁻⁵	合格		
		2B+D用户测试	合格		
	中继测试:中继电路呼叫测试,抽测2～3条电路(包括各种呼叫状态)		合格	主要为信令和接口	
	接通率测试	局部接通率应达99.96%以上	合格	60对用户,10万次	
		局间接通率应达98%以上	合格	呼叫200次	
		采用人机命令进行故障诊断测试	合格		
检测结论:经检验,符合设计要求及规范规定					
签字栏	施工单位	××机电工程有限公司	专业技术负责人 ×××	专业质检员 ×××	检测人员 ×××
	监理(建设)单位	××工程建设监理有限公司	专业工程师		×××

注:本表由施工单位填写。

2.公共广播与紧急广播系统自检测记录

公共广播与紧急广播系统自检测记录			资料编号	×××
工程名称		××办公楼工程	检测时间	××年×月×日
部 位		全系统		
检测内容			检测记录	备 注
1	安装质量	不平衡度	合格	符合设计要求者为合格
		音频线敷设	合格	
		接地及安装	合格	
		阻抗匹配	合格	
2	放声系统分布		合格	
3	音质质量	最高输出电平	合格	
		输出信噪比	合格	
		声压级	合格	
		频宽	合格	
4	音响效果主观评价		合格	
5	功能检测	业务内容	合格	
		消防联动	合格	
		功放冗余	合格	
		分区划分	合格	

检测结论：

经检验,符合设计要求及规范规定

签字栏	施工单位	××机电工程有限公司	专业技术负责人	专业质检员	检测人员
			×××	×××	×××
	监理(建设)单位	××工程建设监理有限公司	专业工程师		×××

注:本表由施工单位填写。

3.会议电视系统自检测记录

<table>
<tr><td colspan="4" style="text-align:center">会议电视系统自检测记录</td><td>资料编号</td><td>×××</td></tr>
<tr><td colspan="2">工程名称</td><td colspan="2">××办公楼工程</td><td>检测时间</td><td>××年×月×日</td></tr>
<tr><td colspan="2">部　位</td><td colspan="4" style="text-align:center">二层</td></tr>
<tr><td colspan="4" style="text-align:center">检测内容</td><td>检测记录</td><td>备　注</td></tr>
<tr><td>1</td><td colspan="2">单机测试</td><td>指标符合设计或生产厂家说明书要求</td><td>符合要求</td><td rowspan="8">执行 YD5033 的规定或符合设计要求的为合格</td></tr>
<tr><td rowspan="4">2</td><td rowspan="4">信道测试
(传输性能
限值)</td><td colspan="2">国内段电视会议链路:传输信道速率 2048kbps,误比特率(BER)$1×10^{-6}$;1 小时最大误码数 7142;1 小时严重误码事件为 0;无误码秒(EFS%)92</td><td>符合要求</td></tr>
<tr><td colspan="2">国际段电视会议链路:传输信道速率 2048kbps,误比特率(BER)$1×10^{-6}$;1 小时最大误码数 7142;1 小时严重误码事件为 2;无误码秒(EFS%)92</td><td>符合要求</td></tr>
<tr><td colspan="2">国内、国际全程链路:传输信道速率 2048kbps,误比特率(BER)$3×10^{-6}$;1 小时最大误码数 21427;1 小时严重误码事件为 2;无误码秒(EFS%)92</td><td>符合要求</td></tr>
<tr><td colspan="2">国内段电视会议链路:传输信道速率 64kbps,误比特率(BER)$1×10^{-6}$</td><td>符合要求</td></tr>
<tr><td rowspan="2">3</td><td rowspan="2">系统效果
质量检测</td><td colspan="2">主观评定画面质量和声音清晰度</td><td>符合要求</td></tr>
<tr><td colspan="2">外接时钟度不低于 10^{-12} 量级</td><td>符合要求</td></tr>
<tr><td>4</td><td colspan="2">监测管理
系统检测</td><td>具备本地、远端监测、诊断和实时显示功能</td><td>符合要求</td></tr>
<tr><td colspan="6">检测结论:

　　经检验,符合设计要求及规范规定</td></tr>
<tr><td rowspan="3" style="text-align:center">签字栏</td><td rowspan="2" colspan="2">施工单位</td><td rowspan="2">××机电工程
有限公司</td><td>专业技术负责人</td><td>专业质检员</td></tr>
<tr><td>×××</td><td>×××</td></tr>
<tr><td colspan="2">监理(建设)单位</td><td>××工程建设监理有限公司</td><td>专业工程师</td><td>×××</td></tr>
</table>

注:本表由施工单位填写。

4. 接入网设备安装工程自检测记录

接入网设备安装工程自检测记录				资料编号	×××
工程名称		××办公楼工程		检测时间	××年×月×日
部　位		大厦机房			
检测内容				检测记录	备　注
1	安装环境检查	机房环境		合格	符合设计要求者为合格
		电源		合格	
		接地电阻值		合格	
2	设备安装检查	管线敷设		合格	
		设备机柜及模块		合格	
3	收发器线路接口	功率谱密度		合格	
		纵向平衡损耗		合格	
		过压保护		合格	
	用户网络接口	25.6Mbit/s 电接口		合格	
		10BASE-T 接口		合格	
		USB 接口		合格	
		PCI 接口		合格	
	业务节点接口(SNI)	STM-1(155Mbit/s)光接口		合格	
		电信接口		合格	
	分离器测试			合格	
	传输性能测试			合格	
	功能验证测试	传输功能		合格	
		管理功能		合格	
检测结论： 　　经检验,符合设计要求及规范规定					
签字栏	施工单位	××机电工程有限公司	专业技术负责人	专业质检员	检测人员
			×××	×××	×××
	监理(建设)单位	××工程建设监理有限公司		专业工程师	×××

注:本表由施工单位填写。

5.卫星数字电视系统自检测记录

卫星数字电视系统自检测记录

资料编号	×××

工程名称	××办公楼工程	检测时间	××年×月×日
部　位	地下一层机房		

	检 测 内 容	检测记录	备　注
1	卫星天线的安装质量	合格	符合国家现行标准的为合格
2	高频头至室内单元的线距	合格	
3	功放器及接收站位置	合格	
4	缆线连接的可靠性	合格	
5	系统输出电平(dBμm)	−57	−30～−60

检测结论:

　　经检验,符合设计要求及规范规定

签字栏	施工单位	××机电工程有限公司	专业技术负责人	专业质检员	检测人员
			×××	×××	×××
	监理(建设)单位	××工程建设监理有限公司	专业工程师		×××

注:本表由施工单位填写。

6.有线电视系统自检测记录

有线电视系统自检测记录		资料编号	×××
工程名称	××办公楼工程	检测时间	××年×月×日
部　位	全系统		
检 测 内 容		检测记录	备　注
1	系统输出电平(dBμV)(系统内的所有频道)	78	60～80
2	系统载噪比(系统总频道的10%)	合格	无噪波,即无"雪花干扰"
3	载波互调比(系统总频道的10%)	合格	图像中无垂直、倾斜或水平条纹
4	交扰调制比(系统总频道的10%)	合格	图像中无移动、垂直或斜图案,即无"串台"
5	回波值(系统总频道的10%)	合格	图像中无沿水平方向分布在右边一条或多条轮廓线,即无"重影"
6	色/亮度时延差(系统总频道的10%)	合格	图像中色、亮信息对齐,即无"彩色鬼影"
7	载波交流声(系统总频道的10%)	合格	图像中无上下移动的水平条纹,即无"滚道"现象
8	伴音和调频广播的声音(系统总频道的10%)	合格	无背景噪音、如咝咝声、哼声、蜂鸣声和串音等
9	电视图像主观评价≥4分	4	

检测结论:

经检验,符合设计要求及规范规定

签字栏	施工单位	××机电工程有限公司	专业技术负责人	专业质检员	检测人员
			×××	×××	×××
	监理(建设)单位	××工程建设监理有限公司	专业工程师	×××	

注:本表由施工单位填写。

七、《信息网络系统检测记录》填写范例

1. 计算机网络系统自检测记录

计算机网络系统自检测记录			资料编号	×××
工程名称	××办公楼工程		检测时间	××年×月×日
部 位	8层			
检 测 内 容			检测记录	备 注
1	网络设备连通性		合格	
2	各用户间通信性能	允许通信	合格	执行GB 50339 第7.2.3条中规定
		不允许通信	合格	
		符合设计规定	合格	
3	局域网与公用网连通性		合格	
4	路由检测		合格	执行GB 50339 第7.2.5条中规定
5	容错功能检测	故障判断	合格	执行GB 50339 第7.2.8条中规定
		自动恢复	合格	
		切换时间	合格	
		故障隔离	合格	
		自动切换	合格	
6	网络管理功能检测	拓扑图	合格	执行GB 50339 第7.2.10条中规定
		设备连接图	合格	
		自诊断	合格	
		节点流量	合格	
		广播率	合格	
		错误率	合格	
检测结论： 经检验,符合设计要求及规范规定				
签字栏	施工单位	××机电工程有限公司	专业技术负责人 ×××	专业质检员 ×××	检测人员 ×××
	监理(建设)单位	××工程建设监理有限公司	专业工程师	×××	

注:本表由施工单位填写。

2.应用软件系统自检测记录

应用软件系统自检测记录			资料编号	×××
工程名称		××办公楼工程	检测时间	××年×月×日
部　　位		全系统		
检 测 内 容			检测记录	备　　注
1	功能性测试	安装:按安装手册中的规定成功安装	符合规范规定	
		功能:按使用说明书中的范例、逐项测试	符合规范规定	
2	性能测试	响应时间	符合规范规定	
		吞吐量	符合规范规定	
		辅助存储区	符合规范规定	
		处理精度测试	符合规范规定	执行 GB 50339 相应规定
3	文档测试		符合规范规定	
4	可靠性测试		符合规范规定	
5	互连测试		符合规范规定	
6	回归(一致性)测试		符合规范规定	
7	操作界面测试		符合规范规定	
8	可扩展性测试		符合规范规定	
9	可维护性测试		符合规范规定	
检测结论: 　　经检验,符合设计要求及规范规定				

签字栏	施工单位	××机电工程有限公司	专业技术负责人	专业质检员	检测人员
			×××	×××	×××
	监理(建设)单位	××工程建设监理有限公司		专业工程师	×××

注:本表由施工单位填写。

八、《建筑设备监控系统检测记录》填写范例

1. 变配电系统自检测记录

变配电系统自检测记录		资料编号	×××
工程名称	××办公楼工程	检测时间	××年×月×日
部 位	配电室		

	检测内容	检测记录	备 注
1	电气参数测量	合格	
2	电气设备工作状态测量	合格	
3	变配电系统故障报警	合格	
4	高低压配电柜运行状态	合格	各项参数合格率
5	电力变压器温度	合格	100%时为检测合格
6	应急发电机组工作状态	合格	
7	储油罐液位	合格	
8	蓄电池组及充电设备工作状态	合格	
9	不间断电源工作状态	合格	

检测结论:

　经检验,符合设计要求及规范规定

签字栏	施工单位	××机电工程有限公司	专业技术负责人	专业质检员	检测人员
			×××	×××	×××
	监理(建设)单位	××工程建设监理有限公司	专业工程师		×××

注:本表由施工单位填写。

2.电梯和自动扶梯系统自检测记录

电梯和自动扶梯系统自检测记录			资料编号	×××
工程名称	××办公楼工程		检测时间	××年×月×日
部　位	电梯机房			
检　测　内　容			检测记录	备　　注
1	电梯系统	电梯运行状态	合格	各系统检测合格率100%时为检测合格
		故障检测记录与报警	合格	
2	自动扶梯系统	扶梯运行状态	合格	
		故障检测记录与报警	合格	
检测结论： 　　经检验,符合设计要求及规范规定				
签字栏	施工单位	××机电工程有限公司	专业技术负责人	专业质检员	检测人员
			×××	×××	×××
	监理(建设)单位	××工程建设监理有限公司	专业工程师		×××

注:本表由施工单位填写。

3.给排水系统自检测记录

给排水系统自检测记录			资料编号	×××
工程名称	××办公楼工程		检测时间	××年×月×日
部 位	Ⅰ区			
		检 测 内 容	检 测 记 录	备 注
1	给水系统	液位	合格	被检系统合格率100%时为系统检测合格
1	给水系统	压力	合格	被检系统合格率100%时为系统检测合格
1	给水系统	水泵运行状态	合格	被检系统合格率100%时为系统检测合格
1	给水系统	自动调节水泵转速	合格	被检系统合格率100%时为系统检测合格
1	给水系统	水泵投运切换	合格	被检系统合格率100%时为系统检测合格
1	给水系统	故障报警及保护	合格	被检系统合格率100%时为系统检测合格
2	排水系统	液位	合格	被检系统合格率100%时为系统检测合格
2	排水系统	压力	合格	被检系统合格率100%时为系统检测合格
2	排水系统	水泵运行状态	合格	被检系统合格率100%时为系统检测合格
2	排水系统	自动调节水泵转速	合格	被检系统合格率100%时为系统检测合格
2	排水系统	水泵投运切换	合格	被检系统合格率100%时为系统检测合格
2	排水系统	故障报警及保护	合格	被检系统合格率100%时为系统检测合格
3	中水系统监控	液位	合格	被检系统合格率100%时为系统检测合格
3	中水系统监控	压力	合格	被检系统合格率100%时为系统检测合格
3	中水系统监控	水泵运行状态	合格	被检系统合格率100%时为系统检测合格

检测结论:
　　经检验,符合设计要求及规范规定

签字栏	施工单位	××机电工程有限公司	专业技术负责人	专业质检员	检测人员
签字栏	施工单位	××机电工程有限公司	×××	×××	×××
签字栏	监理(建设)单位	××工程建设监理有限公司	专业工程师		×××

注:本表由施工单位填写。

4.公共照明系统自检测记录

<table>
<tr><td colspan="2" rowspan="2">公共照明系统自检测记录</td><td>资料编号</td><td>×××</td></tr>
<tr><td>工程名称</td><td>×××办公楼工程</td></tr>
</table>

<table>
<tr><td colspan="2" rowspan="2" style="font-size:1.6em">公共照明系统自检测记录</td><td>资料编号</td><td>×××</td></tr>
<tr><td>检测时间</td><td>××年×月×日</td></tr>
<tr><td>工程名称</td><td>×××办公楼工程</td><td colspan="2"></td></tr>
<tr><td>部　位</td><td colspan="3">系统控制室</td></tr>
<tr><td colspan="2">检 测 内 容</td><td>检测记录</td><td>备　注</td></tr>
<tr><td rowspan="7">1</td><td rowspan="7">公共照明设备监控</td><td>公共区域1</td><td>合格</td><td rowspan="7">1.以光照度或时间表为依据,检测控制动作正确性
2.抽检合格率100％时为检测合格</td></tr>
<tr><td>公共区域2</td><td>合格</td></tr>
<tr><td>公共区域3</td><td>合格</td></tr>
<tr><td>公共区域4</td><td>合格</td></tr>
<tr><td>公共区域5</td><td>合格</td></tr>
<tr><td>公共区域6(园区或景观)</td><td>合格</td></tr>
<tr><td>公共区域7(园区或景观)</td><td>合格</td></tr>
<tr><td>2</td><td colspan="2">检查手动开关功能</td><td></td><td></td></tr>
<tr><td></td><td></td><td></td><td></td><td></td></tr>
<tr><td></td><td></td><td></td><td></td><td></td></tr>
<tr><td></td><td></td><td></td><td></td><td></td></tr>
<tr><td></td><td></td><td></td><td></td><td></td></tr>
<tr><td></td><td></td><td></td><td></td><td></td></tr>
<tr><td></td><td></td><td></td><td></td><td></td></tr>
<tr><td></td><td></td><td></td><td></td><td></td></tr>
<tr><td colspan="5">检测结论:
　　经检验,符合设计要求及规范规定</td></tr>
<tr><td rowspan="3">签字栏</td><td>施工单位</td><td>×××机电工程有限公司</td><td>专业技术负责人</td><td>专业质检员</td><td>检测人员</td></tr>
</table>

<table>
<tr><td rowspan="2">签字栏</td><td>施工单位</td><td>×××机电工程
有限公司</td><td>专业技术负责人</td><td>专业质检员</td><td>检测人员</td></tr>
<tr><td></td><td></td><td>×××</td><td>×××</td><td>×××</td></tr>
<tr><td>签字栏</td><td>监理(建设)单位</td><td>×××工程建设监理有限公司</td><td colspan="2">专业工程师</td><td>×××</td></tr>
</table>

注:本表由施工单位填写。

5.空调与通风系统自检测记录

空调与通风系统自检测记录			资料编号	×××
工程名称		××办公楼工程	检测时间	××年×月×日
部 位		机房		
检 测 内 容			检测记录	备 注
1	空调系统温度控制	控制稳定性	合格	抽检设备合格率100%时系统检测合格
1	空调系统温度控制	响应时间	合格	抽检设备合格率100%时系统检测合格
1	空调系统温度控制	控制效果	合格	抽检设备合格率100%时系统检测合格
2	空调系统相对湿度控制	控制稳定性	合格	抽检设备合格率100%时系统检测合格
2	空调系统相对湿度控制	响应时间	合格	抽检设备合格率100%时系统检测合格
2	空调系统相对湿度控制	控制效果	合格	抽检设备合格率100%时系统检测合格
3	新风量自动控制	控制稳定性	合格	抽检设备合格率100%时系统检测合格
3	新风量自动控制	响应时间	合格	抽检设备合格率100%时系统检测合格
3	新风量自动控制	控制效果	合格	抽检设备合格率100%时系统检测合格
4	预定时间表自动启停	稳定性	合格	抽检设备合格率100%时系统检测合格
4	预定时间表自动启停	响应时间	合格	抽检设备合格率100%时系统检测合格
4	预定时间表自动启停	控制效果	合格	抽检设备合格率100%时系统检测合格
5	节能优化控制	稳定性	合格	抽检设备合格率100%时系统检测合格
5	节能优化控制	响应时间	合格	抽检设备合格率100%时系统检测合格
5	节能优化控制	控制效果	合格	抽检设备合格率100%时系统检测合格
6	设备连锁控制	正确性	合格	抽检设备合格率100%时系统检测合格
6	设备连锁控制	实时性	合格	抽检设备合格率100%时系统检测合格
7	故障报警	正确性	合格	抽检设备合格率100%时系统检测合格
7	故障报警	实时性	合格	抽检设备合格率100%时系统检测合格

检测结论:

　　经检验,符合设计要求及规范规定

签字栏	施工单位	××机电工程有限公司	专业技术负责人	专业质检员	检测人员
签字栏	施工单位	××机电工程有限公司	×××	×××	×××
签字栏	监理(建设)单位	××工程建设监理有限公司	专业工程师		×××

注:本表由施工单位填写。

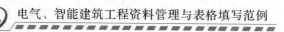
6.冷冻和冷却水系统自检测记录

冷冻和冷却水系统自检测记录			资料编号		×××
工程名称	××办公楼工程		检测时间		××年×月×日
部　位	系统设备间				
检　测　内　容			检测记录	备　注	
1	冷冻水系统	参数检测	合格	各系统满足设计要求时为检测合格	
		系统负荷调节	合格		
		预定时间表启停	合格		
		节能优化控制	合格		
		故障检测记录与报警	合格		
		设备运行联动	合格		
2	冷却水系统	参数检测	合格		
		系统负荷调节	合格		
		预定时间表启停	合格		
		节能优化控制	合格		
		故障检测记录与报警	合格		
		设备运行联动	合格		
3	能耗计量与统计		合格	满足设计要求为合格	
检测结论： 　　经检验,符合设计要求及规范规定					
签字栏	施工单位	××机电工程有限公司	专业技术负责人 ×××	专业质检员 ×××	检测人员 ×××
	监理(建设)单位	××工程建设监理有限公司	专业工程师		×××

注:本表由施工单位填写。

7.热源和热交换系统自检测记录

热源和热交换系统自检测记录			资料编号	×××
工程名称		××办公楼工程	检测时间	××年×月×日
部　位		系统设备间		
		检测内容	检测记录	备　注
1	热源系统	参数检测	合格	系统检测合格率100%时为检测合格
		系统负荷调节	合格	
		预定时间表启停	合格	
		节能优化控制	合格	
		故障检测记录与报警	合格	
2	热交换系统	参数检测	合格	
		系统负荷调节	合格	
		预定时间表启停	合格	
		节能优化控制	合格	
		故障检测记录与报警	合格	
3	能耗计量与统计		合格	满足设计要求时为合格
检测结论： 　　经检验,符合设计要求及规范规定				

签字栏	施工单位	××机电工程有限公司	专业技术负责人	专业质检员	检测人员
			×××	×××	×××
	监理(建设)单位	××工程建设监理有限公司	专业工程师		×××

注:本表由施工单位填写。

8.数据通信接口系统自检测记录

数据通信接口系统自检测记录			资料编号		×××
工程名称		××办公楼工程	检测时间		××年×月×日
部　位		系统控制室			
		检测内容	检测记录		备　注
1	子系统1	工作状态参数	合格		
		报警信息	合格		
		控制命令响应	合格		
2	子系统2	工作状态参数	合格		1.各子系统通信接口,在工作站检测子系统运行参数,核实实际状态。
		报警信息	合格		
		控制命令响应	合格		
3	子系统3	工作状态参数	合格		2.数据通信接口应按设计要求检测,检测合格率100%时为检测合格
		报警信息	合格		
		控制命令响应	合格		
4	子系统4	工作状态参数	合格		
		报警信息	合格		
		控制命令响应	合格		

检测结论:

经检验,符合设计要求及规范规定

签字栏	施工单位	××机电工程有限公司	专业技术负责人	专业质检员	检测人员
			×××	×××	×××
	监理(建设)单位	××工程建设监理有限公司	专业工程师		×××

注:本表由施工单位填写。

9.系统实时性、可维护性、可靠性自检测记录

系统实时性、可维护性、可靠性自检测记录		资料编号	××××
工程名称	××办公楼工程	检测时间	××年×月×日
部　位	全系统		

	检测内容	检测记录	备注
1	关键数据采样速度	合格	检测合格率达90%为合格
2	系统响应时间	合格	
3	报警信息响应速度	合格	检测合格率100%为合格
4	应用软件在线编程和修改功能	合格	
5	设备故障自检测	合格	对相应功能进行验证,功能得到验证或工作正常时为合格
6	网络通信故障自检测	合格	
7	系统可靠性:启停设备时	合格	
8	电源切换为UPS供电时	合格	
9	中央站冗余主机自动投入时	合格	

检测结论:
经检验,符合设计要求及规范规定

签字栏	施工单位	××机电工程有限公司	专业技术负责人	专业质检员	检测人员
			×××	×××	×××
	监理(建设)单位	××工程建设监理有限公司	专业工程师		×××

注:本表由施工单位填写。

10. 中央管理工作站及操作分站自检测记录

中央管理工作站及操作分站自检测记录		资料编号	×××
工程名称	××办公楼工程	检测时间	××年×月×日
部位	中央管理工作站		

	检 测 内 容	检测记录	备 注
1	数据测量显示	合格	
2	设备运行状态显示	合格	
3	报警信息显示	合格	
4	报警信息存储统计和打印	合格	
5	设备控制和管理	合格	全部项目满足设计
6	数据存储和统计	合格	要求时为检测合格
7	历史数据趋势图	合格	
8	数据报表生成和打印	合格	
9	人机界面	合格	
10	操作权限设定	合格	

检测结论：
　经检验,符合设计要求及规范规定

签字栏	施工单位	××机电工程有限公司	专业技术负责人	专业质检员	检测人员
			×××	×××	×××
	监理(建设)单位	××工程建设监理有限公司	专业工程师		×××

注:本表由施工单位填写。

九、《火灾自动报警及消防联动系统自检测记录》填写范例

火灾自动报警及消防联动系统自检测记录			资料编号	×××
工程名称		××办公楼工程	检测时间	××年×月×日
部 位		机房		
检测内容			检测记录	备 注
1	系统检测	执行 GB 50166 规范	合格	系统检测报告 GB 50166 规定,使用 GB 50166 的附录表格
		系统应为独立系统	合格	
2	系统联动	与其他系统联动	合格	满足设计要求为检测合格
3	系统电磁兼容性防护		合格	
4	火灾报警控制器人机界面	汉化图形界面	合格	符合设计要求为检测合格
		中文屏幕菜单	合格	
5	接口通信功能	消防控制室与建筑设备监控系统	合格	
		消防控制室与安全防范系统	合格	
6	系统关联功能	公共广播与紧急广播共用	合格	符合 GB 50166 有关规定符合设计要求为检测合格
		安全防范子系统对火灾响应与操作	合格	
7	火灾探测器性能及安装状况	智能性	合格	符合设计要求为检测合格
		普遍性	合格	
8	新型消防设施设置及功能	早期烟雾探测	合格	
		大空间早期检测	合格	
		大空间红外图像矩阵火灾报警及灭火	合格	
		可燃气体泄漏报警及联动	合格	
9	消防控制室	控制室与其他系统合用时要求	合格	符合 GB 50166、GB 50314 的有关规定

检测结论:

经检验,符合设计要求及规范规定

签字栏	施工单位	××机电工程有限公司	专业技术负责人	专业质检员	检测人员
			×××	×××	×××
	监理(建设)单位	××工程建设监理有限公司	专业工程师		×××

注:本表由施工单位填写。

十、《安全防范系统自检测记录》填写范例

1.安全防范综合管理系统自检测记录

安全防范综合管理系统自检测记录			资料编号		×××
工程名称		××办公楼工程	检测时间		××年×月×日
部　位		机房			
		检测内容	检测记录	备　注	
1	数据通信接口	对子系统工作状态观测并核实	合格	各项系统功能和软件功能检测合格率100%时系统检测合格	
		对各子系统报警信息观测并核实	合格		
		发送命令时子系统响应情况	合格		
2	综合管理系统	正确显示子系统工作状态	合格		
		对各类报警信息显示、记录、统计情况	合格		
		数据报表打印	合格		
		报警打印	合格		
		操作方便性	合格		
		人机界面友好、汉化、图形化	合格		
		对子系统的控制功能	合格		
检测结论： 　　经检验,符合设计要求及规范规定					
签字栏	施工单位	××机电工程有限公司	专业技术负责人	专业质检员	检测人员
			×××	×××	×××
	监理(建设)单位	××工程建设监理有限公司	专业工程师		×××

注:本表由施工单位填写。

2.出入口控制(门禁)系统自检测记录

出入口控制(门禁)系统自检测记录			资料编号	××××
工程名称		××办公楼工程	检测时间	××年×月×日
部 位		机房		
检 测 内 容			检测记录	备 注
1	控制器独立工作时	准确性	合格	控制器,合格率100%为合格;各项系统功能和软件功能检测合格率100%时系统检测合格
1	控制器独立工作时	实时性	合格	
1	控制器独立工作时	信息存储	合格	
2	系统主机接入时	控制器工作情况	合格	
2	系统主机接入时	信息传输功能	合格	
3	备用电源启动	准确性	合格	
3	备用电源启动	实时性	合格	
3	备用电源启动	信息的存储和恢复	合格	
4	系统报警功能	非法强行入侵报警	合格	
5	现场设备状态	接入率	合格	
5	现场设备状态	完好率	合格	
6	出入口管理系统	软件功能	合格	
6	出入口管理系统	数据存储记录	合格	
7	系统性能要求	实时性	合格	
7	系统性能要求	稳定性	合格	
7	系统性能要求	图形化界面	合格	
8	系统安全性	分级授权	合格	
8	系统安全性	操作信息记录	合格	
9	软件综合评审	需求一致性	合格	
9	软件综合评审	文档资料标准化	合格	
10	联动功能	是否符合设计要求	合格	

检测结论:

　　经检验,符合设计要求及规范规定

签字栏	施工单位	××机电工程有限公司	专业技术负责人	专业质检员	检测人员
			×××	×××	×××
	监理(建设)单位	××工程建设监理有限公司		专业工程师	×××

注:本表由施工单位填写。

3.入侵报警系统自检测记录

入侵报警系统自检测记录			资料编号	×××
工程名称		××办公楼工程	检测时间	××年×月×日
部 位		机房		
		检 测 内 容	检测记录	备 注
1	探测器设置	探测器盲区	合格	探测器检测合格率100%时为合格;各项系统功能和联动功能检测合格率为100%时系统检测合格
1	探测器设置	防动物功能	合格	
2	探测器防破坏功能	防拆报警	合格	
2	探测器防破坏功能	信号线开路、短路报警	合格	
2	探测器防破坏功能	电源线被剪报警	合格	
3	探测器灵敏度	是否符合设计要求	合格	
4	系统控制功能	系统撤防	合格	
4	系统控制功能	系统布防	合格	
4	系统控制功能	关机报警	合格	
4	系统控制功能	后备电源自动切换	合格	
5	系统通信功能	报警信息传输	合格	
5	系统通信功能	报警响应	合格	
6	现场设备	接入率	合格	
6	现场设备	完好率	合格	
7	系统联动功能		合格	
8	报警系统管理软件		合格	
9	报警事件数据存储		合格	
10	报警信号联网		合格	

检测结论:

经检验,符合设计要求及规范规定

签字栏	施工单位	××机电工程有限公司	专业技术负责人	专业质检员	检测人员
			×××	×××	×××
	监理(建设)单位	××工程建设监理有限公司	专业工程师		×××

注:本表由施工单位填写。

4. 视频安防监控系统自检测记录

视频安防监控系统自检测记录				资料编号		××××
工程名称		××办公楼工程		检测时间		××年×月×日
部　位		机房				
检测内容				检测记录	备　注	
1	设备功能	云台转动		合格		
		镜头调节		合格		
		图像切换		合格		
		防护罩效果		合格		
2	图像质量	图像清晰度		合格		
		抗干扰能力		合格		
3	系统功能	监控范围		合格	设备检测合格率为100%时为合格;系统功能和联动功能检测合格率为100% 系统检测合格	
		设备接入率		合格		
		完好率		合格		
		矩阵主机	切换控制	合格		
			编程	合格		
			巡检	合格		
			记录	合格		
		数字视频	主机死机	合格		
			显示速度	合格		
			联网通信	合格		
			存储速度	合格		
			检索	合格		
			回放	合格		
4	联动功能			合格		
5	图像记录保存时间			合格		

检测结论:
　　经检验,符合设计要求及规范规定

签字栏	施工单位	××机电工程有限公司	专业技术负责人	专业质检员	检测人员
			×××	×××	×××
	监理(建设)单位	××工程建设监理有限公司	专业工程师		×××

注:本表由施工单位填写。

5.停车场(库)管理系统自检测记录

停车场(库)管理系统自检测记录			资料编号	×××
工程名称		××办公楼工程	检测时间	××年×月×日
部　　位			停车场	
检测内容			检测记录	备　　注
1	车辆探测器	出入车辆灵敏度	合格	
		抗干扰性能	合格	
2	自动栅栏	升降功能	合格	
		防砸车功能	合格	
3	读卡器	无效卡识别	合格	
		非接触卡读卡距离和灵敏度	合格	
4	发卡(票)器	吐卡功能	合格	
		入场日期及时间记录	合格	
5	满位显示器	功能是否正常	合格	各项系统功能和软件功能检测合格率为100%为系统检测合格。其中车辆识别系统对车辆识别率达98%时为合格
6	管理中心	计费	合格	
		显示	合格	
		收费	合格	
		统计	合格	
		信息存储记录	合格	
		与监控站通信	合格	
		防折返	合格	
		空车位显示	合格	
		数据记录	合格	
7	有图像功能的管理系统	图像记录清晰度	合格	
8	联动功能		合格	

检测结论：

　　经检验,符合设计要求及规范规定

签字栏	施工单位	××机电工程有限公司	专业技术负责人	专业质检员	检测人员
			×××	×××	×××
	监理(建设)单位	××工程建设监理有限公司	专业工程师		×××

注:本表由施工单位填写。

6.巡更管理系统自检测记录

<table>
<tr><td colspan="3" rowspan="2"><h2>巡更管理系统自检测记录</h2></td><td>资料编号</td><td>××× </td></tr>
<tr><td></td><td></td></tr>
<tr><td colspan="2">工程名称</td><td>××办公楼工程</td><td>检测时间</td><td>××年×月×日</td></tr>
<tr><td colspan="2">部 位</td><td colspan="3">安防监控室</td></tr>
<tr><td colspan="3" align="center">检 测 内 容</td><td>检测记录</td><td>备 注</td></tr>
<tr><td rowspan="2">1</td><td rowspan="2">系统设备功能</td><td>巡更终端</td><td>合格</td><td rowspan="13">巡更终端、读卡器检测合格率100％时为合格；各项系统功能和软件功能检测合格率为100％时系统检测合格</td></tr>
<tr><td>读卡器</td><td>合格</td></tr>
<tr><td rowspan="2">2</td><td rowspan="2">现场设备</td><td>接入率</td><td>合格</td></tr>
<tr><td>完好率</td><td>合格</td></tr>
<tr><td rowspan="9">3</td><td rowspan="9">巡更管理系统</td><td>编程、修改功能</td><td>合格</td></tr>
<tr><td>撤防、布防功能</td><td>合格</td></tr>
<tr><td>系统运行状态</td><td>合格</td></tr>
<tr><td>信息传输</td><td>合格</td></tr>
<tr><td>故障报警及准确性</td><td>合格</td></tr>
<tr><td>对巡更人员的监督和记录</td><td>合格</td></tr>
<tr><td>安全保障措施</td><td>合格</td></tr>
<tr><td>报警处理手段</td><td>合格</td></tr>
<tr><td>电子地图显示</td><td>合格</td></tr>
<tr><td rowspan="2">4</td><td rowspan="2">联网巡更管理系统</td><td>电子地图显示</td><td>合格</td></tr>
<tr><td>报警信息指示</td><td>合格</td></tr>
<tr><td>5</td><td colspan="2">联动功能</td><td>合格</td><td></td></tr>
<tr><td></td><td colspan="3"></td><td></td></tr>
<tr><td colspan="5">检测结论：
经检验,符合设计要求及规范规定</td></tr>
<tr><td rowspan="2">签字栏</td><td>施工单位</td><td rowspan="2">××机电工程
有限公司</td><td>专业技术负责人</td><td>专业质检员</td><td>检测人员</td></tr>
<tr><td></td><td>×××</td><td>×××</td><td>×××</td></tr>
<tr><td></td><td>监理(建设)单位</td><td colspan="2">××工程建设监理有限公司</td><td>专业工程师</td><td>×××</td></tr>
</table>

注:本表由施工单位填写。

7. 综合防范功能自检测记录

<table>
<tr><th colspan="4">综合防范功能自检测记录</th><th>资料编号</th><th>×××</th></tr>
<tr><td colspan="4">工程名称</td><td colspan="2"></td></tr>
</table>

综合防范功能自检测记录				资料编号	×××
工程名称	××办公楼工程			检测时间	××年×月×日
部　位	安防监控室				
检 测 内 容				检测记录	备　注
1	防范范围	设防情况		合格	
		防范功能		合格	
2	重点防范部位	设防情况		合格	
		防范功能		合格	
3	要害部门	设防情况		合格	
		防范功能		合格	
4	设备运行情况			合格	
5	防范子系统之间的联动			合格	综合防范功能符合设计要求时为检测合格
6	监控中心图像记录	图像质量		合格	
		保存时间		合格	
7	监控中心报警记录	完整性		合格	
		保存时间		合格	
8	系统集成	系统接口		合格	
		通信功能		合格	
		信息传输		合格	
检测结论： 　　经检验,符合设计要求及规范规定					
签字栏	施工单位	××机电工程有限公司	专业技术负责人 ×××	专业质检员 ×××	检测人员 ×××
	监理(建设)单位	××工程建设监理有限公司		专业工程师	×××

注:本表由施工单位填写,建设单位、施工单位各保存一份。

十一、《综合布线系统性能自检测记录》填写范例

综合布线系统性能自检测记录			资料编号	×××
工程名称	××办公楼工程		检测时间	××年×月×日
部 位	机房			
	检 测 内 容		检测记录	备 注
1	工程电气性能检测	连接图	合格	执行 GB 50312 相应规定
		长度	合格	
		衰减	合格	
		近端串音(两段)	合格	
		其他特殊规定的测试内容	合格	
2	光纤特性检测	连通性	合格	
		衰减	合格	
		长度	合格	
3	综合布线管理系统		合格	执行 GB 50339 相应规定
4	中文平台管理软件		合格	
5	硬件设备图		合格	
6	楼层图		合格	
7	干线子系统及配线子系统配置		合格	
8	硬件设施工作状态		合格	

检测结论：

  经检验,符合设计要求及规范规定

签字栏	施工单位	××机电工程有限公司	专业技术负责人	专业质检员	检测人员
			×××	×××	×××
	监理(建设)单位	××工程建设监理有限公司	专业工程师		×××

注:本表由施工单位填写。

十二、《智能化集成系统自检测记录》填写范例

1.系统集成可维护性和安全性自检测记录

系统集成可维护性和安全性自检测记录			资料编号	×××
工程名称	××办公楼工程		检测时间	××年×月×日
部　位	机房			
检测内容			检测记录	备　注
1	系统可靠性维护	可靠性维护说明及措施	合格	
		设定系统故障检查	合格	
2	系统集成安全性	身份认证	合格	执行 GB 50339 相应的规定,符合设计要求的为合格
		访问控制	合格	
		信息加密和解密	合格	
		抗病毒攻击能力	合格	
3	工程实施及质量控制记录	真实性	合格	
		准确性	合格	
		完整性	合格	

检测结论:
　　经检验,符合设计要求及规范规定

签字栏	施工单位	××机电工程有限公司	专业技术负责人	专业质检员	检测人员
			×××	×××	×××
	监理(建设)单位	××工程建设监理有限公司	专业工程师		×××

注:本表由施工单位填写。

2.系统集成网络连接自检测记录

系统集成网络连接自检测记录		资料编号	×××
工程名称	××办公楼工程	**检测时间**	××年×月×日
部 位	机房		
	检 测 内 容	**检测记录**	**备 注**
1	连接线测试	合格	
2	通信连接测试	合格	
3	专用网关接口连接测试	合格	
4	计算机网卡连接测试	合格	执行 GB 50339 相应规定
5	通用路由器连接测试	合格	检测合格率 100%时系统检测合格
6	交换机连接测试	合格	
7	系统连通性测试	合格	
8	网管工作站和网络设备通信测试	合格	
检测结论： 经检验，符合设计要求及规范规定			

签字栏	施工单位	××机电工程有限公司	专业技术负责人	专业质检员	检测人员
			×××	×××	×××
	监理(建设)单位	××工程建设监理有限公司	专业工程师		×××

注:本表由施工单位填写。

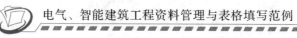

3.系统集成综合管理及冗余功能自检测记录

系统集成综合管理及冗余功能自检测记录			资料编号	×××
工程名称		××办公楼工程	检测时间	××年×月×日
部 位		机房		
检测内容			检测记录	备 注
1	综合管理功能		合格	
2	信息管理功能		合格	
3	信息服务功能		合格	
4	视频图像接入时	图像显示	合格	
		图像切换	合格	
		图像传输	合格	
5	系统冗余和容错功能	双机备份及切换	合格	执 行 GB 50339 相应规定
		数据库备份	合格	
		备用电源及切换	合格	
		通信链路冗余及切换	合格	
		故障自诊断	合格	
		事故条件下的安全保障措施	合格	
6	与火灾自动报警系统相关性		合格	

检测结论:

经检验,符合设计要求及规范规定

签字栏	施工单位	××机电工程有限公司	专业技术负责人	专业质检员	检测人员
			×××	×××	×××
	监理(建设)单位	××工程建设监理有限公司	专业工程师		×××

注:本表由施工单位填写。

4.系统数据集成及整体协调自检测记录

系统数据集成及整体协调自检测记录			资料编号	×××
工程名称		××办公楼工程	检测时间	××年×月×日
部位		全系统		
检测内容			检测记录	备注
1	服务器端	人机界面	合格	执行 GB 50339 相应规定
1	服务器端	显示数据	合格	执行 GB 50339 相应规定
1	服务器端	响应时间	合格	执行 GB 50339 相应规定
2	客户端1	人机界面	合格	执行 GB 50339 相应规定
2	客户端1	显示数据	合格	执行 GB 50339 相应规定
2	客户端1	响应时间	合格	执行 GB 50339 相应规定
3	客户端2	人机界面	合格	执行 GB 50339 相应规定
3	客户端2	显示数据	合格	执行 GB 50339 相应规定
3	客户端2	响应时间	合格	执行 GB 50339 相应规定
4	系统的报警信息及处理	服务器端	合格	
4	系统的报警信息及处理	有权限的客户端	合格	
5	设备连锁控制	服务器端	合格	
5	设备连锁控制	有权限的客户端	合格	
6	应急状态的联动逻辑检测	现场模拟火灾信号	合格	
6	应急状态的联动逻辑检测	现场模拟非法侵入	合格	
6	应急状态的联动逻辑检测	其他	合格	

检测结论:

　经检验,符合设计要求及规范规定

签字栏	施工单位	××机电工程有限公司	专业技术负责人	专业质检员	检测人员
签字栏	施工单位	××机电工程有限公司	×××	×××	×××
签字栏	监理(建设)单位	××工程建设监理有限公司	专业工程师	×××	

注:本表由施工单位填写。

十三、《电源与接地系统自检测记录》填写范例

1. 防雷与接地系统自检测记录

防雷与接地系统自检测记录		资料编号	×××
工程名称	××办公楼工程	检测时间	××年×月×日
部　位	UPS配电室		

	检测内容		检测记录	备　注
1	防雷与接地系统引接 GB 50303 验收合格的共用接地装置		合格	执行 GB 50339 相应规定
2	建筑物金属体作接地装置接地电阻不应大于 1Ω		合格	
3	采用单独接地装置	接地装置测试点的设置	合格	执行 GB 50303 相应规定
		接地电阻值测试	合格	
		接地模块的埋没深度、间距和基坑尺寸	合格	
		接地模块设置应垂直或水平就位	合格	
4	其他接地装置	防过流、过压元件接地装置	合格	其设置应符合设计要求,连接可靠
		防电磁干扰屏蔽接地装置	合格	
		防静电接地装置	合格	
5	等电位联结	建筑物等电位联结干线的连接及局部等电位箱间的连接	合格	
		等电位联结的线路最小允许截面积	合格	
6	防过流和防过压接地装置、防电磁干扰屏蔽接地装置、防静电接地装置	接地装置埋没深度、间距和搭接长度	合格	执行 GB 50303 相应规定
		接地装置的材质和最小允许规格	合格	
		接地模块与干线的连接和干线材质选用	合格	
7	等电位联结	等电位联结的可接近裸露导体或其他金属部件、构件与支线的连接可靠,导通正常	合格	
		需等电位联结的高级装修金属部件或零件等电位联结的连接	合格	

检测结论:
　　经检验,符合设计要求及规范规定

签字栏	施工单位	××机电工程有限公司	专业技术负责人	专业质检员	检测人员
			×××	×××	×××
	监理(建设)单位	××工程建设监理有限公司	专业工程师		×××

注:本表由施工单位填写。

2.智能建筑电源自检测记录

智能建筑电源自检测记录			资料编号	×××
工程名称		××办公楼工程	检测时间	××年×月×日
部 位		UPS配电室		
	检 测 内 容		检测记录	备 注
1	引接GB 50303验收合格的公用电源		合格	执行GB 50339相应规定
2	稳流稳压、不间断电源装置		合格	
3	应急发电机组		合格	
4	蓄电池组及充电设备蓄电池组及充电设备		合格	执行GB 50303相应规定
5	专用电源设备及电源箱		合格	
6	智能化主机房集中供电专用电源线路安装质量		合格	
检测结论： 经检验,符合设计要求及规范规定				
签字栏	施工单位	××机电工程有限公司	专业技术负责人	专业质检员	检测人员
			×××	×××	×××
	监理(建设)单位	××工程建设监理有限公司	专业工程师	×××	

注:本表由施工单位填写。

十四、《环境自检测记录》填写范例

环境自检测记录			资料编号	×××
工程名称	×× 办公楼工程		检测时间	××年×月×日
部　位	5层			
检测内容			检测记录	备　注
1	空间环境	主要办公区域天花板净高不小于2.7m	合格	执行 GB 50339 相应规定
		楼板满足预埋地下线槽(线管)的条件架空地板、网络地板的铺设	合格	
		网络布线及其他系统布线配线间	合格	
2	室内空调环境	室内温度、湿度控制	合格	
		室内温度,冬季18～22℃,夏季24～28℃	合格	
		室内相对湿度,冬季40%～60%,夏季40%～65%	合格	
		室内风速,夏季不大于0.3m/s 室内风速,冬季不大于0.2m/s	合格	
3	视觉照明环境	工作面水平照度不小于500lx	合格	
		灯具满足眩光控制要求	合格	
		灯具布置应模数化,消除频闪	合格	
4	电磁环境	符合 GB 9175 和 GB 8702 的要求	合格	符合时为合格
5	空间环境	室内装饰色彩合理组合 装修用材符合 GB 50305 规定	合格	执行 GB 50339 相应规定
		地毯静电泄漏在 $1.0×10^5$～$1.0×10^8\Omega$ 之间	合格	
		降低噪声和隔声措施	合格	
6	室内空调环境	室内CO含量率小于 $10×10^{-6}g/m^3$	合格	
		室内 CO_2 含量率小于 $1000×10^{-6}g/m^3$	合格	
7	室内噪声	办公室推荐值40～45dBA	合格	
		监控室推荐值35～40dBA	合格	

检测结论:

　　经检验,符合设计要求及规范规定

签字栏	施工单位	×× 机电工程有限公司	专业技术负责人	专业质检员	检测人员
			×××	×××	×××
	监理(建设)单位	×× 工程建设监理有限公司	专业工程师		×××

注:本表由施工单位填写。

十五、《住宅(小区)智能化系统检测记录》填写范例

1. 火灾自动报警及消防联动系统自检测记录

火灾自动报警及消防联动系统自检测记录			资料编号	×××
工程名称	××办公楼工程		检测时间	××年×月×日
部　位	机房			
	检测内容 (执行 GB 50339 相应规定)		检测记录	备　注
1	符合 GB 50339 第 7 章规定		合格	使用"火灾自动报警及消防联动系统自检测记录"
2	可燃气体泄漏报警系统检测	可靠性	合格	满足设计要求及GB 50339 规定时为检测合格
		报警效果	合格	
3	可燃气体泄漏报警联动	自动切断气源	合格	
		打开排气装置	合格	
4	可燃气体探测器	不得重复接入家庭控制器	合格	

检测结论：
　　经检验,符合设计要求及规范规定

签字栏	施工单位	××机电工程有限公司	专业技术负责人	专业质检员	检测人员
			×××	×××	×××
	监理(建设)单位	××工程建设监理有限公司		专业工程师	×××

注:本表由施工单位填写。

2.安全防范系统自检测记录

| 安全防范系统自检测记录 | | | 资料编号 | ×××

 |
|---|---|---|---|---|
| 工程名称 | ××办公楼工程 | | 检测时间 | ××年×月×日 |
| 部　位 | 一层 | | | |

	检测内容 (执行 GB 50339 相应规定)		检测记录	备　注
1	视频安防监控系统、入侵报警系统、出入口控制系统、巡更管理系统符合本规范有关规定 GB 50339		合格	使用"安全防范系统"相关记录表
2	访客对讲系统(主控项目)	室内机门铃及双方通话应清晰	合格	满足设计要求及 GB 50339 规定时为检测合格
		通话保密性	合格	
		开锁	合格	
		呼叫	合格	
		可视对讲夜视效果	合格	
		密码开锁	合格	
		紧急情况电控锁释放	合格	
		通信及联网管理	合格	
		备用电源工作 8 小时	合格	
		管理员机与门口机、室内机呼叫与通话	合格	
3	访客对讲系统(一般项目)	定时关机	合格	
		可视图像清晰	合格	
		对门口机图像可监视	合格	

检测结论:
　经检验,符合设计要求及规范规定

签字栏	施工单位	××机电工程有限公司	专业技术负责人	专业质检员	检测人员
			×××	×××	×××
	监理(建设)单位	××工程建设监理有限公司	专业工程师		×××

注:本表由施工单位填写。

3.室外设备及管网自检测记录

室外设备及管网自检测记录			资料编号	×××
工程名称	××办公楼工程		检测时间	××年×月×日
部　位	庭院			
检测内容 (执行 GB 50339 相应规定)			检测记录	备　注
1	室外设备箱安装	应有防水、防潮、防晒、防锈措施	合格	符合现行国家标准及设计要求
		设备浪涌过电压防护器设置	合格	
		接地联结	合格	
2	室外电缆及导管	室外电缆导管敷设	合格	执行 GB 50303 中有关规定
		室外线路敷设	合格	

检测结论:
经检验,符合设计要求及规范规定

签字栏	施工单位	××机电工程有限公司	专业技术负责人	专业质检员	检测人员
			×××	×××	×××
	监理(建设)单位	××工程建设监理有限公司		专业工程师	×××

注:本表由施工单位填写。

4. 物业管理系统自检测记录

物业管理系统自检测记录			资料编号	××××
工程名称		××办公楼工程	检测时间	××年×月×日
部　　位		物业管理全系统		
检测内容 （执行 GB 50339 相应规定）			检测记录	备　　注
1	表具数据自动抄收及远传系统	水、电、气、热(冷)表具选择	合格	表具应符合国家产品标准,具有产品合格证书和计量检定证书,功能检测符合设计要求时为合格
		系统查询、统计、打印、费用计算	合格	
		断电数据保存四个月以上;电源恢复后数据不丢失	合格	
		系统应具有时钟、故障报警、防破坏报警功能	合格	
2	建筑设备监控系统	符合 GB 50339 有关规定,还应具有饮用水过滤设备报警、消毒设备故障报警功能	合格	符合设计要求时为检测合格
3	公共广播与紧急广播系统	符合 GB 50339 相应规定	合格	
4	住宅(小区)物业管理系统	应包括人员管理、房产维修、费用查询收取、公共设施管理、工程图纸管理等功能	合格	符合设计要求时为检测合格,其中信息安全应符合 GB 50339 相关要求
		信息服务项目可包括家政服务、电子商务、远程教育、远程医疗、电子银行、娱乐项目等	合格	
		物业人事管理、企业管理、财务管理	合格	
		物业管理系统信息安全符合 GB 50339 相关要求	合格	
5	表具数据自动抄收及远传系统	表具采集与远传数据一致性	合格	每类表具检测合格率 100% 时为检测合格
6	建筑设备监控系统	园区照明时间设定、控制回路开启设定、灯光场景设定、照度调整	合格	符合设计要求时为检测合格
		浇灌水泵监视控制、中水设备监视控制	合格	
7	住宅(小区)物业管理系统	房产出租管理、房产二次装修管理	合格	符合设计要求时为检测合格,其中管理系统软件检测应符合 GB 50339 相关要求
		住户投诉处理	合格	
		数据资料的记录、保存、查询	合格	

检测结论:
　　经检验,符合设计要求及规范规定

签字栏	施工单位	××机电工程有限公司	专业技术负责人	专业质检员	检测人员
			×××	×××	×××
	监理(建设)单位	××工程建设监理有限公司	专业工程师		×××

注:本表由施工单位填写。

5.智能家庭信息平台自检测记录

智能家庭信息平台自检测记录			资料编号	×××
工程名称	××办公楼工程		检测时间	××年×月×日
部　位	××户			
检测内容 (执行 GB 50339 相关规定)			检测记录	备　注
1	家庭报警功能检测 (主控项目)	感烟探测器、感温探测器、燃气探测器检测	合格	探测器检测应符合国家现行产品标准;入侵报警探测器检测执行 GB 50339 相关规定;其他符合设计要求
		入侵报警探测器检测	合格	
		家庭报警撤防、布防	合格	
		控制功能	合格	
2	家庭紧急求助功能检测 (主控项目)	可靠性	合格	符合设计要求时为检测合格
		可操作性	合格	
		防破坏报警	合格	
		故障报警	合格	
3	家用电器监控功能检测 (主控项目)	监控功能	合格	符合设计要求时为检测合格;发射频率及功率检测应符合国家有关规定
		误操作处理	合格	
		故障报警处理	合格	
		发射频率及功率检测	合格	
4	家庭紧急求助报警装置检测 (一般项目)	每户宜装一处以上的紧急求助报警装置	合格	
		宜有一种以上的报警方式(手动、遥控、感应等)	合格	
		区别求助内容	合格	
		夜间显示	合格	

检测结论:

　　经检验,符合设计要求及规范规定

签字栏	施工单位	××机电工程有限公司	专业技术负责人	专业质检员	检测人员
			×××	×××	×××
	监理(建设)单位	××工程建设监理有限公司	专业工程师	×××	

注:本表由施工单位填写。

十六、《智能系统试运行记录》填写范例

智能系统试运行记录			资料编号	×××
工程名称		××办公楼工程		
系统名称		安全防范	试运行部位	中心控制室
序号	日期/时间	系统试运转记录	值班人	备　注
1	××年×月×日×时	运行正常	×××	系统运行情况栏中,注明正常/不正常,并每班至少填写一次;不正常的要说明情况(包括修复日期)
2	××年×月×日×时	运行正常	×××	
3	××年×月×日×时	三层1#摄像机无图像(主要为信号线脱落,下午修复)	×××	
4	××年×月×日×时	运行正常	×××	

结论:

经检验,符合设计要求及规范规定

签字栏	施工单位	××机电工程有限公司	专业技术负责人	专业质检员	检测人员
			×××	×××	×××
	监理(建设)单位	××工程建设监理有限公司		专业工程师	×××

注:本表由施工单位填写。

第五章

建筑电气、智能建筑工程质量验收资料(C7)

本章内容包括下列资料:

➤ 建筑电气工程质量验收资料

➤ 智能建筑工程质量验收资料

第一节　建筑电气工程质量验收资料

一、《检验批质量验收记录》填写范例

变压器、箱式变电所安装检验批质量验收记录

07010101　001

单位(子单位)工程名称	××办公楼工程	分部(子分部)工程名称	建筑电气(变配电室)	分项工程名称	变压器、箱式变电所安装
施工单位	××建设集团	项目负责人	×××	检验批容量	1台
分包单位	××建筑电气安装公司	分包单位项目负责人	×××	检验批部位	变配电室
施工依据	《建筑电气施工工艺标准》QB—××××		验收依据	《建筑电气工程施工质量验收规范》GB 50303—2015	

验收项目			设计要求及规范规定	最小/实际抽样数量	检查记录	检查结果
主控项目	1	变压器安装及外观检查	第4.1.1条	全/1	共1处,全部检查,合格1处	√
	2	变压器中性点的接地连接方式及接地电阻值	第4.1.2条	—	符合要求,接地电阻测试记录编号:××××	√
	3	变压器等单独与保护导体的连接,紧固件及防松零件齐全	第4.1.3条	全/12	共12处,全部检查,合格12处	√
	4	变压器及高压电器设备的交接试验	第4.1.4条	—	交接试验合格,试验记录编号:××××	√
	5	箱式变电所及落地或配电箱的位置及固定	第4.1.5条	—	—	—
		箱体与保护导体可靠连接及接地		—	—	—
	6	箱式变电所的交接试验	第4.1.6条	—	—	—
	7	配电间隔和静止补偿装置栅栏门 与保护导体可靠连接	第4.1.7条	—	—	—
		截面积	≥4mm²	—	—	—
一般项目	1	有载调压开关检查	第4.2.1条	—	—	—
	2	绝缘件和测温仪表检查	第4.2.2条	6/6	抽查6处,合格6处	100%
	3	装有滚轮的变压器固定	第4.2.3条	—	—	—
	4	变压器的器身检查	第4.2.4条	全/1	共1处,全部检查,1处合格	100%
	5	箱式变电所内外涂层和通风口检查	第4.2.5条	—	—	—
	6	箱式变电所柜内接线和线路标记	第4.2.6条	—	—	—
	7	油浸变压器沿气体继电器气流方向升高坡度	第4.2.7条	—	—	—
	8	绝缘盖板上开孔时应符合变压器的防护等级要求	第4.2.8条	全/1	共1处,全部检查,1处合格	100%

施工单位检查结果	符合要求 专业工长:××× 项目专业质量检查员:××× ××年×月×日
监理单位验收结论	合格 专业监理工程师:××× ××年×月×日

成套配电柜、控制柜(屏、台)和动力、照明配电箱(盘)安装检验批质量验收记录

07010201 ___001___

单位(子单位)工程名称	××办公楼工程	分部(子分部)工程名称	建筑电气(电气照明)	分项工程名称	照明配电箱安装
施工单位	××建设集团	项目负责人	×××	检验批容量	2台
分包单位	××建筑电气安装公司	分包单位项目负责人	×××	检验批部位	B02层配电箱
施工依据	《建筑电气施工工艺标准》QB—××××		验收依据	《建筑电气工程施工质量验收规范》GB 50303—2015	

		验收项目	设计要求及规范规定	最小/实际抽样数量	检查记录	检查结果
主控项目	1	金属框架的接地或接零	第5.1.1条	全/4	共4处,全部检查,合格4处	√
	2	电击保护和保护导体截面积	第5.1.2条	全/2	共2处,全部检查,合格2处	√
	3	手车、抽屉式柜的推拉和动、静触头检查	第5.1.3条	—	—	—
	4	高压成套配电柜的交接试验	第5.1.4条	—	—	—
	5	低压成套配电柜的交接试验	第5.1.5条	—	—	—
	6	柜间线路绝缘电阻测试	第5.1.6条	—	—	—
		柜间二次回路耐压试验				
	7	直流柜试验	第5.1.7条	—	—	—
	8	接地故障回路抗阻	第5.1.8条	—	—	—
	9	剩余电流保护器的测试时间及测试值	第5.1.9条	—	—	—
	10	电涌保护器安装	第5.1.10条	—	—	—
	11	IT系统绝缘监测器报警功能	第5.1.11条	—	—	—
	12	照明配电箱(盘)安装	第5.1.12条	3/3	抽查3处,合格3处	√
	13	变送器电量信号精度等级要求及接收建筑智能化工程的指令要求	第5.1.13条	—	—	—

续表

验 收 项 目				设计要求及 规范规定	最小/实际 抽样数量	检 查 记 录	检查 结果
一 般 项 目	1	基础型 钢安装 允许偏 差(mm)	不直度	每米 1	1、0	4/4	抽查 4 处,合格 4 处	100%
				全长	5、0	4/4	抽查 4 处,合格 4 处	100%
			水平度	每米	1、0	4/4	抽查 4 处,合格 4 处	100%
				全长	5、0	4/4	抽查 4 处,合格 4 处	100%
			不平行度(mm/ 全长)		5、0	4/4	抽查 4 处,合格 4 处	100%
	2	柜、台、箱、盘的布置及安 全间距			第5.2.2条	全/2	共 2 处,全部检查,合格 2 处	100%
	3	柜、台、箱间或与基础型钢 的连接;柜、台、箱进出口防 火封堵			第5.2.3条	3/3	抽查 3 处,合格 3 处	100%
	4	室外安装落地式配电(控 制)柜的要求			第5.2.4条	—	—	—
	5	柜、台、 箱、盘安 装允许 偏差	垂直度(‰)		≤1.5	3/3	抽查 3 处,合格 3 处	100%
			相互间接缝 (mm)		≤2	3/3	抽查 3 处,合格 3 处	100%
			成列盘面(mm)		≤5	3/3	抽查 3 处,合格 3 处	100%
	6	柜、台、箱、盘内部检查 试验			第5.2.6条	3/3	抽查 3 处,合格 3 处	100%
	7	低压电器组合			第5.2.7条	2/2	抽查 2 处,合格 2 处	100%
	8	柜、台、箱、盘间配线			第5.2.8条	2/2	抽查 2 处,合格 2 处	100%
	9	连接柜、台、箱、盘面板上 的电器连接导线			第5.2.9条	2/2	抽查 2 处,合格 2 处	100%
	10	照明配电 箱(盘) 安装	安装质量		第5.2.10条	2/2	抽查 2 处,合格 2 处	100%
			箱(盘)内回路编 号及标识		第5.2.10条	2/2	抽查 2 处,合格 2 处	100%
			箱(盘)制作材料			2/2	抽查 2 处,合格 2 处	100%
			垂直度(‰)		≤1.5	2/2	抽查 2 处,合格 2 处	100%

施工单位 检查结果	符合要求 专业工长:××× 项目专业质量检查员:××× ××年×月×日
监理单位 验收结论	合格 专业监理工程师:××× ××年×月×日

梯架、支架、托盘和槽盒安装检验批质量验收记录

07010301　001

单位(子单位)工程名称	××办公楼工程	分部(子分部)工程名称	建筑电气(室外电气)	分项工程名称	梯架、托盘和槽盒安装
施工单位	××建设集团	项目负责人	×××	检验批容量	150m
分包单位	××建筑电气安装公司	分包单位项目负责人	×××	检验批部位	变配电室
施工依据	《建筑电气施工工艺标准》QB—××××		验收依据	《建筑电气工程施工质量验收规范》GB 50303—2015	

验收项目			设计要求及规范规定	最小/实际抽样数量	检查记录	检查结果
主控项目	1	梯架、托盘和槽盒之前的连接	第11.1.1条	全/6	共6处，全部检查，合格6处	√
		非镀锌梯架、托盘和槽盒本体之间的连接		—	—	—
		镀锌梯架、托盘和槽盒本体之间的连接		2/2	抽查2处，合格2处	√
	2	电缆梯架、托盘和槽盒转弯、分支处的连接配件最小弯曲半径	第11.1.2条	1/1	抽查1处，合格1处	√
一般项目	1	伸缩节及补偿装置的设置	第11.2.1条			
	2	梯架、托盘和槽盒与支架间及与连接板的固定	第11.2.2条	2/2	抽查2处，合格2处	100%
		铝合金梯架、托盘和槽盒与钢支架固定及防电化腐蚀措施		—	—	—
	3	设计无要求时，梯架、托盘、槽盒及支架安装	第11.2.3条第1~5款	全/1	共6处，全部检查，合格6处	100%
		承力建筑钢结构构件	第11.2.3条第6款	—	—	—
		水平、垂直安装的支架间距	第11.2.3条第7款	8/8	抽查8处，合格7处	87.5%
		采用金属吊架固定时，圆钢直径	≥8mm	—	—	—
	4	支吊架的设置要求；与预埋件焊接固定要求	第11.2.4条	8/8	抽查8处，合格8处	100%
	5	金属支架的防腐	第11.2.5条	8/8	抽查8处，合格8处	100%

施工单位检查结果	符合要求　　　　　　　　　专业工长：××× 项目专业质量检查员：××× ××年×月×日
监理单位验收结论	合格　　　　　　　　　专业监理工程师：××× ××年×月×日

导管敷设检验批质量验收记录

07010401 ___001___

单位(子单位)工程名称	××办公楼工程	分部(子分部)工程名称	建筑电气(变配电室)	分项工程名称	导管敷设
施工单位	××建设集团	项目负责人	×××	检验批容量	300m
分包单位	××建筑电气安装公司	分包单位项目负责人	×××	检验批部位	变配电室
施工依据	《建筑电气施工工艺标准》QB—××××		验收依据	《建筑电气工程施工质量验收规范》GB 50303—2015	

		验 收 项 目	设计要求及规范规定			
主控项目	1	金属导管与保护导体可靠连接	第12.1.1条	9/9	抽查9处,合格9处	√
	2	金属导管的连接	第12.1.2条	18/18	抽查18处,合格18处	√
	3	绝缘导管在砌体上剔槽埋设	第12.1.3条	2/2	抽查2处,合格2处	√
	4	预埋套管的设置及要求	第12.1.4条	—	—	—
一般项目	1	导管的弯曲半径	第12.2.1条	12/12	抽查12处,合格11处	91.7%
	2 导管支架安装	承力建筑钢结构构件上不得熔焊导管支架,且不得热加工开孔	第12.2.2条第1款	—	—	—
		金属吊架固定	第12.2.2条第2款	6/6	抽查6处,合格6处	100%
		金属支架防腐	第12.2.2条第3款	6/6	抽查6处,合格6处	100%
		导管支架安装质量	第12.2.2条第4款	6/6	抽查6处,合格6处	100%
	3	暗配导管的埋设	第12.2.3条	—	—	—
	4	导管的管口设置和处理	第12.2.4条	—	—	—
	5	室外导管敷设	第12.2.5条	—	—	—
	6	明配导管的敷设要求	第12.2.6条	12/12	抽查12处,合格11处	91.7%
	7 塑料导管敷设要求	管口应平滑,器件连接方式及结合面的处理	第12.2.7条第1款	6/6	抽查6处,合格6处	100%
		刚性塑料导管保护措施	第12.2.7条第2款	—	—	—
		埋设在墙内或混凝土内塑料导管的型号	第12.2.7条第3款	—	—	—
		刚性塑料导管温度补偿装置的装设	第12.2.7条第4款	全/6	共6处,全部检查,合格6处	100%

验收项目			设计要求及规范规定	最小/实际抽样数量	检查记录	检查结果
一般项目	8	可弯曲金属导管及柔性导管的敷设要求	刚性导管与电气设备、器具连接	第12.2.8条第1款	—	—	—
			可弯曲金属导管或柔性导管与刚性导管或电气设备、器具间的连接；连接处的处理	第12.2.8条第2款	—	—	—
			可弯曲金属导管保护措施	第12.2.8条第3款	—	—	—
			明配金属、非金属柔性导管固定点间距	第12.2.8条第4款	—	—	—
			可弯曲金属导管和金属柔性导管不应做保护导体的接续导体	第12.2.8条第5款	—	—	—
	9	导管敷设要求	穿越外墙设置防水套管及防水处理	第12.2.9条第1款	—	—	—
			导管跨越建筑物变形缝应设置补偿装置	第12.2.9条第2款	—	—	—
			钢导管防腐处理	第12.2.9条第3款	—	—	—
		导管间敷设的最小距离(mm)	导管或配线槽盒的敷设位置	管道种类			
				热水	蒸汽		
			在热水、蒸汽管道上面平行敷设	300	1000	—	—
			在热水、蒸汽管道下面或水平平行敷设	200	500	—	—
			与热水、蒸汽管道交叉敷设	不小于其平行的净距		—	—
施工单位检查结果		符合要求　　　　　　　　　　　　　　　　　专业工长：××× 项目专业质量检查员：××× ××年×月×日					
监理单位验收结论		合格　　　　　　　　　　　　　　　　　　专业监理工程师：××× ××年×月×日					

电缆敷设检验批质量验收记录

07010501 ___001

单位(子单位) 工程名称	××办公楼工程		分部(子分部) 工程名称	建筑电气 (变配电室)	分项工程名称		电缆敷设
施工单位	××建设集团		项目负责人	×××	检验批容量		300m
分包单位	××建筑电气安装 公司		分包单位项目 负责人	×××	检验批部位		变配电室
施工依据	《建筑电气施工工艺标准》 QB—××××			验收依据	《建筑电气工程施工质量验收 规范》GB 50303—2015		

验收项目			设计要求及 规范规定	最小/实际 抽样数量	检查记录	检查 结果
主控项目	1	金属电缆支架与保护导体可靠连接	第13.1.1条	—	—	—
	2	电缆敷设质量	第13.1.2条	—	无绞拧、表面划伤等缺陷	√
	3	电缆敷设采取的防护措施	第13.1.3条	—	—	—
	4	并联使用的电力电缆型号、规格、长度应相同	第13.1.4条	—	与设计图纸一致	√
	5	电缆不得单根独穿钢导管的要求及固定用的夹具和支架不应形成闭合磁路	第13.1.5条	—	与设计图纸一致	√
	6	电缆接地线的要求	第13.1.6条	1/1	抽查1处,合格1处	√
	7	电缆的敷设和排列布置	第13.1.7条	—	与设计图纸一致	√
一般项目	1	除设计要求外,承力建筑钢结构构件上不得熔焊支架,且不得热加工开孔	第13.2.1条 第1款			—
		电缆支架安装	第13.2.1条 第2~6款			—
	2	电缆的敷设要求	第13.2.2条	4/4	抽查4处,合格4处	100%
	3	电缆的回填	第13.2.3条	—	—	—
	4	电缆的首端、末端和分支处设标志牌;直埋电缆设标志桩	第13.2.4条	4/4	抽查4处,合格4处	100%

施工单位 检查结果	符合要求 专业工长:××× 项目专业质量检查员:××× ××年×月×日
监理单位 验收结论	合格 专业监理工程师:××× ××年×月×日

管内穿线和槽盒内敷线检验批质量验收记录

07010601 _001_

单位(子单位) 工程名称	××办公楼工程	分部(子分部) 工程名称	建筑电气 (电气照明)	分项工程名称	管内穿线和 槽盒内敷线
施工单位	××建设集团	项目负责人	×××	检验批容量	276m
分包单位	××建筑电气安装 公司	分包单位项目 负责人	×××	检验批部位	三层 1～3/ A～D轴
施工依据	《建筑电气施工工艺标准》 QB—××××		验收依据	《建筑电气工程施工质量验收 规范》GB 50303—2015	

验 收 项 目			设计要求及 规范规定	最小/实际 抽样数量	检 查 记 录	检查 结果
主控项目	1	同一交流回路的绝缘导线 敷设	第14.1.1条	2/2	抽查2处,合格2处	√
	2	绝缘导线穿管	第14.1.2条	2/2	抽查2处,合格2处	√
	3	绝缘导线的接头设置	第14.1.3条	1/1	抽查1处,合格1处	√
一般项目	1	绝缘导线的保护措施	第14.2.1条	1/1	抽查1处,合格1处	100％
	2	绝缘导线的穿管要求	第14.2.2条	1/1	抽查1处,合格1处	100％
	3	接线盒(箱)的选用及质量	第14.2.3条	33/33	共33处,全部检查,合 格31处	93.9％
	4	同一建筑物、构筑物内电线 绝缘层颜色的选择	第14.2.4条	1/1	抽查1处,合格1处	100％
	5	槽盒内敷线	第14.2.5条	28/28	抽查28处,合格27处	96.4％

施工单位 检查结果	符合要求 专业工长:××× 项目专业质量检查员:××× ××年×月×日
监理单位 验收结论	合格 专业监理工程师:××× ××年×月×日

电缆头制作、导线连接和线路绝缘测试检验批质量验收记录

07010701 ___001

单位(子单位) 工程名称	××办公楼工程	分部(子分部) 工程名称	建筑电气 (变配电室)	分项工程名称	电缆头制作、导 线连接和线路 绝缘测试
施工单位	××建设集团	项目负责人	×××	检验批容量	20处
分包单位	××建筑电气安装 公司	分包单位项目 负责人	×××	检验批部位	变配电室
施工依据	《建筑电气施工工艺标准》 QB—××××		验收依据	《建筑电气工程施工质量验收 规范》GB 50303—2015	

		验 收 项 目	设计要求及 规范规定	最小/实际 抽样数量	检 查 记 录	检查 结果
主控项目	1	电力电缆通电前耐压试验	第17.1.1条	—	耐压试验合格,试验报 告编号:××××	√
	2	低压或特低电压配电线间和 线对地间的绝缘电阻测试	第17.1.2条	—	绝缘电阻测试合格,绝 缘电阻测试记录编号:× ×××	√
	3	电力电缆的铜屏蔽层和铠装 护套保护导体的连接	第17.1.3条	4/4	抽查4处,合格4处	√
		矿物绝缘电缆的金属护套和 金属配件与保护导体的连接		—	—	—
	4	电缆端子与设备或器具连接	第17.1.4条	4/4	抽查4处,合格4处	√
一般项目	1	电缆头应可靠固定	第17.2.1条	4/4	抽查4处,合格4处	100%
	2	导线与设备或器具的连接	第17.2.2条	—	—	—
	3	截面6mm² 及以下铜芯导线 间的连接	第17.2.3条	—	—	—
	4	铝/铝合金电缆头及端子 压接	第17.2.4条	—	—	—
	5	螺纹形接线端子与导线连接	第17.2.5条	—	—	—
	6	绝缘导线、电缆的线芯连接 金具	第17.2.6条	8/8	抽查8处,合格8处	100%
	7	当接线端子规格与电气器具 规格不配套时,不应采取降容 转接措施	第17.2.7条	—	—	—

施工单位 检查结果	符合要求 　　　　　　　　　　　　专业工长:××× 　　　　　　　　项目专业质量检查员:××× 　　　　　　　　　　　　　　　××年×月×日
监理单位 验收结论	合格 　　　　　　　　　　　专业监理工程师:××× 　　　　　　　　　　　　　　××年×月×日

普通灯具安装检验批质量验收记录

07010801 ___001

单位(子单位) 工程名称			××办公楼工程	分部(子分部) 工程名称		建筑电气 (电气照明)	分项工程名称		普通灯具安装
施工单位			××建设集团	项目负责人		×××	检验批容量		122处
分包单位			—	分包单位项目 负责人		×××	检验批部位		二层1~8/A~G轴
施工依据			《建筑电气施工工艺标准》 QB—××××	验收依据			《建筑电气工程施工质量验收 规范》GB 50303—2015		

		验 收 项 目	设计要求及 规范规定	最小/实际 抽样数量	检 查 记 录	检查 结果
主控项目	1	灯具固定	灯具固定质量	第18.1.1条 第1款	7/7	抽查7处,合格7处	√
			大于10kg的灯具,固定及悬吊 装置的强度试验	第18.1.1条 第2款	—	—	—
	2	悬吊式灯具安装	第18.1.2条	6/6	抽查6处,合格6处	√
	3	吸顶或墙面上安装的灯具固定	第18.1.3条	2/2	抽查2处,合格2处	√
	4	由线盒引至嵌入式灯具或槽灯的绝 缘导线	第18.1.4条	2/2	抽查2处,合格2处	√
	5	普通灯具的Ⅰ类灯具外露可导电部 分的要求	第18.1.5条	6/6	抽查6处,合格6处	√
	6	敞开式灯具的灯头对地面距离	第18.1.6条	6/6	抽查6处,合格6处	√
	7	埋地灯安装	第18.1.7条	—	—	—
	8	庭院灯、建筑物附属路灯安装	第18.1.8条	—	—	—
	9	大型灯具的玻璃罩安装及防止玻璃 罩向下溅落的措施	第18.1.9条	—	—	—
	10	LED灯具安装	第18.1.10条	—	—	—
一般项目	1	引向单个灯具的绝缘导线截面积	≥1mm²	6/6	抽查6处,合格6处	100%
		绝缘铜芯导线的线芯截面积	第18.2.1条	—	—	—
	2	灯具的外形、灯头及其接线检查	第18.2.2条	7/7	抽查7处,合格7处	√
	3	灯具表面及其附件的高温部位靠近 可燃物时采取的措施	第18.2.3条	—	—	—
	4	高低压配电设备、裸母线及电梯曳引 机正上方不应安装灯具	第18.2.4条	—	—	—
	5	投光灯的底座及其支架、枢轴	第18.2.5条	—	—	—
	6	聚光灯和类似灯具出光口面与被照 物体的最短距离	第18.2.6条	—	—	—
	7	导轨灯的灯功率和载荷	第18.2.7条	—	—	—
	8	露天灯具的安装及防腐和防水措施	第18.2.8条	—	—	—
	9	槽盒底部的荧光灯的安装	第18.2.9条	—	—	—
	10	庭院灯、建筑物附属路灯安装	第18.2.10条	—	—	—
施工单位 检查结果		符合要求 专业工长:××× 项目专业质量检查员:××× ××年×月×日					
监理单位 验收结论		合格 专业监理工程师:××× ××年×月×日					

室外电气专用灯具安装检验批质量验收记录

07010901 ___001

单位(子单位)工程名称		××办公楼工程	分部(子分部)工程名称	建筑电气(室外电气)	分项工程名称	专用灯具安装
施工单位		××建设集团	项目负责人	×××	检验批容量	9处
分包单位		××建筑电气安装公司	分包单位项目负责人	×××	检验批部位	建筑外墙装饰灯
施工依据		《建筑电气施工工艺标准》QB—××××	验收依据		《建筑电气工程施工质量验收规范》GB 50303—2015	

验收项目			设计要求及规范规定	最小/实际抽样数量	检查记录	检查结果
主控项目	1	专用灯具与保护导体的可靠连接;接地标识及截面积	第19.1.1条	—	—	—
	2	手术台无影灯安装	第19.1.2条	—	—	—
	3	应急灯具安装	第19.1.3条第1、3~7款	—	—	—
		应急灯具、运行中温度大于60℃的灯具,应采取防火措施	第19.1.3条第2款	—	—	—
		消防应急照明线路,暗敷钢导管保护层厚度	第19.1.3条第8款	—	—	—
	4	霓虹灯安装	第19.1.4条	全/9	共9处,全部检查,合格9处	√
	5	高压钠灯、金属卤化物灯安装	第19.1.5条	—	—	—
	6	景观照明灯具安装	第19.1.6条	—	—	—
	7	航空障碍标志灯安装	第19.1.7条	—	—	—
	8	太阳能灯具安装	第19.1.8条	—	—	—
	9	洁净场所灯具嵌入安装	第19.1.9条	—	—	—
	10	游泳池和类似场所灯具安装	第19.1.10条	—	—	—
一般项目	1	手术台无影灯安装	第19.2.1条	—	—	—
	2	当应急电源或镇流器与灯具分离安装时固定可靠;导线用金属导管保护、不外露	第19.2.2条	—	—	—
	3	霓虹灯安装	第19.2.3条	1/1	抽查1处,合格1处	100%
	4	高压钠灯、金属卤化物灯安装	第19.2.4条	—	—	—
	5	建筑物景观照明灯具构架固定;外露绝缘导线或电缆的保护	第19.2.5条	—	—	—
	6	航空障碍标志灯安装位置	第19.2.6条	—	—	—
	7	太阳能灯具的安装固定	第19.2.7条	—	—	—
施工单位检查结果		符合要求 专业工长:××× 项目专业质量检查员:××× ××年×月×日				
监理单位验收结论		合格 专业监理工程师:××× ××年×月×日				

建筑照明通电试运行检验批质量验收记录

07011001　001

单位(子单位)工程名称	××办公楼工程	分部(子分部)工程名称	建筑电气(室外电气)	分项工程名称	建筑照明通电试运行
施工单位	××建设集团	项目负责人	×××	检验批容量	9处
分包单位	××建筑电气安装公司	分包单位项目负责人	×××	检验批部位	建筑外墙装饰灯
施工依据	《建筑电气施工工艺标准》QB—××××		验收依据	《建筑电气工程施工质量验收规范》GB 50303—2015	

		验 收 项 目	设计要求及规范规定	最小/实际抽样数量	检 查 记 录	检查结果
主控项目	1	灯具回路控制	第21.1.1条	1/1	抽查1处,合格1处	√
	2	照明系统通电连续试运行	第21.1.2条	1/1	抽查1处,合格1处	√
	3	照度测试	第21.1.3条	—	—	—
施工单位检查结果		符合要求　　　　　　　　　　　　　　专业工长:××× 项目专业质量检查员:××× ××年×月×日				
监理单位验收结论		合格　　　　　　　　　　　　　　　　专业监理工程师:××× ××年×月×日				

接地装置安装检验批质量验收记录

07011101 ___001___

单位(子单位)工程名称	××办公楼工程	分部(子分部)工程名称	建筑电气(室外电气)	分项工程名称	接地装置安装
施工单位	××建设集团	项目负责人	×××	检验批容量	6组
分包单位	××建筑电气安装公司	分包单位项目负责人	×××	检验批部位	基础底板
施工依据	《建筑电气施工工艺标准》QB—××××		验收依据	《建筑电气工程施工质量验收规范》GB 50303—2015	

		验收项目	设计要求及规范规定	最小/实际抽样数量	检查记录	检查结果
主控项目	1	接地装置在地面以上的部分测试点设置及标识	第22.1.1条	全/6	共6处,全部检查,合格6处	√
	2	接地装置的接地电阻值	第22.1.2条	—	合格,接地电阻测试记录编号:××××	√
	3	接地装置的材料规格、型号	第22.1.3条	全/6	共6处,全部检查,合格6处	√
	4	当接地电阻达不到设计要求采取措施降低接地电阻	第22.1.4条	—	—	—
一般项目	1	接地装置埋设深度、间距	第22.2.1条	全/6	共6处,全部检查,合格6处	100%
		人工接地体与建筑物外墙或基础的水平距离	≥1m	全/6	共6处,全部检查,合格6处	100%
	2	接地装置的焊接及防腐	第22.2.2条	1/1	抽查1处,合格1处	100%
	3	接地极为铜材和钢材组成连接,采用热剂焊时的表面质量	第22.2.3条	—	—	—
	4	采取降阻措施的接地装置	第22.2.4条	—	—	—

施工单位检查结果	符合要求 专业工长:××× 项目专业质量检查员:××× ××年×月×日
监理单位验收结论	合格 专业监理工程师:××× ××年×月×日

母线槽安装检验批质量验收记录

07020301　001

单位(子单位) 工程名称	××办公楼工程		分部(子分部) 工程名称	建筑电气 (供电干线)	分项工程名称	母线槽安装
施工单位	××建设集团		项目负责人	×××	检验批容量	5处
分包单位	××建筑电气安装 公司		分包单位项目 负责人	×××	检验批部位	变配电室
施工依据	《建筑电气施工工艺标准》 QB—××××		验收依据		《建筑电气工程施工质量验收 规范》GB 50303—2015	

验收项目			设计要求及 规范规定	最小/实际 抽样数量	检查记录	检查 结果
主控项目	1	母线槽的外露可导电部分与保护导体连接	第10.1.1条	全/5	共5处,全部检查,合格5处	√
	2	母线槽的金属外壳作为保护接地导体时的检查	第10.1.2条	全/5	共5处,全部检查,合格5处	√
	3	母线与母线、母线与电器设备接线端子螺栓搭接连接	第10.1.3条	1/1	抽查1处,合格1处	√
	4	母线槽不宜安装在水管正下方	第10.1.4条 第1款	—	—	—
		母线槽安装	第10.1.4条 第2～5款	1/1	抽查1处,合格1处	√
	5	母线槽通电运行前检验或试验	第10.1.5条	—	合格,绝缘电阻测试记录 编号:××××	√
一般项目	1	除设计要求外,承力建筑钢构件上不得熔焊连接母线槽支架,且不得热加工开孔	第10.2.1条 第1款			
		母线槽支架的安装	第10.2.1条 第2～4款	1/1	抽查1处,合格1处	100%
	2	母线与母线、母线与电器接线端子搭接或设备接线端子搭接面处理方式	第10.2.2条	1/1	抽查1处,合格1处	100%
	3	母线用螺栓搭接	第10.2.3条	—	—	—
	4	设计无要求时,母线的相序排列及涂色	第10.2.4条	1/1	抽查1处,合格1处	100%
	5	母线槽安装要求 水平或垂直敷设的母线槽固定点设置	第10.2.5条 第1款	1/1	抽查1处,合格1处	100%
		母线槽段与段的连接口设置及防火封堵措施	第10.2.5条 第2款	1/1	抽查1处,合格1处	100%
		跨越建筑物变形缝时,补偿装置的设置;直线敷设时伸缩节的设置	第10.2.5条 第3款	—	—	—
		母线槽直线段安装质量	第10.2.5条 第4款	1/1	抽查1处,合格1处	100%
		外壳与底座间、外壳各连接部位及母线的连接螺栓	第10.2.5条 第5款	1/1	抽查1处,合格1处	100%
		母线槽的封堵	第10.2.5条 第6款	全/5	共5处,全部检查,合格5处	100%
		母线槽与各类管道平行或交叉的净距	第10.2.5条 第7款	—	—	—

施工单位 检查结果	符合要求 专业工长:××× 项目专业质量检查员:××× ××年×月×日
监理单位 验收结论	合格 专业监理工程师:××× ××年×月×日

接地干线敷设检验批质量验收记录

07020801 001

单位(子单位)工程名称	××办公楼工程	分部(子分部)工程名称	建筑电气(变配电室)	分项工程名称	接地干线敷设
施工单位	××建设集团	项目负责人	×××	检验批容量	3处
分包单位	××建筑电气安装公司	分包单位项目负责人	×××	检验批部位	B2层变配电室
施工依据	《建筑电气施工工艺标准》QB—××××		验收依据	《建筑电气工程施工质量验收规范》GB 50303—2015	

验收项目			设计要求及规范规定	最小/实际抽样数量	检查记录	检查结果
主控项目	1	接地干线应与接地装置可靠连接	第23.1.1条	全/3	共3处,全部检查,合格3处	√
	2	接地干线的材料型号、规格	第23.1.2条	—	与设计相符,进场验收记录编号:××××;隐检记录编号:××××	√
一般项目	1	接地干线的连接	第23.2.1条	2/2	抽查2处,合格2处	100%
	2	明敷的室内接地干线支持件的固定及间距	第23.2.2条	1/1	抽查1处,合格1处	100%
	3	接地干线在穿越墙壁、楼板和地坪处的保护套管及管口封堵	第23.2.3条	1/1	抽查1处,合格1处	100%
	4	接地干线跨越变形缝的补偿措施	第23.2.4条	全/2	共2处,全部检查,合格2处	100%
	5	接地干线的焊接接头防腐处理	第23.2.5条	2/2	抽查2处,合格2处	100%
	6	室内明敷接地干线安装	第23.2.6条	—	—	—

施工单位检查结果	符合要求 专业工长:××× 项目专业质量检查员:××× ××年×月×日
监理单位验收结论	合格 专业监理工程师:××× ××年×月×日

电气设备试验和试运行检验批质量验收记录

07030101 ___001

单位(子单位) 工程名称	××办公楼工程		分部(子分部) 工程名称	建筑电气 (接地干线)	分项工程名称	电气设备试验 和试运行	
施工单位	××建设集团		项目负责人	×××	检验批容量	3台	
分包单位	《建筑电气施工工艺 标准》QB—××××		分包单位项目 负责人	×××	检验批部位	B2层设备间	
施工依据	《建筑电气施工工艺标准》 QB—××××			验收依据	《建筑电气工程施工质量验收 规范》GB 50303—2015		

验 收 项 目			设计要求及 规范规定	最小/实际 抽样数量	检 查 记 录	检查 结果
主 控 项 目	1	试运行前,相关电气设备和 线路的试验	第9.1.1条	—	合格,试验记录编号: ××××	√
	2	现场单独安装的低压电器交 接试验	第9.1.2条	—	合格,试验记录编号: ××××	√
	3	电动机试运行	第9.1.3条	—	合格,电动机空载试运 行记录编号:××××	√
一 般 项 目	1	电气动力设备的运行	第9.2.1条	全/3	共3处,全部检查,合 格3处	100%
	2	电动执行机构的动作方向及 指示	第9.2.2条	1/1	抽查1处,合格1处	100%

施工单位 检查结果	符合要求 专业工长:××× 项目专业质量检查员:××× ××年×月×日
监理单位 验收结论	合格 专业监理工程师:××× ××年×月×日

电动机、电加热器及电动执行机构检查接线检验批质量验收记录

07040201　001

单位(子单位)工程名称	××办公楼工程	分部(子分部)工程名称	建筑电气(电气动力)	分项工程名称	电动机、电加热器及电动执行机构检查接线
施工单位	××建设集团	项目负责人	×××	检验批容量	5台
分包单位	××建筑电气安装公司	分包单位项目负责人	×××	检验批部位	水泵房
施工依据	《建筑电气施工工艺标准》QB—××××		验收依据	《建筑电气工程施工质量验收规范》GB 50303—2015	

验收项目			设计要求及规范规定	最小/实际抽样数量	检查记录	检查结果
主控项目	1	电动机、电加热器及电动执行机构的外露可导电部分与保护导体可靠连接	第6.1.1条	1/1	抽查1处,合格1处	√
	2	低压电动机、电加热器及电动执行机构的绝缘电阻值	第6.1.2条	—	合格,绝缘电阻测试记录编号:××××	√
	3	高压及100kW以上电动机的交接试验	第6.1.3条	—	—	—
一般项目	1	电气设备安装质量及密封处理	第6.2.1条	1/1	抽查1处,合格1处	100%
	2	电动机检查	第6.2.2条	1/1	抽查1处,合格1处	100%
	3	电动机抽芯检查	第6.2.3条	全/5	共5处,全部检查,合格5处	100%
	4	电动机电源线与出线端子接触质量	第6.2.4条	全/5	共5处,全部检查,合格5处	100%
	5	在设备接线盒内裸露的不同相间和相对地间电气间隙应符合产品技术文件要求,或采取绝缘防护措施	第6.2.5条	1/1	抽查1处,合格1处	100%
施工单位检查结果	符合要求 专业工长:××× 项目专业质量检查员:××× 　　　　　　　　　　××年×月×日					
监理单位验收结论	合格 专业监理工程师:××× 　　　　　　　　　　××年×月×日					

开关、插座、风扇安装检验批质量验收记录

07051101 ___001___

单位(子单位)工程名称	××办公楼工程	分部(子分部)工程名称	建筑电气(电气照明)	分项工程名称	开关、插座、风扇安装
施工单位	××建设集团	项目负责人	×××	检验批容量	15 处
分包单位	××建筑电气安装公司	分包单位项目负责人	×××	检验批部位	三层开关、插座
施工依据	《建筑电气施工工艺标准》QB—××××		验收依据	《建筑电气工程施工质量验收规范》GB 50303—2015	

	验 收 项 目		设计要求及规范规定	最小/实际抽样数量	检 查 记 录	检查结果
主控项目	1	交流、直流或不同电压等级在同一场所的插座应有明显区别;配套插头按交流、直流或不同电压等级区分使用	第20.1.1条	—	—	—
	2	不间断电源插座及应急电源插座设置标识	第20.1.2条	2/2	抽查2处,合格2处	√
	3	插座接线	第20.1.3条	1/1	抽查1处,合格1处	√
	4 照明开关安装	统一建筑物开关的品种、通断位置及操作	第20.1.4条第1款	1/1	抽查1处,合格1处	√
		相线经开关控制	第20.1.4条第2款	1/1	抽查1处,合格1处	√
		紫外线杀菌灯开关标识及位置	第20.1.4条第3款	—	—	—
	5	温控器接线、显示屏指示、温控器接线	第20.1.5条	—	—	—
	6	吊扇安装	第20.1.6条	—	—	—
	7	壁扇安装	第20.1.7条	—	—	—
一般项目	1	暗装的插座盒或开关盒	第20.2.1条	1/1	抽查1处,合格1处	100%
	2	插座安装	第20.2.2条	1/1	抽查1处,合格1处	100%
	3	照明开关安装	第20.2.3条	1/1	抽查1处,合格1处	100%
	4	温控器安装	第20.2.4条			
	5	吊扇安装	第20.2.5条			
	6	壁扇安装	第20.2.6条			
	7	换气扇安装	第20.2.7条			

施工单位检查结果	符合要求 专业工长:××× 项目专业质量检查员:××× ××年×月×日
监理单位验收结论	合格 专业监理工程师:××× ××年×月×日

钢索配线检验批质量验收记录

单位(子单位)工程名称	××办公楼工程	分部(子分部)工程名称	建筑电气(电气照明)	分项工程名称	钢索配线
施工单位	××建设集团	项目负责人	×××	检验批容量	55m
分包单位	××建筑电气安装公司	分包单位项目负责人	×××	检验批部位	室外照明
施工依据	《建筑电气施工工艺标准》QB—××××		验收依据	《建筑电气工程施工质量验收规范》GB 50303—2015	

		验收项目	设计要求及规范规定	最小/实际抽样数量	检查记录	检查结果
主控项目	1	钢索配线所用材料及质量	第16.1.1条	—	合格,质量证明文件编号:××××;材料进场验收记录编号:××××	√
	2	钢索与终端拉环套接要求及与保护导体的可靠连接	第16.1.2条	—	合格,隐蔽工程验收记录编号:××××	√
	3	钢索终端拉环埋件的牢固性及拉环的过载试验	第16.1.3条	—	合格,过载试验记录编号:××××	√
	4	钢索设索具螺旋扣紧固要求	第16.1.4条	全/6	共6处,全部检查,合格6处	√
一般项目	1	钢索中间吊架间距;吊架与钢索连接处的吊钩深度	第16.2.1条	2/2	抽查2处,合格2处	100%
	2	绝缘导线和灯具在钢索上安装后质量	第16.2.2条	全/4	共4处,全部检查,合格4处	100%
	3	钢索配线的支持件之间及支持件与灯头盒间最大距离	第16.2.3条	2/2	抽查2处,合格2处	100%

施工单位检查结果	符合要求 专业工长:××× 项目专业质量检查员:××× ××年×月×日
监理单位验收结论	合格 专业监理工程师:××× ××年×月×日

柴油发电机组安装检验批质量验收记录

07060201　001

单位(子单位) 工程名称	××办公楼工程		分部(子分部) 工程名称	建筑电气(备 用和不间断电 源安装)	分项工程名称	柴油发电机组 安装
施工单位	××建设集团		项目负责人	×××	检验批容量	1组
分包单位	××建筑电气安装 公司		分包单位项目 负责人	×××	检验批部位	发电机组室
施工依据	《建筑电气施工工艺标准》 QB—××××			验收依据	《建筑电气工程施工质量验收 规范》GB 50303—2015	

验收项目			设计要求及 规范规定	最小/实际 抽样数量	检查记录	检查 结果
主控项目	1	发电机的试验	第7.1.1条	—	合格,发电机交接试验 记录编号:××××	√
	2	发电机组至配电柜馈电线路 的相间、相对地间的绝缘电 阻值	第7.1.2条	—	合格,绝缘电阻测试记 录编号:××××	√
	3	柴油发电机馈电线路两端的 相序	第7.1.3条	—	合格,绝缘电阻测试记 录编号:××××	√
	4	柴油发电机并列运行	第7.1.4条	—	—	—
	5	发电机中性点接地连接方式 及接地电阻值	第7.1.5条	—	合格,接地电阻测试记 录编号:××××	√
	6	发电机本体和机械部分的外 露部分可靠连接有标识	第7.1.6条	全/2	共2处,全部检查,2处 合格	√
	7	燃油系统的设备及管道的防 静电接地	第7.1.7条	全/2	共2处,全部检查,2处 合格	√
一般项目	1	发电机组随机的配电柜、控 制柜接线	第7.2.1条	全/3	共3处,全部检查,3处 合格	100%
		发电机组随机的配电柜、控 制柜接线、紧固件紧固状态		全/4	共4处,全部检查,4处 合格	100%
		开关、保护装置的型号、规格		全/2	共2处,全部检查,2处 合格	100%
		验证出厂试验的锁定标记		全/1	共1处,全部检查,1处 合格	100%
	2	受电侧配电柜的开关设备、 自动或手动切换装置和保护装 置等试验	第7.2.2条	—	合格,电器设备试验记 录编号:××××	100%
		机组负荷试验		—	合格,发电机负荷试运 行记录编号:××××	100%

施工单位 检查结果	符合要求 专业工长:××× 项目专业质量检查员:××× ××年×月×日
监理单位 验收结论	合格 专业监理工程师:××× ××年×月×日

不间断电源装置及应急电源装置安装检验批质量验收记录

07060301 ___001___

单位(子单位) 工程名称	××办公楼工程	分部(子分部) 工程名称	建筑电气(备用和不间断电源)	分项工程名称	不间断电源装置及应急电源装置安装
施工单位	××建设集团	项目负责人	×××	检验批容量	2组
分包单位	××建筑电气安装公司	分包单位项目负责人	×××	检验批部位	变配电室
施工依据	《建筑电气施工工艺标准》QB—××××		验收依据	《建筑电气工程施工质量验收规范》GB 50303—2015	

验 收 项 目			设计要求及规范规定	最小/实际抽样数量	检 查 记 录	检查结果
主控项目	1	UPS 及 EPS 的整流、逆变、静态开关、储能电池或蓄电池组的规格型号	第8.1.1条	全/2	共2处,全部检查,合格2处	√
		内部接线及紧固件		全/2	共2处,全部检查,合格2处	√
	2	UPS 及 EPS 的极性及各项技术性能指标试验	第8.1.2条	—	合格,试验调整记录编号:××××	√
	3	EPS 进场检查	第8.1.3条	—	合格,试验记录编号:××××	√
	4	UPS 及 EPS 的绝缘电阻值	UPS 的输入端、输出端对地间绝缘电阻值	≥2MΩ	—	合格,绝缘电阻测试记录编号:××××	√
			UPS 及 EPS 连线及出线的线间、线对地的电阻值	≥0.5MΩ	—	合格,绝缘电阻测试记录编号:××××	√
	5	UPS 输出端的系统接地连接方式	第8.1.5条	全/1	共1处,全部检查,合格1处	√
一般项目	1	安放 UPS 的机架或金属底座的组装质量	第8.2.1条	1/1	抽查1处,合格1处	100%
	2	引入或引出 UPS 及 EPS 的主回路绝缘导线、电缆和控制导线、电缆的连接情况	第8.2.2条	1/1	抽查1处,合格1处	100%
	3	UPS 及 EPS 的外露部分与保护导体可靠连接应有标识	第8.2.3条	1/1	抽查1处,合格1处	100%
	4	UPS 正常运行时的产生的 A 声级噪声	第8.2.4条	全/1	共1处,全部检查,合格1处	100%

施工单位检查结果	符合要求 专业工长:××× 项目专业质量检查员:××× ××年×月×日
监理单位验收结论	合格 专业监理工程师:××× ××年×月×日

防雷引下线及接闪器安装检验批质量验收记录

07070201 ___001___

单位(子单位)工程名称	××办公楼工程		分部(子分部)工程名称	建筑电气(防雷及接地)	分项工程名称		防雷引下线及接闪器安装
施工单位	××建设集团		项目负责人	×××	检验批容量		6处
分包单位	××建筑电气安装公司		分包单位项目负责人	×××	检验批部位		屋面接闪器
施工依据	《建筑电气施工工艺标准》QB—××××			验收依据	《建筑电气工程施工质量验收规范》GB 50303—2015		

		验 收 项 目		设计要求及规范规定	最小/实际抽样数量	检 查 记 录	检查结果
主控项目	1	防雷引下线的布置、安装数量和连接方式	明敷	第24.1.1条	—	—	—
			结构或抹灰层内敷设		2/2	抽查2处,合格2处	√
	2	接闪器的布置、规格及数量		第24.1.2条	全/6	共6处,全部检查,合格6处	√
	3	接闪器与防雷引下线连接		第24.1.3条	全/6	共6处,全部检查,合格6处	√
		防雷引下线与接地装置连接			—	—	—
	4	永久性金属物做接闪器时的材质及截面要求及各部件间连接		第24.1.4条			
一般项目	1	暗敷在建筑物抹灰层内的引下线的固定		第24.2.1条	2/2	抽查2处,合格2处	100%
		明敷引下线敷设质量及固定方式;焊接处的防腐			—	—	—
	2	设计要求接地的幕墙金属框架和建筑物的金属门窗防雷引下线连接及防腐		第24.2.2条	—		
	3	接闪杆、接闪线、接闪带安装位置及安装方式		第24.2.3条	全/6	共6处,全部检查,合格6处	100%
	4	防雷引下线、接闪线、接闪网和接闪带的焊接连接搭接长度及要求		第24.2.4条	全/6	共6处,全部检查,合格6处	100%
	5	接闪线和接闪带安装	安装及固定质量	第24.2.5条第1款	全/6	共6处,全部检查,合格6处	100%
			固定支架的最小高度及间距	第24.2.5条第2款	全/6	共6处,全部检查,合格6处	100%
			每个固定支架应能承受49N的垂直拉力	第24.2.5条第3款	3/3	抽查3处,合格3处	100%
	6	接闪带或接闪网在变形缝处的补偿措施		第24.2.6条	全/2	共2处,全部检查,合格2处	100%

施工单位检查结果	符合要求 专业工长:××× 项目专业质量检查员:××× ××年×月×日
监理单位验收结论	合格 专业监理工程师:××× ××年×月×日

建筑物等电位连接检验批质量验收记录

07070301　001

单位(子单位)工程名称	××办公楼工程	分部(子分部)工程名称	建筑电气(防雷及接地)	分项工程名称	建筑物等电位联结
施工单位	××建设集团	项目负责人	×××	检验批容量	8处
分包单位	××建筑电气安装公司	分包单位项目负责人	×××	检验批部位	三层
施工依据	《建筑电气施工工艺标准》QB—××××		验收依据	《建筑电气工程施工质量验收规范》GB 50303—2015	

		验 收 项 目	设计要求及规范规定	最小/实际抽样数量	检 查 记 录	检查结果
主控项目	1	建筑物等电位联结的范围、形式、方法、部件及联结导体的材料和截面积	第25.1.1条	全/8	共8处,全部检查,合格8处	√
	2	等电位联结的外露可导电部分或外界可导电部分连接	第25.1.2条	1/1	抽查1处,合格1处	√
一般项目	1	卫生间内金属部件或零件的外界可导电部分与等电位连接导体的连接及标识	第25.2.1条	1/1	抽查1处,合格1处	100%
		连接处螺帽的固定		1/1	抽查1处,合格1处	100%
	2	当等电位联结导体在地下暗敷时,导体间的连接	第25.2.2条	—	—	—

施工单位检查结果	符合要求 专业工长:××× 项目专业质量检查员:××× ××年×月×日
监理单位验收结论	合格 专业监理工程师:××× ××年×月×日

二、《分项工程质量验收记录》填写范例

表 F　　电线导管、电缆导管和线槽敷设　　分项工程质量验收记录

编号：×××

单位(子单位)工程名称	××办公楼工程		分部(子分部)工程名称		建筑电气/电气动力	
分项工程工程量	电线导管、电缆导管和线槽敷设		检验批数量		30	
施工单位	××建设集团有限公司	项目负责人	×××	项目技术负责人		×××
分包单位	—	分包单位项目负责人	—	分包内容		—

序号	检验批名称	检验批容量	部位/区段	施工单位检查结果	监理单位验收结论
1	电线导管、电缆导管和线槽敷设	××延米	地下一层 1～7/B～H轴墙体、柱内	符合要求	合格
2	电线导管、电缆导管和线槽敷设	××延米	地下一层 7～13/A～H轴墙体、柱内	符合要求	合格
3	电线导管、电缆导管和线槽敷设	××延米	地下一层 1～7/B～H轴顶板	符合要求	合格
4	电线导管、电缆导管和线槽敷设	××延米	地下一层 7～13/A～H顶板	符合要求	合格
5	电线导管、电缆导管和线槽敷设	××延米	分界室夹层 1～3/E～G轴顶板	符合要求	合格

分项工程质量验收记录

　　编者略，剩余内容请依据实际工程填写

说明：

　　检验批质量验收记录资料齐全完整

施工单位检查结果	符合要求 　　　　　　　　　　　项目专业技术负责人：××× 　　　　　　　　　　　××年×月×日
监理单位验收结论	合格 　　　　　　　　　　　专业监理工程师：××× 　　　　　　　　　　　××年×月×日

三、《分项工程质量验收记录》填写说明

分项工程完成（即分项工程所包含的检验批均已完工）施工单位自检合格后,应填报《＿＿＿＿＿＿分项工程质量验收记录》。分项工程应由专业监理工程师组织施工单位项目专业技术负责人(无专业技术负责人则由施工单位项目技术负责人参加)等进行验收并签认。

(1)表格名称及编号。

1)表格名称:按验收规范给定的分项工程名称,填写在表格名称下划线空格处;

2)分项工程质量验收记录编号:编号按"建筑工程的分部工程、分项工程划分"《统一标准》GB 50300—2013 的附录 B 规定的分部工程、子分部工程、分项工程的代码编写,写在表的右上角。对于一个工程而言,一个分项只有一个分项工程质量验收记录,所以不编写顺序号。其编号规则具体说明如下:

① 第 1、2 位数字是分部工程的代码;

② 第 3、4 位数字是子分部工程的代码;

③ 第 5、6 位数字是分项工程的代码。

(2)表头的填写。

1)单位(子单位)工程名称填写全称,如为群体工程,则按群体工程名称—单位工程名称形式填写,子单位工程标出该部分的位置;

2)分部(子分部)工程名称按《建筑工程施工质量验收统一标准》GB 50300—2013 划定的分部(子分部)名称填写;

3)分项工程工程量名称:指本分项工程的工程量,按工程实际填写,计量项目和单位按专业验收规范中对分项工程工程量的规定;

4)检验批数量指本分项工程包含的实际发生的所有检验批的数量;

5)施工单位及项目负责人、项目技术负责人:"施工单位"栏应填写总包单位名称,或与建设单位签订合同专业承包单位名称,宜写全称,并与合同上公章名称一致,并应注意各表格填写的名称应相互一致;"项目负责人"栏填写合同中指定的项目负责人名称;"项目技术负责人"栏填写本工程项目的技术负责人姓名;表头中人名由填表人填写即可,只是标明具体的负责人,不用签字;

6)分包单位及分包单位项目负责人、分包单位项目技术负责人:"分包单位"栏应填写分包单位名称,即与施工单位签订合同的专业分包单位名称,宜写全称,并与合同上公章名称一致,并应注意各表格填写的名称应相互一致;"分包单位项目负责人"栏填写合同中指定的分包单位项目负责人名称;表头中人名由填表人填写即可,只是标明具体的负责人,不用签字;

7)分包内容:指分包单位承包的本分项工程的范围。

(3)"序号"栏的填写。

按检验批的排列顺序依次填写,检验批项目多于一页的,增加表格,顺序排号。

(4)"检验批名称、检验批容量、部位/区段、施工单位检查结果、监理单位验收结论"栏的填写。

1)填写本分项工程汇总的所有检验批依次排序,并填写其名称、检验批容量及部位/区段,注意要填写齐全;

2)"施工单位检查结果"栏,由填表人依据检验批验收记录填写,填写"符合要求"或"验收合格";

3)"监理单位验收结论"栏,由填表人依据检验批验收记录填写,同意项填写"合格"或"符合要求",如有不同意项应做标记但暂不填写。

(5)"说明"栏的填写。

1)如有不同意项应做标记但暂不填写,待处理后再验收;对不同意项,监理工程师应指出问题,明确处理意见和完成时间;

2)应说明所含检验批的质量验收记录是否完整。

(6)表下部"施工单位检查结果"栏的填写。

1)由施工单位项目技术负责人填写,填写"符合要求"或"验收合格",并填写日期;

2)分包单位施工的分项工程验收时,分包单位人员不签字,但应将分包单位名称及分包单位项目负责人、分包单位项目技术负责人姓名输(填)到对应单元格内。

(7)表下部"监理单位验收结论"栏,专业工程监理工程师在确认各项验收合格后,填入"验收合格",并填写日期。

(8)注意事项。

1)核对检验批的部位、区段是否全部覆盖分项工程的范围,有无遗漏的部位;

2)一些在检验批中无法检验的项目,在分项工程中直接验收,如有混凝土、砂浆强度要求的检验批,到龄期后试压结果能否达到设计要求;

3)检查各检验批的验收资料是否完整并作统一整理,依次登记保管,为下一步验收打下基础。

四、《分部工程质量验收记录》填写范例

表 G　　建筑电气　　分部工程质量验收记录

编号：007

单位(子单位)工程名称	××大厦	子分部工程数量	5	分项工程数量	16
施工单位	××建筑有限公司	项目负责人	×××	技术(质量)负责人	×××
分包单位	—	分包单位负责人	—	分包内容	—

序号	子分部工程名称	分项工程名称	检验批数量	施工单位检查结果	监理单位验收结论
1	供电干线	导管敷设	5	符合要求	合格
2		电缆敷设	5	符合要求	合格
3		管内穿线和槽盒内敷线	5	符合要求	合格
4		电缆头制作	5	符合要求	合格
5		导线连接和线路绝缘测试	2	符合要求	合格
6		接地干线敷设	5	符合要求	合格
7	电气动力	成套配电柜安装	2	符合要求	合格
8		导管敷设	2	符合要求	合格
	质量控制资料		检查21项,齐全有效		合格
	安全和功能检验结果		检查6项,符合要求		合格
	观感质量检验结果		好		
	综合验收结论		地基与基础分部工程验收合格		

施工单位	勘察单位	设计单位	监理单位
项目负责人：×××	项目负责人：	项目负责人：×××	总监理工程师：×××
××年×月×日	年　月　日	××年×月×日	××年×月×日

续表

单位(子单位) 工程名称	××大厦	子分部工程 数量	5	分项工程数量	16
施工单位	××建筑有限公司	项目负责人	×××	技术(质量) 负责人	×××
分包单位	—	分包单位 负责人	—	分包内容	—

序号	子分部工程名称	分项工程名称	检验批 数量	施工单位 检查结果	监理单位 验收结论
9	电气动力	电缆敷设	2	符合要求	合格
10		管内穿线和槽盒内敷线	2	符合要求	合格
11		电缆头制作	2	符合要求	合格
12		导线连接和线路绝缘测试	2	符合要求	合格
13	电气照明	成套配电柜安装	5	符合要求	合格
14		导管敷设	5	符合要求	合格
15		管内穿线和槽盒内敷线	5	符合要求	合格
16		电缆头制作、导线连接和 线路绝缘测试	5	符合要求	合格
	质量控制资料		检查21项,齐全有效		合格
	安全和功能检验结果		检查6项,符合要求		合格
	观感质量检验结果		好		
综合验收结论		地基与基础分部工程验收合格			

施工单位 项目负责人:××× ××年×月×日	勘察单位 项目负责人: 年 月 日	设计单位 项目负责人:××× ××年×月×日	监理单位 总监理工程师:××× ××年×月×日

续表

单位(子单位)工程名称	××大厦	子分部工程数量	5	分项工程数量	16
施工单位	××建筑有限公司	项目负责人	×××	技术(质量)负责人	×××
分包单位	—	分包单位负责人	—	分包内容	—

序号	子分部工程名称	分项工程名称	检验批数量	施工单位检查结果	监理单位验收结论
17	电气照明	普通灯具安装	5	符合要求	合格
18		专用灯具安装	5	符合要求	合格
19		开关插座,风扇安装	5	符合要求	合格
20		建筑照明试运行	1	符合要求	合格
21	备用和不间断供电电源	成套配电柜安装	2	符合要求	合格
22		不间断供电电源装置及应急电源装置安装	2	符合要求	合格
23		接地装置安装	2	符合要求	合格
24	防雷及接地	接地装置安装	6	符合要求	合格
质量控制资料			检查21项,齐全有效		合格
安全和功能检验结果			检查6项,符合要求		合格
观感质量检验结果			好		
综合验收结论		地基与基础分部工程验收合格			

施工单位	勘察单位	设计单位	监理单位
项目负责人:×××	项目负责人:	项目负责人:×××	总监理工程师:×××
××年×月×日	年 月 日	××年×月×日	××年×月×日

续表

单位(子单位)工程名称	××大厦	子分部工程数量	5	分项工程数量	16
施工单位	××建筑有限公司	项目负责人	×××	技术(质量)负责人	×××
分包单位	—	分包单位负责人	—	分包内容	—

序号	子分部工程名称	分项工程名称	检验批数量	施工单位检查结果	监理单位验收结论
25	防雷及接地	防雷引下线及接闪器安装	5	符合要求	合格
26		建筑物等电位安装	5	符合要求	合格
27		浪涌保护器安装	5	符合要求	合格
28					
29					
30					
31					
32					
质量控制资料			检查21项,齐全有效		合格
安全和功能检验结果			检查6项,符合要求		合格
观感质量检验结果			好		

综合验收结论	地基与基础分部工程验收合格

施工单位 项目负责人:××× ××年×月×日	勘察单位 项目负责人: 年 月 日	设计单位 项目负责人:××× ××年×月×日	监理单位 总监理工程师:××× ××年×月×日

注:1.地基与基础分部工程的验收应由施工、勘察、设计单位项目负责人和总监理工程师参加并签字。

2.主体结构、节能分部工程的验收应由施工、设计单位项目负责人和总监理工程师参加并签字。

五、《分部工程质量验收记录》填写说明

分部或子分部工程完成,施工单位自检合格后,应填报《_____分部工程质量验收记录》。

分部工程应由总监理工程师组织施工单位项目负责人和项目技术、质量负责人等进行验收。勘察、设计单位项目负责人和施工单位技术、质量部门负责人应参加地基与基础分部工程的验收。设计单位项目负责人和施工单位技术、质量部门负责人应参加主体结构、节能分部工程的验收。

(1)表格名称及编号。

1)表格名称:按验收规范给定的分部工程名称,填写在表格名称下划线空格处;

2)分部工程质量验收记录编号:编号按"建筑工程的分部工程、分项工程划分"《统一标准》GB 50300—2013 的附录 B 规定的分部工程代码编写,写在表的右上角。对于一个工程而言,一个分部只有一个分部工程质量验收记录,所以不编写顺序号。其编号为两位。

(2)表头的填写。

1)单位(子单位)工程名称填写全称,如为群体工程,则按群体工程名称—单位工程名称形式填写,子单位工程标出该部分的位置;

2)子分部工程数量:指本分部工程包含的实际发生的所有子分部工程的数量;

3)分项工程数量:指本分部工程包含的实际发生的所有分项工程的总数量;

4)施工单位及施工单位技术(质量)部门负责人:"施工单位"栏应填写总包单位名称,或与建设单位签订合同专业承包单位名称,宜写全称,并与合同上公章名称一致,并应注意各表格填写的名称应相互一致;"技术(质量)部门负责人"栏填写施工单位技术(质量)部门负责人姓名;表头中人名由填表人填写即可,只是标明具体的负责人,不用签字;

5)分包单位及分包单位项目负责人、分包单位技术(质量)负责人:"分包单位"栏应填写分包单位名称,即与施工单位签订合同的专业分包单位名称,宜写全称,并与合同上公章名称一致,并应注意各表格填写的名称应相互一致;"分包单位项目负责人"栏填写合同中指定的分包单位项目负责人名称;表头中人名由填表人填写即可,只是标明具体的负责人,不用签字;

6)分包内容:指分包单位承包的本分部工程的范围。

(3)"序号"栏的填写。

按检验批的排列顺序依次填写,检验批项目多于一页的,增加表格,顺序排号。

(4)"子分部工程名称、分项工程名称、检验批数量、施工单位检查结果、监理单位验收结论"栏的填写。

1)填写本分部工程汇总的所有子分部、分项工程依次排序,并填写其名称、检验批数量,注意要填写齐全;

2)"施工单位检查结果"栏,由填表人依据分项工程验收记录填写,填写"符合要求"或"合格";

3)"监理单位验收结论"栏,由填表人依据分项工程验收记录填写,同意项填写"合

格"或"符合要求"。

(5)质量控制资料。

1)"质量控制资料"栏应按《单位(子单位)工程质量控制资料核查记录》来核查,但是各专业只需要检查该表内对应于本专业的那部分相关内容,不需要全部检查表内所列内容,也未要求在分部工程验收时填写该表。

2)核查时,应对资料逐项核对检查,应核查下列几项:

①查资料是否齐全,有无遗漏;

②查资料的内容有无不合格项;

③资料横向是否相互协调一致,有无矛盾;

④资料的分类整理是否符合要求,案卷目录、份数页数及装订等有无缺漏;

⑤各项资料签字是否齐全。

3)当确认能够基本反映工程质量情况,达到保证结构安全和使用功能的要求,该项即可通过验收。全部项目都通过验收,即可在"施工单位检查结果"栏内填写检查结果,标注"检查合格",并说明资料份数,然后送监理单位或建设单位验收,监理单位总监理工程师组织审查,如认为符合要求,则在"验收意见"栏内签注"验收合格"意见。

4)对一个具体工程,是按分部还是按子分部进行资料验收,需要根据具体工程的情况自行确定。

(6)"安全和功能检验结果"栏的填写。

安全和功能检验,是指按规定或约定需要在竣工时进行抽样检测的项目。这些项目凡能在分部(子分部)工程验收时进行检测的,应在分部(子分部)工程验收时进行检测。具体检测项目可按《单位(子单位)工程安全和功能检验资料核查及主要功能抽查记录》中相关内容在开工之前加以确定。设计有要求或合同有约定的,按要求或约定执行。

在核查时,要检查开工之前确定的检测项目是否全部进行了检测。要逐一对每份检测报告进行核查,主要核查每个检测项目的检测方法、程序是否符合有关标准规定;检测结论是否达到规范的要求;检测报告的审批程序及签字是否完整等。

如果每个检测项目都通过审查,施工单位即可在检查结果标注"检查合格",并说明资料份数。由项目负责人送监理单位验收,总监理工程师组织审查,认为符合要求后,在"验收意见"栏内签注"验收合格"意见。

(7)"观感质量检验结果"栏的填写。

只作定性评判,不再作量化打分。观感质量等级分为"好"、"一般"、"差"共3档。"好"、"一般"均为合格;"差"为不合格,需要修理或返工。

观感质量检查的主要方法是观察。但除了检查外观外,还应对能启动、运转或打开的部位进行启动或打开检查。并注意应尽量做到全面检查,对屋面、地下室及各类有代表性的房间、部位都应查到。

观感质量检查首先由施工单位项目负责人组织施工单位人员进行现场检查,检查合格后填表,由项目负责人签字后交监理单位验收。

监理单位总监理工程师组织对观感质量进行验收,并确定观感质量等级。认为达到"好"或"一般",均视为合格。在"观感质量"验收意见栏内填写"好"或"一般"。评为"

差"的项目,应由施工单位修理或返工。如确实无法修理,可经协商实行让步验收,并在验收表中注明。由于"让步验收"意味着工程留下永久性缺陷,故应尽量避免出现这种情况。

(8)"综合验收结论"的填写。

由总监理工程师与各方协商,确认符合规定,取得一致意见后,按表中各栏分项填写。可在"综合验收结论"栏填入"××分部工程验收合格"。

当出现意见不一致时,应由总监理工程师与各方协商,对存在的问题,提出处理意见或解决办法,待问题解决后再填表。

(9)签字栏。

制表时已经列出了需要签字的参加工程建设的有关单位。应由各方参加验收的代表亲自签名,以示负责,通常不需盖章。勘察、设计单位需参加地基与基础分部工程质量验收,由其项目负责人亲自签认。

设计单位需参加主体结构和建筑节能分部工程质量验收,由设计单位的项目负责人亲自签认。

施工方总承包单位由项目负责人亲自签认,分包单位不用签字,但必须参考其负责的分部工程的验收。

监理单位作为验收方,由总监理工程师签认验收。未委托监理的工程,可由建设单位项目技术负责人签认验收。

(10)注意事项。

1)核查各分部工程所含分项工程是否齐全,有无遗漏。

2)核查质量控制资料是否完整,分类整理是否符合要求。

3)核查安全、功能的检测是否按规范、设计、合同要求全部完成,未作的应补核查检测结论是否合格。

4)对分部工程应进行观感质量检查验收,主要检查分项工程验收后到分部工程验收之间,工程实体质量有无变化,如有,应修补达到合格,才能通过验收。

第二节　智能建筑工程质量验收资料

一、《检验批质量验收记录》填写范例

安装场地检查检验批质量验收记录

08060101　001

单位(子单位)工程名称	××大厦		分部(子分部)工程名称	智能建筑/移动通信室内信号覆盖系统	分项工程名称	安装场地检查
施工单位	××建筑有限公司		项目负责人	×××	检验批容量	12套
分包单位	××建筑工程有限公司		分包单位项目负责人	×××	检验批部位	一层弱电机房
施工依据	《智能建筑工程施工规范》GB 50606—2010			验收依据	《智能建筑工程质量验收规范》GB 50339—2013	

		验收项目	设计要求及规范规定	最小/实际抽样数量	检查记录	检查结果
主控项目	1	信息接入系统的检查和验收范围应符合设计要求	第5.0.2条	全/10	共10处,全部检查,合格10处	√
	2	机房的净高、地面防静电、电源、照明、温湿度、防尘、防水、消防和接地等应符合通信工程设计要求	第5.0.3条第9.0.2条第10.0.2条	全/10	共10处,全部检查,合格10处	√
	3	预留孔洞位置、尺寸和承重荷载应符合通信工程设计要求	第5.0.4条第9.0.3条第10.0.3条	全/10	共10处,全部检查,合格10处	√
	4	屋顶楼板孔洞防水处理应符合设计要求	第10.0.3条	全/10	共10处,全部检查,合格10处	√
	5	预埋天线的安装加固件、防雷和接地装置的位置和尺寸应符合设计要求	第10.0.4条	全/10	共10处,全部检查,合格10处	√
施工单位检查结果		符合要求　　　　　　　　　　　　　　专业工长:×××项目专业质量检查员:×××××年×月×日				
监理单位验收结论		合格　　　　　　　　　　　　　　专业监理工程师:×××××年×月×日				

梯架、托盘、槽盒和导管安装检验批质量验收记录

08050101 001

单位(子单位) 工程名称		××大厦	分部(子分部) 工程名称	智能建筑/综合 布线系统	分项工程名称	梯架、托盘、槽盒 和导管安装
施工单位		××建筑有限公司	项目负责人	×××	检验批容量	1套
分包单位		××建筑工程有限 公司	分包单位 项目负责人	×××	检验批部位	首层1～8/ A～C轴
施工依据		《智能建筑工程施工规范》 GB 50606—2010		验收依据	《智能建筑工程施工规范》 GB 50606—2010	

		验 收 项 目	设计要求及 规范规定	最小/实际 抽样数量	检 查 记 录	检查 结果
主控项目	1	材料、器具、设备进场质量检测	第3.5.1条	—	质量证明文件齐全,通过进 场验收	√
	2	敷设在竖井内和穿越不同防火分区的 桥架及线管的孔洞,应有防火封堵	第4.5.1条 第1款	全/5	共5处,全部检查,合格5处	√
	3	桥架、线管经过建筑物的变形缝处应设 置补偿装置,线缆应留余量	第4.5.1条 第2款	全/5	共5处,全部检查,合格5处	√
	4	桥架、线管及接线盒应可靠接地;当采 用联合接地时,接地电阻不应大于1Ω	第4.5.1条 第4款	全/5	共5处,全部检查,合格5处	√
	5	火灾自动报警系统的材料必须符合防 火设计要求,并按规定验收	第13.1.3条 第3款	—	检验合格,资料齐全	√
	6	火灾自动报警系统应使用桥架和专用 线管	第13.2.1条 第1款	全/5	共5处,全部检查,合格5处	√
	7	桥架、金属线管应作保护接地	第13.2.1条 第3款	全/5	共5处,全部检查,合格5处	√
一般项目	1	桥架切割和钻孔后,应采取防腐措施, 支吊架应做防腐处理	第4.5.2条 第1款	全/5	共5处,全部检查,合格5处	100%
	2	线管两端应设有标志,并应穿带线	第4.5.2条 第2款	全/5	共5处,全部检查,合格5处	100%
	3	线管与控制箱、接线箱、拉线盒等连接 时应采用锁母,线管、箱盒应固定牢固	第4.5.2条 第3款	全/5	共5处,全部检查,合格5处	100%
	4	吊顶内配管,宜使用单独的支吊架固 定,支吊架不得架设在龙骨或其他管道上	第4.5.2条 第4款	全/5	共5处,全部检查,合格5处	100%
	5	套接紧定式钢管连接处应采取密封 措施	第4.5.2条 第5款	全/5	共5处,全部检查,合格5处	100%
	6	桥架应安装牢固、横平竖直,无扭曲 变形	第4.5.2条 第6款	全/5	共5处,全部检查,合格5处	100%
施工单位 检查结果		符合要求 专业工长:××× 项目专业质量检查员:××× ××年×月×日				
监理单位 验收结论		合格 专业监理工程师:××× ××年×月×日				

线缆敷设检验批质量验收记录

08030101 ___001

单位(子单位)工程名称	××大厦	分部(子分部)工程名称	智能建筑/用户电话交换系统	分项工程名称	线缆敷设
施工单位	××建筑有限公司	项目负责人	×××	检验批容量	1套
分包单位	××建筑工程有限公司	分包单位项目负责人	×××	检验批部位	首层1～8/A～C轴
施工依据	《智能建筑工程施工规范》GB 50606—2010		验收依据	《智能建筑工程施工规范》GB 50606—2010	

验收项目			设计要求及规范规定	最小/实际抽样数量	检查记录	检查结果
主控项目	1	材料、器具、设备进场质量检测	第3.5.1条	—	质量证明文件齐全,通过进场验收	√
	2	线缆两端应有防水、耐摩擦的永久性标签,标签书写应清晰、准确	第4.5.1条第3款	—	检验合格,资料齐全	√
	3	报警线缆连接应在端子箱或分支盒内进行,导线连接应采用可靠压接或焊接	第13.2.1条第2款	全/10	共10处,全部检查,合格10处	√
	4	火灾自动报警系统的线缆应符合防火设计要求	第13.1.3条第3款	—	检验合格,资料齐全	√
	5	火灾自动报警系统,按规范检查线缆的种类、电压等级	第13.1.3条第4款	—	检验合格,资料齐全	√
一般项目	1	桥架、线管内线缆间不应拧绞,线缆间不得有接头	第4.5.2条第7款	全/10	共10处,全部检查,合格10处	100%
	2	线缆的最小允许弯曲半径应符合国家标准规定	第4.4.3条	全/10	共10处,全部检查,合格10处	100%
	3	线管出线口与设备接线端子之间,应采用金属软管连接,金属软管长度不宜超过2m,不得将线裸露	第4.4.4条	全/10	共10处,全部检查,合格10处	100%
	4	桥架内线缆应排列整齐,不得拧绞;在线缆进出桥架部位、转弯处应绑扎固定;垂直桥架内线缆绑扎固定点间隔不宜大于1.5m	第4.4.5条	全/10	共10处,全部检查,合格10处	100%
	5	线缆穿越建筑物变形缝时应留置相适应的补偿余量	第4.4.6条	全/1	共1处,全部检查,合格1处	100%

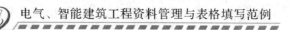

续表

验 收 项 目			设计要求及规范规定	最小/实际抽样数量	检 查 记 录	检查结果
一般项目	6 综合布线	线缆布放应自然平直，不应受外力挤压和损伤	第5.2.1条第1款	全/10	共10处，全部检查，合格10处	100%
		线缆布放宜留不小于0.15m余量	第5.2.1条第2款	全/10	共10处，全部检查，合格10处	100%
		从配线架引向工作区各信息端口4对对绞电缆的长度不应大于90m	第5.2.1条第3款	全/10	共10处，全部检查，合格10处	100%
		线缆敷设拉力及其他保护措施应符合产品厂家的施工要求	第5.2.1条第4款	全/10	共10处，全部检查，合格10处	100%
		线缆弯曲半径宜符合规定	第5.2.1条第5款	全/10	共10处，全部检查，合格10处	100%
		线缆间净距应符合规定	第5.2.1条第6款	全/10	共10处，全部检查，合格10处	100%
		室内光缆桥架内敷设时宜在绑扎固定处加装垫套	第5.2.1条第7款	全/10	共10处，全部检查，合格10处	100%
		线缆敷设施工时，现场应安装稳固的临时线号标签，线缆上配线架、打模块前应安装永久线号标签	第5.2.1条第8款	全/10	共10处，全部检查，合格10处	100%
		线缆经过桥架、管线拐弯处，应保证线缆紧贴底部，且不应悬空、不受牵引力。在桥架的拐弯处应采取绑扎或其他形式固定	第5.2.1条第9款	全/10	共10处，全部检查，合格10处	100%
		距信息点最近的一个过线盒穿线时应宜留有不小于0.15m的余量	第5.2.1条第10款	全/10	共10处，全部检查，合格10处	100%
施工单位检查结果		符合要求 专业工长：××× 项目专业质量检查员：××× ××年×月×日				
监理单位验收结论		合格 专业监理工程师：××× ××年×月×日				

软件安装检验批质量验收记录

08010201 ___001

单位(子单位) 工程名称	××大厦	分部(子分部) 工程名称	智能建筑/智能 化集成系统	分项工程名称	软件安装
施工单位	××建筑有限公司	项目负责人	×××	检验批容量	5套
分包单位	××建筑工程有限 公司	分包单位 项目负责人	×××	检验批部位	首层1~8/ A~C轴
施工依据	《智能建筑工程施工规范》 GB 50606—2010	验收依据		《智能建筑工程施工规范》 GB 50606—2010	

		验收项目	设计要求及 规范规定	最小/实际 抽样数量	检查记录	检查 结果
主控项目	1	软件产品质量检查应符合规定	第3.5.5条	—	质量证明文件齐全,通过进 场验收	√
	2	应为操作系统、数据库、防病毒软件安装最新版本的补丁程序	第11.4.1条	全/5	共5处,全部检查,合格5处	√
	3	软件和设备在启动、运行和关闭过程中不应出现运行时错误	第11.4.1条	全/5	共5处,全部检查,合格5处	√
	4	软件修改后,应通过系统测试和回归测试	第11.4.1条	全/5	共5处,全部检查,合格5处	√
	5	软件在启动、运行和关闭过程中不应出现运行时错误	第15.3.1条 第2款	全/5	共5处,全部检查,合格5处	√
	6	通信接口软件修改后,应通过系统测试和回归测试	第15.3.1条 第3款	全/5	共5处,全部检查,合格5处	√
	7	应根据集成子系统的通信接口、工程资料和设备实际运行情况,对运行数据进行核对	第15.3.1条 第4款	全/5	共5处,全部检查,合格5处	√
	8	系统应能正确实现经会审批准的智能化集成系统的联动功能	第15.3.1条 第5款	全/5	共5处,全部检查,合格5处	√
一般项目	1	应按设计文件为设备安装相应软件系统,系统安装应完整	第6.2.2条	全/5	共5处,全部检查,合格5处	100%
	2	应提供正版软件技术手册	第6.2.2条	全/5	共5处,全部检查,合格5处	100%
	3	服务器不应安装与本系统无关的软件	第6.2.2条	全/5	共5处,全部检查,合格5处	100%
	4	操作系统、防病毒软件应设置为自动更新方式	第6.2.2条	全/5	共5处,全部检查,合格5处	100%
	5	软件系统安装后应能够正常启动、运行和退出	第6.2.2条	全/5	共5处,全部检查,合格5处	100%
	6	在网络安全检验后,服务器方可以在安全系统的保护下与互联网相联,并应对操作系统、防病毒软件升级及更新相应的补丁程序	第6.2.2条	全/5	共5处,全部检查,合格5处	100%
	7	应检验软件系统的操作界面,操作命令不得有二义性	第6.3.2条	全/5	共5处,全部检查,合格5处	100%
	8	应检验软件系统的可扩展性、可容错性和可维护性	第6.3.2条	全/5	共5处,全部检查,合格5处	100%
	9	应检验网络安全管理制度、机房的环境条件、防泄露与保密措施	第6.3.2条	全/5	共5处,全部检查,合格5处	100%
	10	服务器和工作站上应安装防病毒软件,应使其始终处于启用状态	第11.3.7条	全/5	共5处,全部检查,合格5处	100%

续表

	验 收 项 目		设计要求及规范规定	最小/实际抽样数量	检 查 记 录	检查结果
一般项目	11 用户密码	密码长度不应少于8位	第11.3.7条	/5	共5处,全部检查,合格5处	100%
		密码宜为大写字母、小写字母、数字、标点符号的组合	第11.3.7条	/5	共5处,全部检查,合格5处	100%
	12	多台服务器与工作站之间或多个软件之间不得使用完全相同的用户名和密码组合	第11.3.7条	/5	共5处,全部检查,合格5处	100%
	13	应定期对服务器和工作站进行病毒查杀和恶意软件查杀操作	第11.3.7条	/5	共5处,全部检查,合格5处	100%
	14	应依据网络规划和配置方案,配置服务器、工作站等设备的网络地址	第11.4.2条	全/5	共5处,全部检查,合格5处	100%
	15	操作系统、数据库等基础平台软件、防病毒软件应具有正式软件使用(授权)许可证	第11.4.2条	/全	有正版软件使用(授权)许可证,符合规定	√
	16	服务器、工作站的操作系统和防病毒软件应设置为自动更新的运行方式	第11.4.2条	全/	共5处,全部检查,合格5处	100%
	17	应记录服务器、工作站等设备的配置参数	第11.4.2条	全/5	共5处,全部检查,合格5处	100%
	18	应依据网络规划和配置方案,配置服务器、工作站、通信接口转换器、视频编解码器等设备的网络地址	第15.3.2条第1款	全/5	共5处,全部检查,合格5处	100%
	19	操作系统、数据库等基础平台软件、防病毒软件应具有正式软件使用(授权)许可证	第15.3.2条第2款	/全	有正版软件使用(授权)许可证,符合规定	√
	20	服务器、工作站的操作系统应设置为自动更新的运行方式	第15.3.2条第3款	全/5	共5处,全部检查,合格5处	100%
	21	服务器、工作站上应安装防病毒软件,并应设置为自动更新的运行方式	第15.3.2条第4款	全/5	共5处,全部检查,合格5处	100%
	22	应记录服务器、工作站、通信接口转换器、视频编解码器等设备的配置参数	第15.3.2条第5款	全/5	共5处,全部检查,合格5处	100%

施工单位检查结果	符合要求 专业工长:××× 项目专业质量检查员:××× ××年×月×日
监理单位验收结论	合格 专业监理工程师:××× ××年×月×日

系统试运行检验批质量验收记录

08010401 ___001___

单位(子单位) 工程名称	××大厦	分部(子分部) 工程名称	智能建筑/智能 化集成系统	分项工程名称	系统试运行
施工单位	××建筑有限公司	项目负责人	×××	检验批容量	1套
分包单位	××建筑工程有限 公司	分包单位 项目负责人	×××	检验批部位	首层1~8/ A~C轴
施工依据	《智能建筑工程施工规范》 GB 50606—2010		验收依据	《智能建筑工程质量验收 规范》GB 50339—2013	

验 收 项 目			设计要求及 规范规定	最小/实际 抽样数量	检 查 记 录	检查 结果
主控项目	1	系统试运行应连续进 行120h	第3.1.3条	—	连续运行满120h,符 合规定	√
	2	试运行中出现系统故障 时,应重新开始计时,直至连 续运行满120h	第3.1.3条	—	—	—
	3	系统功能符合设计要求	设计要求	全/1	共1处,全部检查,合 格1处	√

施工单位 检查结果	符合要求 专业工长:××× 项目专业质量检查员:××× ××年×月×日
监理单位 验收结论	合格 专业监理工程师:××× ××年×月×日

智能化集成系统接口及系统调试检验批质量验收记录

08010301 __001__

单位(子单位) 工程名称	××大厦	分部(子分部) 工程名称	智能建筑/智能 化集成系统	分项工程名称	接口及系统 调试
施工单位	××建筑有限公司	项目负责人	×××	检验批容量	1套
分包单位	××建筑工程有限 公司	分包单位 项目负责人	×××	检验批部位	首层1~8/ A~C轴
施工依据	《智能建筑工程施工规范》 GB 50606—2010		验收依据	《智能建筑工程质量验收 规范》GB 50339—2013	

		验 收 项 目	设计要求及 规范规定	最小/实际 抽样数量	检 查 记 录	检查 结果
主控项目	1	接口功能	第4.0.4条	全/5	共5处,全部检查,合格5处	√
	2	集中监视、储存和统 计功能	第4.0.5条	8/8	抽查8处,合格8处	√
	3	报警监视及处理功能	第4.0.6条	1/1	抽查1处,合格1处	√
	4	控制和调节功能	第4.0.7条	全/5	共5处,全部检查,合格5处	√
	5	联动配置及管理功能	第4.0.8条	全/5	共5处,全部检查,合格5处	√
	6	权限管理功能	第4.0.9条	全/5	共5处,全部检查,合格5处	√
	7	冗余功能	第4.0.10条	全/5	共5处,全部检查,合格5处	√
一般项目	1	文件报表生成和打印 功能	第4.0.11条	全/5	共5处,全部检查,合格5处	100%
	2	数据分析功能	第4.0.12条	全/5	共5处,全部检查,合格5处	100%

施工单位 检查结果	符合要求 专业工长:××× 项目专业质量检查员:××× ××年×月×日
监理单位 验收结论	合格 专业监理工程师:××× ××年×月×日

用户电话交换系统接口及系统调试检验批质量验收记录

08030401 __001__

单位(子单位)工程名称	××大厦	分部(子分部)工程名称	智能建筑/用户电话交换系统	分项工程名称	接口及系统调试
施工单位	××建筑有限公司	项目负责人	×××	检验批容量	1套
分包单位	××建筑工程有限公司	分包单位项目负责人	×××	检验批部位	首层1~8/A~C轴
施工依据	《智能建筑工程施工规范》GB 50606—2010		验收依据	《智能建筑工程质量验收规范》GB 50339—2013	

		验收项目	设计要求及规范规定	最小/实际抽样数量	检查记录	检查结果
主控项目	1	业务测试	第6.0.6条	全/10	共10处,全部检查,合格10处	√
	2	信令方式测试	第6.0.6条	全/10	共10处,全部检查,合格10处	√
	3	系统互通测试	第6.0.6条	全/10	共10处,全部检查,合格10处	√
	4	网络管理测试	第6.0.6条	全/10	共10处,全部检查,合格10处	√
	5	计费功能测试	第6.0.6条	全/10	共10处,全部检查,合格10处	√
施工单位检查结果	符合要求 专业工长:××× 项目专业质量检查员:××× ××年×月×日					
监理单位验收结论	合格 专业监理工程师:××× ××年×月×日					

信息网络系统调试检验批质量验收记录

08040501　001

单位(子单位) 工程名称	××大厦	分部(子分部) 工程名称	智能建筑/信息 网络系统	分项工程名称	系统调试
施工单位	××建筑有限公司	项目负责人	×××	检验批容量	1套
分包单位	××建筑工程有限 公司	分包单位 项目负责人	×××	检验批部位	首层1~8/ A~C轴
施工依据	《智能建筑工程施工规范》 GB 50606—2010		验收依据	《智能建筑工程质量验收规范》 GB 50339—2013	

		验收项目	设计要求及 规范规定	最小/实际 抽样数量	检查记录	检查 结果
主控项目	1	计算机网络系统连通性	第7.2.3条	2/2	抽查2处,合格2处	√
	2	计算机网络系统传输时延和丢包率	第7.2.4条	3/3	抽查3处,合格3处	√
	3	计算机网络系统路由	第7.2.5条	全/5	共5处,全部检查,合格5处	√
	4	计算机网络系统组播功能	第7.2.6条	全/5	共5处,全部检查,合格5处	√
	5	计算机网络系统QoS功能	第7.2.7条	全/5	共5处,全部检查,合格5处	√
	6	计算机网络系统容错功能	第7.2.8条	7/7	抽查7处,合格7处	√
	7	计算机网络系统无线局域网的功能	第7.2.9条	全/5	共5处,全部检查,合格5处	√
	8	网络安全系统安全保护技术措施	第7.3.2条	全/5	共5处,全部检查,合格5处	√
	9	网络安全系统安全审计功能	第7.3.3条	全/5	共5处,全部检查,合格5处	√
	10	网络安全系统有物理隔离要求的网络的物理隔离检测	第7.3.4条	全/5	共5处,全部检查,合格5处	√
	11	网络安全系统无线接入认证的控制策略	第7.3.5条	全/5	共5处,全部检查,合格5处	√
一般项目	1	计算机网络系统网络管理功能	第7.2.10条	全/5	共5处,全部检查,合格5处	100%
	2	网络安全系统远程管理时,防窃听措施	第7.3.6条	全/5	共5处,全部检查,合格5处	100%
施工单位 检查结果	符合要求 专业工长:××× 项目专业质量检查员:××× ××年×月×日					
监理单位 验收结论	合格 专业监理工程师:××× ××年×月×日					

综合布线系统调试检验批质量验收记录

08050701 ___001___

单位(子单位)工程名称	××大厦	分部(子分部)工程名称	智能建筑/综合布线系统	分项工程名称	系统调试
施工单位	××建筑有限公司	项目负责人	×××	检验批容量	1套
分包单位	××建筑工程有限公司	分包单位项目负责人	×××	检验批部位	首层1~8/A~C轴
施工依据	《智能建筑工程施工规范》GB 50606—2010		验收依据	《智能建筑工程质量验收规范》GB 50339—2013	

		验 收 项 目	设计要求及规范规定	最小/实际抽样数量	检 查 记 录	检查结果
主控项目	1	对绞电缆链路或信道和光纤链路或信道的检测	第8.0.5条	1/1	抽查1处,合格1处	√
一般项目	1	标签和标识检测,综合布线管理软件功能	第8.0.6条	1/1	抽查1处,合格1处	100%
	2	电子配线架管理软件	第8.0.7条	1/1	抽查1处,合格1处	100%

施工单位检查结果	符合要求 专业工长:××× 项目专业质量检查员:××× ××年×月×日
监理单位验收结论	合格 专业监理工程师:××× ××年×月×日

有线电视及卫星电视接收系统调试检验批质量验收记录

08080501 ___001

单位(子单位) 工程名称	××大厦	分部(子分部) 工程名称	智能建筑/有线 电视及卫星电视 接收系统	分项工程名称	有线电视及卫 星电视接收系 统调试
施工单位	××建筑有限公司	项目负责人	×××	检验批容量	6套
分包单位	××建筑工程有限 公司	分包单位 项目负责人	×××	检验批部位	首层1~8/ A~C轴
施工依据	《智能建筑工程施工规范》 GB 50606—2010	验收依据		《智能建筑工程质量验收规范》 GB 50339—2013	

验收项目			设计要求及 规范规定	最小/实际 抽样数量	检查记录	检查 结果
主控项目	1	客观测试	第11.0.3条	全/6	共6处,全部检查,合格6处	√
	2	主观评价	第11.0.4条	全/6	共6处,全部检查,合格6处	√
一般项目	1	HFC网络和双向数字电视系统下行指标的测试	第11.0.5条	全/6	共6处,全部检查,合格6处	100%
	2	HFC网络和双向数字电视系统上行指标的测试	第11.0.6条	全/6	共6处,全部检查,合格6处	100%
	3	有线数字电视主观评价	第11.0.7条	全/6	共6处,全部检查,合格6处	100%

施工单位 检查结果	符合要求 专业工长:××× 项目专业质量检查员:××× ××年×月×日
监理单位 验收结论	合格 专业监理工程师:××× ××年×月×日

公共广播系统调试检验批质量验收记录

08090501 001

单位(子单位)工程名称	××大厦	分部(子分部)工程名称	智能建筑/公共广播系统	分项工程名称	系统调试
施工单位	××建筑有限公司	项目负责人	×××	检验批容量	5套
分包单位	××建筑工程有限公司	分包单位项目负责人	×××	检验批部位	首层A~C/1~8轴
施工依据	《智能建筑工程施工规范》GB 50606—2010		验收依据	《智能建筑工程质量验收规范》GB 50339—2013	

		验收项目	设计要求及规范规定	最小/实际抽样数量	检查记录	检查结果
主控项目	1	当紧急广播系统具有火灾应急广播功能时,应检查传输线缆、槽盒和导管的防火保护措施	第12.0.2条	全/5	共5处,全部检查,合格5处	√
	2	公共广播系统的应备声压级	第12.0.4条	全/5	共5处,全部检查,合格5处	√
	3	主观评价	第12.0.5条	全/5	共5处,全部检查,合格5处	√
	4	紧急广播的功能和性能	第12.0.6条	全/5	共5处,全部检查,合格5处	√
一般项目	1	业务广播和背景广播的功能	第12.0.7条	全/5	共5处,全部检查,合格5处	100%
	2	公共广播系统的声场不均匀度、漏出声衰减及系统设备信噪比	第12.0.8条	全/5	共5处,全部检查,合格5处	100%
	3	公共广播系统的扬声器分布	第12.0.9条	全/5	共5处,全部检查,合格5处	100%

施工单位检查结果	符合要求 专业工长:××× 项目专业质量检查员:××× ××年×月×日
监理单位验收结论	合格 专业监理工程师:××× ××年×月×日

会议系统调试检验批质量验收记录

08100501　001

单位(子单位)工程名称	××大厦	分部(子分部)工程名称	智能建筑/会议系统	分项工程名称	系统调试
施工单位	××建筑有限公司	项目负责人	×××	检验批容量	5套
分包单位	××建筑工程有限公司	分包单位项目负责人	×××	检验批部位	首层1~8/A~C轴
施工依据	《智能建筑工程施工规范》GB 50606—2010		验收依据	《智能建筑工程质量验收规范》GB 50339—2013	

验 收 项 目			设计要求及规范规定	最小/实际抽样数量	检 查 记 录	检查结果
主控项目	1	会议扩声系统声学特性指标	第13.0.5条	全/5	共5处,全部检查,合格5处	√
	2	会议视频显示系统显示特性指标	第13.0.6条	全/5	共5处,全部检查,合格5处	√
	3	具有会议电视功能的会议灯光系统的平均照度值	第13.0.7条	全/5	共5处,全部检查,合格5处	√
	4	与火灾自动报警系统的联动功能	第13.0.8条	全/5	共5处,全部检查,合格5处	√
一般项目	1	会议电视系统检测	第13.0.9条	全/5	共5处,全部检查,合格5处	100%
	2	其他系统检测	第13.0.10条	全/5	共5处,全部检查,合格5处	100%

施工单位检查结果	符合要求 专业工长:××× 项目专业质量检查员:××× ××年×月×日
监理单位验收结论	合格 专业监理工程师:××× ××年×月×日

信息导引及发布系统显示设备安装检验批质量验收记录

08110301 ___001

单位(子单位)工程名称		××大厦	分部(子分部)工程名称	智能建筑/信息引导及发布系统	分项工程名称	显示设备安装
施工单位		××建筑有限公司	项目负责人	×××	检验批容量	5台
分包单位		××建筑工程有限公司	分包单位项目负责人	×××	检验批部位	首层1~8/A~C轴
施工依据		《智能建筑工程施工规范》GB 50606—2010	验收依据		《智能建筑工程施工规范》GB 50606—2010	

		验 收 项 目	设计要求及规范规定	最小/实际抽样数量	检 查 记 录	检查结果
主控项目	1	材料、器具、设备进场质量检测	第3.5.1条	—	质量证明文件齐全,通过进场验收	√
	2	多媒体显示屏安装必须牢固	第10.3.1条	全/5	共5处,全部检查,合格5处	√
	3	供电和通讯传输系统必须连接可靠,确保应用要求	第10.3.1条	全/5	共5处,全部检查,合格5处	√
一般项目	1	设备、线缆标识应清晰、明确	第10.3.2条	全/5	共5处,全部检查,合格5处	100%
	2	各设备、器件、盒、箱、线缆等的安装应符合设计要求,并应做到布局合理、排列整齐、牢固可靠、线缆连接正确、压接牢固	第10.3.2条	全/5	共5处,全部检查,合格5处	100%
	3	馈线连接头应牢固安装,接触应良好,并应采取防雨、防腐措施	第10.3.2条	全/5	共5处,全部检查,合格5处	100%
	4	触摸屏与显示屏的安装位置应对人行通道无影响	第10.2.3条	全/5	共5处,全部检查,合格5处	100%
	5	触摸屏、显示屏应安装在没有强电磁辐射源及干燥的地方	第10.2.3条	全/5	共5处,全部检查,合格5处	100%
	6	与相关专业协调并在现场确定落地式显示屏安装钢架的承重能力应满足设计要求	第10.2.3条	全/5	共5处,全部检查,合格5处	100%
	7	室外安装的显示屏应做好防漏电、防雨措施,并应满足IP65防护等级标准	第10.2.3条	全/5	共5处,全部检查,合格5处	100%
施工单位检查结果		符合要求 专业工长:××× 项目专业质量检查员:××× ××年×月×日				
监理单位验收结论		合格 专业监理工程师:××× ××年×月×日				

时钟系统调试检验批质量验收记录

08120501 __001

单位(子单位)工程名称	××大厦	分部(子分部)工程名称	智能建筑/时钟系统	分项工程名称	系统调试
施工单位	××建筑有限公司	项目负责人	×××	检验批容量	5套
分包单位	××建筑工程有限公司	分包单位项目负责人	×××	检验批部位	首层1~8/A~C轴
施工依据	《智能建筑工程施工规范》GB 50606—2010		验收依据	《智能建筑工程质量验收规范》GB 50339—2013	

验收项目			设计要求及规范规定	最小/实际抽样数量	检查记录	检查结果
主控项目	1	母钟与时标信号接收器同步、母钟对子钟同步校时的功能	第15.0.3条	全/5	共5处,全部检查,合格5处	√
	2	平均瞬时日差指标	第15.0.4条	全/5	共5处,全部检查,合格5处	√
	3	时钟显示的同步偏差	第15.0.5条	全/5	共5处,全部检查,合格5处	√
	4	授时校准功能	第15.0.6条	全/5	共5处,全部检查,合格5处	√
一般项目	1	母钟、子钟和时间服务器等运行状态的监测功能	第15.0.7条	全/5	共5处,全部检查,合格5处	100%
	2	自动恢复功能	第15.0.8条	全/5	共5处,全部检查,合格5处	100%
	3	系统的使用可靠性	第15.0.9条	全/5	共5处,全部检查,合格5处	100%
	4	有日历显示的时钟换历功能	第15.0.10条	全/5	共5处,全部检查,合格5处	100%

施工单位检查结果	符合要求 专业工长:××× 项目专业质量检查员:××× ××年×月×日
监理单位验收结论	合格 专业监理工程师:××× ××年×月×日

信息化应用系统调试检验批质量验收记录

08130501　001

单位(子单位)工程名称		××大厦	分部(子分部)工程名称	智能建筑/信息化应用系统	分项工程名称	系统调试
施工单位		××建筑有限公司	项目负责人	×××	检验批容量	5套
分包单位		××建筑工程有限公司	分包单位项目负责人	×××	检验批部位	首层1~8/A~C轴
施工依据		《智能建筑工程施工规范》GB 50606—2010		验收依据	《智能建筑工程质量验收规范》GB 50339—2013	

验收项目			设计要求及规范规定	最小/实际抽样数量	检查记录	检查结果
主控项目	1	检查设备的性能指标	第16.0.4条	全/5	共5处,全部检查,合格5处	√
	2	业务功能和业务流程	第16.0.5条	全/5	共5处,全部检查,合格5处	√
	3	应用软件功能和性能测试	第16.0.6条	全/5	共5处,全部检查,合格5处	√
	4	应用软件修改后回归测试	第16.0.7条	全/5	共5处,全部检查,合格5处	√
一般项目	1	应用软件功能和性能测试	第16.0.8条	全/5	共5处,全部检查,合格5处	100%
	2	运行软件产品的设备中与应用软件无关的软件检查	第16.0.9条	全/5	共5处,全部检查,合格5处	100%

施工单位检查结果	符合要求 专业工长:××× 项目专业质量检查员:××× ××年×月×日
监理单位验收结论	合格 专业监理工程师:××× ××年×月×日

建筑设备监控系统调试检验批质量验收记录

08140801　001

单位(子单位) 工程名称	××大厦	分部(子分部) 工程名称	智能建筑/建筑 设备监控系统	分项工程名称	系统调试分项
施工单位	××建筑有限公司	项目负责人	×××	检验批容量	1套
分包单位	××建筑工程有限 公司	分包单位 项目负责人	×××	检验批部位	首层1～8/ A～C轴
施工依据	《智能建筑工程施工规范》 GB 50606—2010		验收依据	《智能建筑工程质量验收规范》 GB 50339—2013	

验收项目			设计要求及 规范规定	最小/实际 抽样数量	检查记录	检查 结果
主控项目	1	暖通空调监控系统的功能	第17.0.5条	全/5	共5处,全部检查,合格 5处	√
	2	变配电监测系统的功能	第17.0.6条	10/10	抽查10处,合格10处	√
	3	公共照明监控系统的功能	第17.0.7条	9/9	抽查9处,合格9处	√
	4	给排水监控系统的功能	第17.0.8条	8/8	抽查8处,合格8处	√
	5	电梯和自动扶梯监测系统 启停、上下行、位置、故障等 运行状态显示功能	第17.0.9条	全/5	共5处,全部检查,合格 5处	√
	6	能耗监测系统能耗数据的 显示、记录、统计、汇总及趋 势分析等功能	第17.0.10条	全/5	共5处,全部检查,合格 5处	√
	7	中央管理工作站与操作分 站功能及权限	第17.0.11条	5/5	共5处,全部检查,合格 5处	√
	8	系统实时性	第17.0.12条	4/4	抽查4处,合格4处	√
	9	系统可靠性	第17.0.13条	全/5	共5处,全部检查,合格 5处	√
一般项目	1	系统可维护性	第17.0.14条	全/5	共5处,全部检查,合格 5处	100%
	2	系统性能评测项目	第17.0.15条	全/5	共5处,全部检查,合格 5处	100%
施工单位 检查结果	符合要求 专业工长：××× 项目专业质量检查员：××× ××年×月×日					
监理单位 验收结论	合格 专业监理工程师：××× ××年×月×日					

火灾自动报警系统调试检验批质量验收记录

08150701 ___001

单位(子单位) 工程名称	××大厦	分部(子分部) 工程名称	智能建筑/火灾 自动报警系统	分项工程名称	火灾自动报警 系统调试
施工单位	××建筑有限公司	项目负责人	×××	检验批容量	1 套
分包单位	××建筑工程有限 公司	分包单位 项目负责人	×××	检验批部位	首层 1～8/A～C 轴
施工依据	《智能建筑工程施工规范》 GB 50606—2010		验收依据	《智能建筑工程质量验收规范》 GB 50339—2013	

	验收项目	设计要求及 规范规定	最小/实际 抽样数量	检查记录	检查 结果
主控项目	1 火灾报警控制器调试	第18.0.2条	全/60	共60处,全部检查,合格60处	√
	2 点型感烟、感温火灾探测器调试	第18.0.2条	全/55	共55处,全部检查,合格55处	√
	3 红外光束感烟火灾探测器调试	第18.0.2条	全/32	共32处,全部检查,合格32处	√
	4 线型感温火灾探测器调试	第18.0.2条	全/31	共31处,全部检查,合格31处	√
	5 红外光束感烟火灾探测器调试	第18.0.2条	—	—	
	6 通过管路采样的吸气式火灾探测器调试	第18.0.2条	—	—	
	7 点型火焰探测器和图像型火灾探测器调试	第18.0.2条	全/13	共13处,全部检查,合格13处	√
	8 手动火灾报警按钮调试	第18.0.2条	全/11	共11处,全部检查,合格11处	√
	9 消防联动控制器调试	第18.0.2条	全/16	共16处,全部检查,合格16处	√
	10 区域显示器(火灾显示盘)调试	第18.0.2条	全/3	共3处,全部检查,合格3处	√
	11 可燃气体报警控制器调试	第18.0.2条	全/2	共2处,全部检查,合格2处	√
	12 可燃气体探测器调试	第18.0.2条	全/12	共12处,全部检查,合格12处	√
	13 消防电话调试	第18.0.2条	全/16	共16处,全部检查,合格16处	√
	14 消防应急广播设备调试	第18.0.2条	全/18	共18处,全部检查,合格18处	√
	15 系统备用电源调试	第18.0.2条	全/3	共3处,全部检查,合格3处	√
	16 消防设备应急电源调试	第18.0.2条	全/3	共3处,全部检查,合格3处	√
	17 消防控制中心图像显示装置调试	第18.0.2条	全/3	共3处,全部检查,合格3处	√
	18 气体灭火控制器调试	第18.0.2条	全/12	共12处,全部检查,合格12处	√
	19 防火卷帘控制器调试	第18.0.2条	全/2	共2处,全部检查,合格2处	√
	20 其他受控部件调试	第18.0.2条	全/3	共3处,全部检查,合格3处	√
	21 火灾自动报警系统的系统性能调试	第18.0.2条	全/5	共5处,全部检查,合格5处	√

施工单位 检查结果	符合要求 专业工长:××× 项目专业质量检查员:××× ××年×月×日
监理单位 验收结论	合格 专业监理工程师:××× ××年×月×日

安全技术防范系统调试检验批质量验收记录

单位(子单位)工程名称	××大厦		分部(子分部)工程名称	智能建筑/安全技术防范系统	分项工程名称	安全技术防范系统调试
施工单位	××建筑有限公司		项目负责人	×××	检验批容量	5套
分包单位	××建筑工程有限公司		分包单位项目负责人	×××	检验批部位	首层1~8/A~C轴
施工依据	《智能建筑工程施工规范》GB 50606—2010			验收依据	《智能建筑工程质量验收规范》GB 50339—2013	

验 收 项 目			设计要求及规范规定	最小/实际抽样数量	检 查 记 录	检查结果
主控项目	1	安全防范综合管理系统的功能	第19.0.5条	全/5	共5处,全部检查,合格5处	√
	2	视频安防监控系统控制功能、监视功能、显示功能、存储功能、回放功能、报警联动功能和图像丢失报警功能	第19.0.6条	全/5	共5处,全部检查,合格5处	√
	3	入侵报警系统的入侵报警功能、防破坏及故障报警功能、记录及显示功能、系统自检功能、系统报警响应时间、报警复核功能、报警声级、报警优先功能	第19.0.7条	全/5	共5处,全部检查,合格5处	√
	4	出入口控制系统的出入目标识读装置功能、信息处理/控制设备功能、执行机构功能、报警功能和访客对讲功能	第19.0.8条	全/5	共5处,全部检查,合格5处	√
	5	电子巡查系统的巡查设置功能、记录打印功能、管理功能	第19.0.9条	全/5	共5处,全部检查,合格5处	√
	6	停车库(场)管理系统的识别功能、控制功能、报警功能、出票验票功能、管理功能和显示功能	第19.0.10条	全/5	共5处,全部检查,合格5处	√
一般项目	1	监控中心管理软件中电子地图显示的设备位置	第19.0.11条	全/5	共5处,全部检查,合格5处	100%
	2	安全性及电磁兼容性	第19.0.12条	全/5	共5处,全部检查,合格5处	100%

施工单位检查结果	符合要求 专业工长:××× 项目专业质量检查员:××× ××年×月×日
监理单位验收结论	合格 专业监理工程师:××× ××年×月×日

应急响应系统调试检验批质量验收记录

08170301　001

单位(子单位) 工程名称	××大厦	分部(子分部) 工程名称	智能建筑/应急 响应系统	分项工程名称	系统调试
施工单位	××建筑有限公司	项目负责人	×××	检验批容量	1套
分包单位	××建筑工程有限 公司	分包单位 项目负责人	×××	检验批部位	首层1~8/ A~C轴
施工依据	《智能建筑工程施工规范》 GB 50606—2010		验收依据	《智能建筑工程质量验收规范》 GB 50339—2013	

验 收 项 目			设计要求及 规范规定	最小/实际 抽样数量	检 查 记 录	检查 结果
主控项目	1	功能检测	第20.0.2条	全/1	共1处,全部检查,合格1处	√

施工单位 检查结果	符合要求 　　　　　　　　　　专业工长:××× 　　　　　　项目专业质量检查员:××× 　　　　　　　　　　　××年×月×日
监理单位 验收结论	合格 　　　　　　　　专业监理工程师:××× 　　　　　　　　　　××年×月×日

机房工程系统调试检验批质量验收记录

08181001　001

单位(子单位)工程名称	××大厦	分部(子分部)工程名称	智能建筑/机房	分项工程名称	系统调试
施工单位	××建筑有限公司	项目负责人	×××	检验批容量	1套
分包单位	××建筑工程有限公司	分包单位项目负责人	×××	检验批部位	首层1~8/A~C轴
施工依据	《智能建筑工程施工规范》GB 50606—2010		验收依据	《智能建筑工程质量验收规范》GB 50339—2013	

		验 收 项 目	设计要求及规范规定	最小/实际抽样数量	检 查 记 录	检查结果
主控项目	1	供配电系统的输出电能质量	第21.0.4条	全/2	共2处,全部检查,合格2处	√
	2	不间断电源的供电时延	第21.0.5条	全/3	共3处,全部检查,合格3处	√
	3	静电防护措施	第21.0.6条	全/5	共5处,全部检查,合格5处	√
	4	弱电间检测	第21.0.7条	全/2	共2处,全部检查,合格2处	√
	5	机房供配电系统、防雷与接地系统、空气调节系统、给水排水系统、综合布线系统、监控与安全防范系统、消防系统、室内装饰装修和电磁屏蔽等系统检测	第21.0.8条	全/9	共9处,全部检查,合格9处	√
施工单位检查结果		符合要求 专业工长:××× 项目专业质量检查员:××× ××年×月×日				
监理单位验收结论		合格 专业监理工程师:××× ××年×月×日				

机房防雷与接地系统检验批质量验收记录

08180201　001

单位(子单位)工程名称	××大厦	分部(子分部)工程名称	智能建筑/机房	分项工程名称	防雷与接地系统
施工单位	××建筑有限公司	项目负责人	×××	检验批容量	1套
分包单位	××建筑工程有限公司	分包单位项目负责人	×××	检验批部位	首层1~8/A~C轴
施工依据	《智能建筑工程施工规范》GB 50606—2010		验收依据	《智能建筑工程施工规范》GB 50606—2010	

		验收项目	设计要求及规范规定	最小/实际抽样数量	检查记录	检查结果
主控项目	1	材料、器具、设备进场质量检测	第3.5.1条	—	质量证明文件齐全,通过进场验收	√
	2 材料、器具、设备进场质量检测	接地装置的结构、材质、连接方法、安装位置、埋设间距、深度及安装方法应符合设计要求	第17.2.3条	全/5	共5处,全部检查,合格5处	√
		接地装置的外露接点外观检查应符合规定	第17.2.3条	全/5	共5处,全部检查,合格5处	√
		浪涌保护器的规格、型号应符合设计要求;安装位置和方式应符合设计要求或产品安装说明书的要求	第17.2.3条	全/3	共3处,全部检查,合格3处	√
		接地线规格、敷设方法及其与等电位金属带的连接方法应符合设计要求	第17.2.3条	全/3	共3处,全部检查,合格3处	√
		等电位联结金属带的规格、敷设方法应符合设计要求	第17.2.3条	全/7	共7处,全部检查,合格7处	√
		接地装置的接地电阻值应符合设计要求	第17.2.3条	全/3	共3处,全部检查,合格3处	√

施工单位检查结果	符合要求 专业工长:××× 项目专业质量检查员:××× ××年×月×日
监理单位验收结论	合格 专业监理工程师:××× ××年×月×日

设备安装检验批质量验收记录

08010101　001

单位(子单位) 工程名称	××大厦	分部(子分部) 工程名称	智能建筑/智能化 集成系统	分项工程名称	设备安装
施工单位	××建筑有限公司	项目负责人	×××	检验批容量	5台
分包单位	××建筑工程有限 公司	分包单位 项目负责人	×××	检验批部位	首层1~8/ A~C轴
施工依据	《智能建筑工程施工规范》 GB 50606—2010		验收依据	《智能建筑工程施工规范》 GB 50606—2010	

		验 收 项 目	设计要求及 规范规定	最小/实际 抽样数量	检 查 记 录	检查 结果
主控项目	1	材料、器具、设备进场质量检测	第3.5.1条	—	质量证明文件齐全,通过进场 验收	√
	2	系统安全专用产品必须具有公安部 计算机管理监察部门审批颁发的计算 机信息系统安全专用产品销售许可证	第6.1.2条	—	具备安全专用产品销售许可 证,编号为××××	√
	3	集成子系统提供的技术文件应符合 规定,产品资料内容齐全	第15.1.2条	—	文件符合规定,资料齐全	√
一般项目	1	安装位置应符合设计要求,安装应平 稳牢固,并应便于操作维护	第6.2.1条	全/5	共5处,全部检查,合格5处	100%
	2	机柜内安装的设备应有通风散热措 施,内部接插件与设备连接应牢固	第6.2.1条	全/5	共5处,全部检查,合格5处	100%
	3	承重要求大于600kg/㎡的设备应单 独制作设备基座,不应直接安装在抗静 电地板上	第6.2.1条	全/5	共5处,全部检查,合格5处	100%
	4	对有序列号的设备应登记设备的序 列号	第6.2.1条	全/5	共5处,全部检查,合格5处	100%
	5	应对有源设备进行通电检查,设备应 工作正常	第6.2.1条	全/5	共5处,全部检查,合格5处	100%
	6	跳线连接应规范,线缆排列应有序, 线缆上应有正确牢固的标签	第6.2.1条	全/5	共5处,全部检查,合格5处	100%
	7	设备安装机柜应张贴设备系统连线 示意图	第6.2.1条	全/5	共5处,全部检查,合格5处	100%
	8	网络安全设备安装应符合设计要求	设计要求	全/5	共5处,全部检查,合格5处	100%
	9	集成子系统的硬线连接和设备接口 连接应符合规定	第15.3.1条 第1款	全/5	共5处,全部检查,合格5处	100%
	10	设备在启动、运行和关闭过程中不应 出现运行时错误	第15.3.1条 第2款	全/5	共5处,全部检查,合格5处	100%
	11	应急响应系统设备安装应符合设计 要求	设计要求	全/5	共5处,全部检查,合格5处	100%
施工单位 检查结果		符合要求 　　　　　　　　　　　　　专业工长:××× 　　　　　　　　　项目专业质量检查员:××× 　　　　　　　　　　　　　　　　××年×月×日				
监理单位 验收结论		合格 　　　　　　　　　　　专业监理工程师:××× 　　　　　　　　　　　　　　　　××年×月×日				

用户电话交换系统设备安装检验批质量验收记录

08030201 001

单位(子单位)工程名称	××大厦	分部(子分部)工程名称	智能建筑/用户电话交换系统	分项工程名称	设备安装
施工单位	××建筑有限公司	项目负责人	×××	检验批容量	5套
分包单位	××建筑工程有限公司	分包单位项目负责人	×××	检验批部位	首层1~8/A~C轴
施工依据	《智能建筑工程施工规范》GB 50606—2010		验收依据	《智能建筑工程施工规范》GB 50606—2010	

	验 收 项 目	设计要求及规范规定	最小/实际抽样数量	检 查 记 录	检查结果
主控项目	1 材料、器具、设备进场质量检测	第3.5.1条	—	质量证明文件齐全,通过进场验收	√
一般项目	1 机房的环境条件进行检查	第10.2.1条	全/5	共5处,全部检查,合格5处	100%
	2 交换机机柜,上下两端垂直偏差	≤3mm	全/5	共5处,全部检查,合格5处	100%
	3 机柜应排列成直线,每5m误差	≤5mm	全/5	共5处,全部检查,合格5处	100%
	4 各种配线架各直列上下两端垂直偏差	≤3mm	全/5	共5处,全部检查,合格5处	100%
	5 各种配线架底座水平误差(每米)	≤2mm	全/5	共5处,全部检查,合格5处	100%
	6 机架、配线架应按施工图的抗震要求进行加固	第10.2.1条	全/5	共5处,全部检查,合格5处	100%
	7 直流电源线连同所接的列内电源线,应测试正负线间和负线对地间的绝缘电阻,绝缘电阻均不得小于1MΩ	第10.2.1条	全/5	共5处,全部检查,合格5处	100%
	8 交换系统使用的交流电源线芯线间和芯线对地的绝缘电阻均不得小于1MΩ	第10.2.1条	全/5	共5处,全部检查,合格5处	100%
	9 交换系统用的交流电源线应有保护接地线	第10.2.1条	全/5	共5处,全部检查,合格5处	100%

验 收 项 目			设计要求及规范规定	最小/实际抽样数量	检 查 记 录	检查结果
一 般 项 目	交换机设备通电前检查	10	各种电路板数量、规格、接线及机架的安装位置、标识	第10.2.1条	全/5	共5处,全部检查,合格5处	100%
		11	各机架所有的熔断器规格应符合要求,检查各功能单元电源开关应处于关闭状态	第10.2.1条	全/5	共5处,全部检查,合格5处	100%
		12	设备的各种选择开关应置于初始位置	第10.2.1条	全/5	共5处,全部检查,合格5处	100%
		13	设备的供电电源线,接地线规格应符合设计要求,并端接应正确、牢固	第10.2.1条	全/5	共5处,全部检查,合格5处	100%
		14	应测量机房主电源输入电压,确定正常后,方可进行通电测试	第10.2.1条	全/5	共5处,全部检查,合格5处	100%
		15	设备、线缆标识应清晰、明确	第10.3.2条	全/5	共5处,全部检查,合格5处	100%
		16	电话交换系统安装各种业务板及业务板电缆,信号线和电源应分别引入	第10.3.2条	全/5	共5处,全部检查,合格5处	100%
		17	各设备、器件、盒、箱、线缆等的安装应符合设计要求,并应做到布局合理、排列整齐、牢固可靠、线缆连接正确、压接牢固	第10.3.2条	全/5	共5处,全部检查,合格5处	100%
		18	馈线连接头应牢固安装,接触应良好,并应采取防雨、防腐措施	第10.3.2条	全/5	共5处,全部检查,合格5处	100%

施工单位检查结果	符合要求 <div align="right">专业工长:××× 项目专业质量检查员:××× ××年×月×日</div>
监理单位验收结论	合格 <div align="right">专业监理工程师:××× ××年×月×日</div>

机柜、机架、配线架安装检验批质量验收记录

08050301 ___001

单位(子单位) 工程名称	××大厦	分部(子分部) 工程名称	智能建筑/综合 布线系统	分项工程名称	机柜、机架、 配线架安装
施工单位	××建筑有限公司	项目负责人	×××	检验批容量	5件
分包单位	××建筑工程有限 公司	分包单位 项目负责人	×××	检验批部位	首层1～8/ A～C轴
施工依据	《智能建筑工程施工规范》 GB 50606—2010		验收依据	《智能建筑工程施工规范》 GB 50606—2010	

验 收 项 目		设计要求及 规范规定	最小/实际 抽样数量	检 查 记 录	检查 结果
主控项目	1 材料、器具、设备进场质量 检测	第3.5.1条	—	质量证明文件齐全, 通过进场验收	√
	2 机柜应可靠接地	第5.2.5条	全/5	共5处,全部检查,合 格5处	√
	3 机柜、机架、配线设备箱 体、电缆桥架及线槽等设备 的安装应牢固,如有抗震要 求,应按抗震设计进行加固	第5.3.1条	全/5	共5处,全部检查,合 格5处	√
一般项目	1 机柜、机架安装位置应符 合设计要求	第5.3.1条	全/5	共5处,全部检查,合 格5处	100%
	2 机柜、机架安装垂直度	≤3mm	全/5	共5处,全部检查,合 格5处	100%
	3 机柜、机架上的各种零件 不得脱落或碰坏	第5.3.1条	全/5	共5处,全部检查,合 格5处	100%
	4 漆面不应有脱落及划痕, 各种标志应完整、清晰	第5.3.1条	全/5	共5处,全部检查,合 格5处	100%
	5 配线部件应完整,安装就 位,标志齐全	第5.3.1条	全/5	共5处,全部检查,合 格5处	100%
	6 安装螺丝必须拧紧,面板 应保持在一个平面上	第5.3.1条	全/5	共5处,全部检查,合 格5处	100%

施工单位 检查结果	符合要求 专业工长:××× 项目专业质量检查员:××× ××年×月×日
监理单位 验收结论	合格 专业监理工程师:××× ××年×月×日

信息插座安装检验批质量验收记录

08050401 __001

单位(子单位) 工程名称	××大厦	分部(子分部) 工程名称	智能建筑/综合 布线系统	分项工程名称	信息插座 安装
施工单位	××建筑有限公司	项目负责人	×××	检验批容量	5件
分包单位	××建筑工程有限 公司	分包单位 项目负责人	×××	检验批部位	首层1~8/ A~C轴
施工依据	《智能建筑工程施工规范》 GB 50606—2010		验收依据	《智能建筑工程施工规范》 GB 50606—2010	

		验 收 项 目	设计要求及 规范规定	最小/实际 抽样数量	检 查 记 录	检查 结果
主控项目	1	材料、器具、设备进场质量检测	第3.5.1条	—	质量证明文件齐全， 通过进场验收	√
一般项目	1	信息插座模块、多用户信息插座、集合点配线模块安装位置和高度应符合设计要求	第5.3.1条	全/5	共5处，全部检查，合格5处	100%
	2	安装在活动地板内或地面上时，应固定在接线盒内，插座面板采用直立和水平等形式；接线盒盖面应与地面齐平	第5.3.1条	全/5	共5处，全部检查，合格5处	100%
	3	接线盒盖可开启，并应具有防水、防尘、抗压功能	第5.3.1条	全/5	共5处，全部检查，合格5处	100%
	4	信息插座底盒同时安装信息插座模块和电源插座时，间距及采取的防护措施应符合设计要求	第5.3.1条	全/5	共5处，全部检查，合格5处	100%
	5	信息插座模块明装底盒的固定方法根据施工现场条件而定	第5.3.1条	全/5	共5处，全部检查，合格5处	100%
	6	固定螺丝需拧紧，不应产生松动现象	第5.3.1条	全/5	共5处，全部检查，合格5处	100%
	7	各种插座面板应有标识，以颜色、图形、文字表示所接终端设备业务类型	第5.3.1条	全/5	共5处，全部检查，合格5处	100%
	8	工作区内终接光缆的光纤连接器件及适配器安装底盒应具有足够的空间，并应符合设计要求	第5.3.1条	全/5	共5处，全部检查，合格5处	100%
施工单位 检查结果		符合要求 专业工长：××× 项目专业质量检查员：××× ××年×月×日				
监理单位 验收结论		合格 专业监理工程师：××× ××年×月×日				

铁路或信道测试检验批质量验收记录

08050501 ___001

单位(子单位) 工程名称	××大厦	分部(子分部) 工程名称	智能建筑/综合 布线系统	分项工程名称	链路或信道 测试
施工单位	××建筑有限公司	项目负责人	×××	检验批容量	5组
分包单位	××建筑工程有限 公司	分包单位 项目负责人	×××	检验批部位	首层1~8/ A~C轴
施工依据	《智能建筑工程施工规范》 GB 50606—2010		验收依据	《智能建筑工程施工规范》 GB 50606—2010	

验收项目			设计要求及 规范规定	最小/实际 抽样数量	检查记录	检查 结果
主控项目	1	线缆永久链路的技术指标应符合现行国家标准《综合布线系统工程设计规范》GB 50311的有关规定	第5.4.1条	全/5	共5处,全部检查,合格5处	√
	2	电缆电气性能测试及光纤系统性能测试应符合现行国家标准《综合布线系统工程验收规范》GB 50312的有关规定	第5.4.2条	全/5	共5处,全部检查,合格5处	√

施工单位 检查结果	符合要求 专业工长:××× 项目专业质量检查员:××× ××年×月×日
监理单位 验收结论	合格 专业监理工程师:××× ××年×月×日

有线电视及卫星电视接收系统设备安装检验批质量验收记录

08080301 ___001___

单位(子单位) 工程名称	××大厦	分部(子分部) 工程名称	智能建筑/有线电视及 卫星电视接收系统	分项工程名称	设备安装
施工单位	××建筑有限公司	项目负责人	×××	检验批容量	5台
分包单位	××建筑工程有限 公司	分包单位 项目负责人	×××	检验批部位	首层1～8/A～C轴
施工依据	《智能建筑工程施工规范》 GB 50606—2010		验收依据	《智能建筑工程施工规范》 GB 50606—2010	

		验 收 项 目	设计要求及 规范规定	最小/实际 抽样数量	检 查 记 录	检查 结果
主 控 项 目	1	材料、器具、设备进场质量检测	第3.5.1条	—	质量证明文件齐全,通过进场验收	√
	2	有源设备均应通电检查	第7.1.3条	全/5	共5处,全部检查,合格5处	√
	3	主要设备和器材,应选用具有国家广播电影电视总局或有资质检测机构颁发的有效认定标识的产品	第7.1.3条	—	检验合格,资料齐全	√
	4	天线系统的接地与避雷系统的接地应分开,设备接地与防雷系统接地应分开	第7.3.1条	全/5	共5处,全部检查,合格5处	√
	5	卫星天线馈电端、阻抗匹配器、天线避雷器、高频连接器和放大器应连接牢固,并应采取防雨、防腐措施	第7.3.1条	全/5	共5处,全部检查,合格5处	√
	6	卫星接收天线应在避雷针保护范围内,天线底座接地电阻应小于4Ω	第7.3.1条	全/5	共5处,全部检查,合格5处	√
	7	卫星接收天线应安装牢固	第7.3.1条	全/5	共5处,全部检查,合格5处	√
一 般 项 目	1	有线电视系统各设备、器件、盒、箱、电缆等的安装应符合设计要求,应做到布局合理,排列整齐,牢固可靠,线缆连接正确,压接牢固	第7.3.2条	全/5	共5处,全部检查,合格5处	100%
	2	放大器箱体内门板内侧应贴箱内设备的接线图,并应标明电缆的走向及信号输入、输出电平	第7.3.2条	全/5	共5处,全部检查,合格5处	100%
	3	暗装的用户盒面板应紧贴墙面,四周应无缝隙,安装应端正、牢固	第7.3.2条	全/5	共5处,全部检查,合格5处	100%
	4	分支分配器与同轴电缆连接应可靠	第7.3.2条	全/5	共5处,全部检查,合格5处	100%

施工单位 检查结果	符合要求 专业工长:××× 项目专业质量检查员:××× ××年×月×日
监理单位 验收结论	合格 专业监理工程师:××× ××年×月×日

公共广播系统设备安装检验批质量验收记录

08090301 001

单位(子单位) 工程名称	××大厦	分部(子分部) 工程名称	智能建筑/公共 广播系统	分项工程名称	设备安装
施工单位	××建筑有限公司	项目负责人	×××	检验批容量	6台
分包单位	××建筑工程有限 公司	分包单位 项目负责人	×××	检验批部位	首层1~8/A~C轴
施工依据	《智能建筑工程施工规范》 GB 50606—2010		验收依据	《智能建筑工程施工规范》 GB 50606—2010	

		验 收 项 目	设计要求及 规范规定	最小/实际 抽样数量	检 查 记 录	检查 结果
主控项目	1	材料、器具、设备进场质量检测	第3.5.1条	—	质量证明文件齐全,通过进场验收	√
	2	扬声器、控制器、插座板等设备安装应牢固可靠,导线连接应排列整齐,线号应正确清晰	第9.3.1条	全/6	共6处,全部检查,合格6处	√
	3	当广播系统具有紧急广播功能时,其紧急广播应由消防分机控制,并应具有最高优先权	第9.3.1条	全/6	共6处,全部检查,合格6处	√
	4	在火灾和突发事故发生时,应能强制切换为紧急广播并以最大音量播出	第9.3.1条	全/6	共6处,全部检查,合格6处	√
	5	系统应能在手动或警报信号触发的10s内,向相关广播区播放警示信号(含警笛)、警报语声文件或实时指挥语声	第9.3.1条	全/6	共6处,全部检查,合格6处	√
	6	以现场环境噪声为基准,紧急广播的信噪比不应小于15dB	第9.3.1条	全/6	共6处,全部检查,合格6处	√
一般项目	1	同一室内的吸顶扬声器应排列均匀	第9.3.2条	全/6	共6处,全部检查,合格6处	100%
	2	扬声器箱、控制器、插座等标高应一致、平整牢固	第9.3.2条	全/6	共6处,全部检查,合格6处	100%
	3	扬声器周围不应有破口现象,装饰罩不应有损伤,且应平整	第9.3.2条	全/6	共6处,全部检查,合格6处	100%
	4	各设备导线连接应正确、可靠、牢固	第9.3.2条	全/6	共6处,全部检查,合格6处	100%
	5	箱内电缆(线)应排列整齐,线路编号应正确清晰	第9.3.2条	全/6	共6处,全部检查,合格6处	100%
	6	线路较多时应绑扎成束,并应在箱(盒)内留有适当空间	第9.3.2条	全/6	共6处,全部检查,合格6处	100%

施工单位 检查结果	符合要求 专业工长:××× 项目专业质量检查员:××× ××年×月×日
监理单位 验收结论	合格 专业监理工程师:××× ××年×月×日

会议系统设备安装检验批质量验收记录

08100301___001

单位(子单位) 工程名称	××大厦	分部(子分部) 工程名称	智能建筑/ 会议系统	分项工程名称	会议系统设备 安装
施工单位	××建筑有限公司	项目负责人	×××	检验批容量	6 台
分包单位	××建筑工程有限 公司	分包单位项目 负责人	×××	检验批部位	首层 1～8/ A～C 轴
施工依据	《智能建筑工程施工规范》 GB 50606—2010		验收依据	《智能建筑工程质量验收规范》 GB 50339—2013	

验 收 项 目			设计要求及 规范规定	最小/实际 抽样数量	检 查 记 录	检查 结果
主控项目	1	材料、器具、设备进场质量检测	第 3.5.1 条	—	质量证明文件齐全,通过进场验收	√
	2	应保证机柜内设备安装的水平度,不得在有尘、不洁环境下施工	第 8.3.1 条	全/6	共 6 处,全部检查,合格 6 处	√
	3	设备安装应牢固	第 8.3.1 条	全/6	共 6 处,全部检查,合格 6 处	√
	4	信号电缆长度不得超过设计要求	第 8.3.1 条	全/6	共 6 处,全部检查,合格 6 处	√
	5	视频会议应具有较高的语言清晰度和合适的混响时间	第 8.3.1 条	全/6	共 6 处,全部检查,合格 6 处	√
一般项目	1	电缆敷设前应作整体通路检测	第 8.3.2 条	全/6	共 6 处,全部检查,合格 6 处	100%
	2	设备安装前应通电预检,有故障的设备应及时处	第 8.3.2 条	全/6	共 6 处,全部检查,合格 6 处	100%

施工单位 检查结果	符合要求 专业工长:××× 项目专业质量检查员:××× ××年×月×日
监理单位 验收结论	合格 专业监理工程师:××× ××年×月×日

信息导引及发布系统显示设备安装检验批质量验收记录

08110301 ___001

单位(子单位)工程名称	××大厦	分部(子分部)工程名称	智能建筑/信息引导及发布系统	分项工程名称	显示设备安装
施工单位	××建筑有限公司	项目负责人	×××	检验批容量	5台
分包单位	××建筑工程有限公司	分包单位项目负责人	×××	检验批部位	首层1~8/A~C轴
施工依据	《智能建筑工程施工规范》GB 50606—2010		验收依据	《智能建筑工程施工规范》GB 50606—2010	

		验 收 项 目	设计要求及规范规定	最小/实际抽样数量	检 查 记 录	检查结果
主控项目	1	材料、器具、设备进场质量检测	第3.5.1条	—	质量证明文件齐全,通过进场验收	√
	2	多媒体显示屏安装必须牢固	第10.3.1条	全/5	共5处,全部检查,合格5处	√
	3	供电和通讯传输系统必须连接可靠,确保应用要求	第10.3.1条	全/5	共5处,全部检查,合格5处	√
一般项目	1	设备、线缆标识应清晰、明确	第10.3.2条	全/5	共5处,全部检查,合格5处	100%
	2	各设备、器件、盒、箱、线缆等的安装应符合设计要求,并应做到布局合理、排列整齐、牢固可靠、线缆连接正确、压接牢固	第10.3.2条	全/5	共5处,全部检查,合格5处	100%
	3	馈线连接头应牢固安装,接触应良好,并应采取防雨、防腐措施	第10.3.2条	全/5	共5处,全部检查,合格5处	100%
	4	触摸屏与显示屏的安装位置应对人行通道无影响	第10.2.3条	全/5	共5处,全部检查,合格5处	100%
	5	触摸屏、显示屏应安装在没有强电磁辐射源及干燥的地方	第10.2.3条	全/5	共5处,全部检查,合格5处	100%
	6	与相关专业协调并在现场确定落地式显示屏安装钢架的承重能力应满足设计要求	第10.2.3条	全/5	共5处,全部检查,合格5处	100%
	7	室外安装的显示屏应做好防漏电、防雨措施,并应满足IP65防护等级标准	第10.2.3条	全/5	共5处,全部检查,合格5处	100%

施工单位检查结果	符合要求 专业工长:××× 项目专业质量检查员:××× ××年×月×日
监理单位验收结论	合格 专业监理工程师:××× ××年×月×日

时钟系统设备安装检验批质量验收记录

08120301 ___001

单位(子单位)工程名称	××大厦	分部(子分部)工程名称	智能建筑/时钟系统	分项工程名称	设备安装
施工单位	××建筑有限公司	项目负责人	×××	检验批容量	5台
分包单位	××建筑工程有限公司	分包单位项目负责人	×××	检验批部位	首层1~8/A~C轴
施工依据	《智能建筑工程施工规范》GB 50606—2010		验收依据	《智能建筑工程质量验收规范》GB 50339—2013	

		验 收 项 目	设计要求及规范规定	最小/实际抽样数量	检 查 记 录	检查结果
主控项目	1	材料、器具、设备进场质量检测	第3.5.1条	/5	共5处,全部检查,合格5处	√
	2	时钟系统的时间信息设备、母钟、子钟时间控制必须准确、同步	第10.3.1条	/5	共5处,全部检查,合格5处	√
一般项目	1	设备、线缆标识应清晰、明确	第10.3.2条	全/5	共5处,全部检查,合格5处	100%
	2	各设备、器件、盒、箱、线缆等的安装应符合设计要求,并应做到布局合理、排列整齐、牢固可靠、线缆连接正确、压接牢固	第10.3.2条	全/5	共5处,全部检查,合格5处	100%
	3	馈线连接头应牢固安装,接触应良好,并应采取防雨、防腐措施	第10.3.2条	全/5	共5处,全部检查,合格5处	100%
	4	中心母钟、时间服务器、监控计算机、分路输出接口箱 应安装于机房的机柜内	第10.2.2条	全/5	共5处,全部检查,合格5处	100%
	5	按设计及设备安装图,应将分路接口与子钟等设备连接	第10.2.2条	全/5	共5处,全部检查,合格5处	100%
	6	中心母钟机柜安装位置与GPS天线距离不宜大于300m	第10.2.2条	全/5	共5处,全部检查,合格5处	100%
	7	时间服务器、监控计算机的安装应符合本规范第6.2.1、第6.2.2条的规定	第10.2.2条	全/5	共5处,全部检查,合格5处	100%
	8	子钟安装应牢固,安装高度符合要求	第10.2.2条	全/5	共5处,全部检查,合格5处	100%
	9	天线应安装于室外,至少应有三面无遮挡,且应在建筑物避雷区域内	第10.2.2条	全/5	共5处,全部检查,合格5处	100%
	10	天线应固定在墙面或屋顶上的金属底座上	第10.2.2条	全/5	共5处,全部检查,合格5处	100%
	11	大型室外钟的安装 支撑架安装方式符合规定	第10.2.2条	全/5	共5处,全部检查,合格5处	100%
	12	应按设计要求安装防雷击装置	第10.2.2条	全/5	共5处,全部检查,合格5处	100%
	13	应做好防漏、防雨的密封措施	第10.2.2条	全/5	共5处,全部检查,合格5处	100%

施工单位检查结果	符合要求 专业工长:××× 项目专业质量检查员:××× ××年×月×日
监理单位验收结论	合格 专业监理工程师:××× ××年×月×日

建筑设备监控系统设备安装检验批质量验收记录

08140301 ___001___

单位(子单位) 工程名称	××大厦	分部(子分部) 工程名称	智能建筑/建筑 设备监控系统	分项工程名称	传感器安装
施工单位	××建筑有限公司	项目负责人	×××	检验批容量	1台
分包单位	××建筑工程有限公司	分包单位 项目负责人	×××	检验批部位	首层 1～8/A～C轴
施工依据	《智能建筑工程施工规范》 GB 50606—2010		验收依据	《智能建筑工程施工规范》 GB 50606—2010	

		验收项目	设计要求及 规范规定	最小/实际 抽样数量	检查记录	检查 结果
主控项目	1	材料、器具、设备进场质量检测	第3.5.1条	—	质量证明文件齐全,通过进场验收	√
	2	电动阀和温度、压力、流量、电量等计量器具(仪表)进场检验	第12.1.1条	—	质量证明文件齐全,通过进场验收	√
	3	传感器的焊接安装应符合标准规定	第12.3.1条 第1款	全/5	共5处,全部检查,合格5处	√
	4	传感器、执行器接线盒的引入口不宜朝上,当不可避免时,应采取密封措施	第12.3.1条 第2款	全/5	共5处,全部检查,合格5处	√
	5	传感器、执行器的安装应严格按照说明书的要求进行,接线应按照接线图和设备说明书进行,配线应整齐,不宜交叉,并应固定牢靠,端部均应标明编号	第12.3.1条 第3款	全/5	共5处,全部检查,合格5处	√
	6	水管型温度传感器、水管压力传感器、水流开关、水管流量计应安装在水流平稳的直管段,应避开水流流束死角,且不宜安装在管道焊缝处	第12.3.1条 第4款	全/5	共5处,全部检查,合格5处	√
	7	风管型温、湿度传感器、压力传感器、空气质量传感器应安装在风管的直管段且气流流束稳定的位置,且应避开风管内通风死角	第12.3.1条 第5款	全/5	共5处,全部检查,合格5处	√
	8	仪表电缆电线的屏蔽层,应在控制室仪表盘柜侧接地,同一回路的屏蔽层应具有可靠的电气连续性,不应浮空或重复接地	第12.3.1条 第6款	全/5	共5处,全部检查,合格5处	√
一般项目	1	现场设备(如传感器、执行器、控制箱柜)的安装质量应符合设计要求	第12.3.2条 第1款	全/5	共5处,全部检查,合格5处	100%
	2	控制器箱接线端子板的每个接线端子,接线不得超过两根	第12.3.2条 第2款	全/5	共5处,全部检查,合格5处	100%
	3	传感器、执行器均不应被保温材料遮蔽	第12.3.2条 第3款	全/5	共5处,全部检查,合格5处	100%
	4	风管压力、温度、湿度、空气质量、空气速度等传感器和压差开关应在风管保温完成并经吹扫后安装	第12.3.2条 第4款	全/5	共5处,全部检查,合格5处	100%

续表

	验 收 项 目		设计要求及规范规定	最小/实际抽样数量	检 查 记 录	检查结果
一般项目	5	传感器、执行器宜安装在光线充足、方便操作的位置；应避免安装在有振动、潮湿、易受机械损伤、有强电磁场干扰、高温的位置	第12.3.2条第5款	全/5	共5处，全部检查，合格5处	100%
	6	传感器、执行器安装过程中不应敲击、震动，安装应牢固、平正；安装传感器、执行器的各种构件间连接牢固、受力均匀，并应作防锈处理	第12.3.2条第6款	全/5	共5处，全部检查，合格5处	100%
	7	水管型温度传感器、水管型压力传感器、蒸汽压力传感器、水流开关的安装宜与工艺管道安装同时进行	第12.3.2条第7款	全/5	共5处，全部检查，合格5处	100%
	8	水管型压力、压差、蒸汽压力传感器、水流开关、水管流量计等安装套管的开孔与焊接，应在工艺管道的防腐、衬里、吹扫和压力试验前进行	第12.3.2条第8款	全/5	共5处，全部检查，合格5处	100%
	9	风机盘管温控器安装 与其他开关并列安装时，高度差	<1mm	全/5	共5处，全部检查，合格5处	100%
	10	在同一室内，其高度差	<5mm	全/5	共5处，全部检查，合格5处	100%
	11	安装于室外的阀门及执行器应有防晒、防雨措施	第12.3.2条第10款	全/5	共5处，全部检查，合格5处	100%
	12	用电仪表的外壳、仪表箱和电缆槽、支架、底座等正常不带电的金属部分，均应做保护接地	第12.3.2条第11款	全/5	共5处，全部检查，合格5处	100%
	13	仪表及控制系统的信号回路接地、屏蔽接地应共用接地	第12.3.2条第12款	全/5	共5处，全部检查，合格5处	100%

施工单位检查结果	符合要求 专业工长：××× 项目专业质量检查员：××× ××年×月×日
监理单位验收结论	合格 专业监理工程师：××× ××年×月×日

火灾自动报警系统设备安装检验批质量验收记录

08150301 ___001___

单位(子单位)工程名称		××大厦	分部(子分部)工程名称	智能建筑/火灾自动报警系统	分项工程名称	探测器类设备安装分项/控制器等
施工单位		××建筑有限公司	项目负责人	×××	检验批容量	1台
分包单位		××建筑工程有限公司	分包单位项目负责人	×××	检验批部位	首层1～8/A～C轴
施工依据		《智能建筑工程施工规范》GB 50606—2010		验收依据	《智能建筑工程施工规范》GB 50606—2010	

验收项目			设计要求及规范规定	最小/实际抽样数量	检查记录	检查结果
主控项目	1	材料、器具、设备进场质量检测	第3.5.1条	—	质量证明文件齐全,通过进场验收	√
	2	火灾自动报警系统的材料必须符合防火设计要求,并按规定验收	第13.1.3条第3款	—	质量证明文件齐全,通过进场验收	√
	3	探测器、模块、报警按钮等类别、型号、位置、数量、功能等应符合设计要求	第13.3.1条第1款	全/5	共5处,全部检查,合格5处	√
	4	消防电话插孔型号、位置、数量、功能等应符合设计要求	第13.3.1条第2款	全/5	共5处,全部检查,合格5处	√
	5	火灾应急广播位置、数量、功能等应符合设计要求,且应能在手动或警报信号触发的10s内切断公共广播,播出火警广播	第13.3.1条第3款	全/5	共5处,全部检查,合格5处	√
	6	火灾报警控制器功能、型号应符合设计要求	第13.3.1条第4款	—	质量证明文件齐全,通过进场验收	√
	7	火灾自动报警系统与消防设备的联动应符合设计要求	第13.3.1条第5款	全/5	共5处,全部检查,合格5处	√
一般项目	1	探测器、模块、报警按钮等安装应牢固、配件齐全,不应有损伤变形和破损	第13.3.2条第1款	全/5	共5处,全部检查,合格5处	100%
	2	探测器、模块、报警按钮等导线连接应可靠压接或焊接,并应有标志,外接导线应留余量	第13.3.2条第2款	全/5	共5处,全部检查,合格5处	100%
	3	探测器安装位置应符合保护半径、保护面积要求	第13.3.2条第3款	全/5	共5处,全部检查,合格5处	100%

施工单位检查结果	符合要求 专业工长:××× 项目专业质量检查员:××× ××年×月×日
监理单位验收结论	合格 专业监理工程师:××× ××年×月×日

安全技术防范系统设备安装检验批质量验收记录

08160301　001

单位(子单位)工程名称	××大厦	分部(子分部)工程名称	智能建筑/安全技术防范系统	分项工程名称	安全技术防范系统设备安装
施工单位	××建筑有限公司	项目负责人	×××	检验批容量	5 台
分包单位	××建筑工程有限公司	分包单位项目负责人	×××	检验批部位	首层1~8/A~C轴
施工依据	《智能建筑工程施工规范》GB 50606—2010		验收依据	《智能建筑工程施工规范》GB 50606—2010	

验 收 项 目			设计要求及规范规定	最小/实际抽样数量	检 查 记 录	检查结果
主控项目	1	材料、器具、设备进场质量检测	第3.5.1条	—	质量证明文件齐全,通过进场验收	√
	2	各系统主要设备安装应安装牢固、接线正确,并应采取有效的抗干扰措施	第14.3.1条第1款	全/5	共5处,全部检查,合格5处	√
	3	应检查系统的互联互通,子系统之间的联动应符合设计要求	第14.3.1条第2款	全/5	共5处,全部检查,合格5处	√
	4	监控中心系统记录的图像质量和保存时间应符合设计要求	第14.3.1条第3款	全/5	共5处,全部检查,合格5处	√
	5	监控中心接地应做等电位连接,接地电阻应符合设计要求	第14.3.1条第4款	全/5	共5处,全部检查,合格5处	√
一般项目	1	各设备、器件的端接应规范	第14.3.2条第1款	全/5	共5处,全部检查,合格5处	100%
	2	视频图像应无干扰纹	第14.3.2条第2款	全/5	共5处,全部检查,合格5处	100%
	3	防雷与接地工程应符合规定	第14.3.2条第3款	全/5	共5处,全部检查,合格5处	100%

施工单位检查结果	符合要求 专业工长:××× 项目专业质量检查员:××× ××年×月×日
监理单位验收结论	合格 专业监理工程师:××× ××年×月×日

机房供配电系统检验批质量验收记录

08180101 __001

单位(子单位) 工程名称		××大厦	分部(子分部) 工程名称	智能建筑/机房	分项工程名称	供配电系统
施工单位		××建筑有限公司	项目负责人	×××	检验批容量	1套
分包单位		××建筑工程有限公司	分包单位 项目负责人	×××	检验批部位	首层1~8/A~C轴
施工依据		《智能建筑工程施工规范》 GB 50606—2010		验收依据	《智能建筑工程施工规范》 GB 50606—2010	

		验 收 项 目	设计要求及 规范规定	最小/实际 抽样数量	检 查 记 录	检查 结果
主控项目	1	材料、器具、设备进场质量检测	第3.5.1条	—	质量证明文件齐全,通过进场验收	√
	2	系统测试应符合设计要求	电气装置与其他系统的联锁动作的正确性、响应时间及顺序	第17.2.2条	全/5	共5处,全部检查,合格5处	√
			电线、电缆及电气装置的相序的正确性	第17.2.2条	全/5	共5处,全部检查,合格5处	√
			柴油发电机组的启动时间,输出电压、电流及频率	第17.2.2条	全/1	共1处,全部检查,合格1处	√
			不间断电源的输出电压、电流、波形参数及切换时间	第17.2.2条	全/2	共2处,全部检查,合格2处	√
一般项目	1	配电柜和配电箱安装支架的制作尺寸应与配电柜和配电箱的尺寸匹配,安装应牢固,并应可靠接地	第17.2.2条 第1款	全/5	共5处,全部检查,合格5处	100%
	2	线槽、线管和线缆的施工应符合本规范规定	第17.2.2条 第2款	全/5	共5处,全部检查,合格5处	100%
	3	灯具、开关和各种电气控制装置以及各种插座安装	灯具、开关和插座安装应牢固,位置准确,开关位置应与灯位相对应	第17.2.2条 第3款	全/57	共57处,全部检查,合格57处	100%
			同一房间,同一平面高度的插座面板应水平		全/22	共22处,全部检查,合格22处	100%
			灯具的支架、吊架、固定点位置的确定应符合牢固安全、整齐美观的原则		全/35	共35处,全部检查,合格35处	100%
			灯具、配电箱安装完毕后,每条支路进行绝缘摇测,绝缘电阻应大于1MΩ并应做好记录		全/5	共5处,全部检查,合格5处	100%
			机房地板应满足电池组的符合承重要求		全/5	共5处,全部检查,合格5处	100%
	4	不间断电源设备的安装	主机和电池柜应按设计要求和产品技术要求进行固定	第17.2.2条 第4款	全/2	共2处,全部检查,合格2处	100%
			各类线缆的接线应牢固,正确,并应作标识		全/5	共5处,全部检查,合格5处	100%
			不间断电源电池组应接直流接地		全/2	共2处,全部检查,合格2处	100%

施工单位 检查结果	符合要求 专业工长:××× 项目专业质量检查员:××× ××年×月×日
监理单位 验收结论	合格 专业监理工程师:××× ××年×月×日

机房防雷与接地系统检验批质量验收记录

08180201 001

单位(子单位)工程名称	××大厦	分部(子分部)工程名称	智能建筑/机房	分项工程名称	防雷与接地系统
施工单位	××建筑有限公司	项目负责人	×××	检验批容量	1套
分包单位	××建筑工程有限公司	分包单位项目负责人	×××	检验批部位	首层1~8/A~C轴
施工依据	《智能建筑工程施工规范》GB 50606—2010		验收依据	《智能建筑工程施工规范》GB 50606—2010	

		验 收 项 目	设计要求及规范规定	最小/实际抽样数量	检 查 记 录	检查结果
主控项目	1	材料、器具、设备进场质量检测	第3.5.1条	—	质量证明文件齐全,通过进场验收	√
	2 材料、器具、设备进场质量检测	接地装置的结构、材质、连接方法、安装位置、埋设间距、深度及安装方法应符合设计要求	第17.2.3条	全/5	共5处,全部检查,合格5处	√
		接地装置的外露接点外观检查应符合规定	第17.2.3条	全/5	共5处,全部检查,合格5处	√
		浪涌保护器的规格、型号应符合设计要求;安装位置和方式应符合设计要求或产品安装说明书的要求	第17.2.3条	全/3	共3处,全部检查,合格3处	√
		接地线规格、敷设方法及其与等电位金属带的连接方法应符合设计要求	第17.2.3条	全/3	共3处,全部检查,合格3处	√
		等电位联接金属带的规格、敷设方法应符合设计要求	第17.2.3条	全/7	共7处,全部检查,合格7处	√
		接地装置的接地电阻值应符合设计要求	第17.2.3条	全/3	共3处,全部检查,合格3处	√

施工单位检查结果	符合要求 专业工长:××× 项目专业质量检查员:××× ××年×月×日
监理单位验收结论	合格 专业监理工程师:××× ××年×月×日

机房空气调节系统检验批质量验收记录

08180301 ___001

单位(子单位) 工程名称		××大厦	分部(子分部) 工程名称	智能建筑/机房		分项工程名称	空气调节系统	
施工单位		××建筑有限公司	项目负责人	×××		检验批容量	1套	
分包单位		××建筑工程有限 公司	分包单位 项目负责人	×××		检验批部位	首层1～8/A～C轴	
施工依据		《智能建筑工程施工规范》 GB 50606—2010		验收依据		《智能建筑工程施工规范》 GB 50606—2010		

验 收 项 目			设计要求及 规范规定	最小/实际 抽样数量	检 查 记 录	检查 结果
主控项目	1	材料、器具、设备进场质量检测	第3.5.1条	—	质量证明文件齐全,通过进场 验收	√
	2	空调机组安装符合设计要求和规 范规定	第17.2.6条	全/1	共1处,全部检查,合格1处	√
	3	管道安装符合设计要求和规范 规定	第17.2.6条	全/5	共5处,全部检查,合格5处	√
	4	检漏及压力测试及清洗	第17.2.6条	—	检验合格,报告编号××××	√
	5	管道保温	第17.2.6条	全/5	共5处,全部检查,合格5处	√
	6	新风系统设备与管道安装符合设 计要求,安装牢固	第17.2.6条	全/5	共5处,全部检查,合格5处	√
	7	管道防火阀和排烟防火阀应符合 消防产品标准规定	第17.2.6条	全/5	共5处,全部检查,合格5处	√
	8	管道防火阀和排烟防火阀必须有 产品合格证及性能检测报告	第17.2.6条	—	质量证明文件齐全,通过进场 验收	√
	9	管道防火阀和排烟防火阀安装应 牢固可靠、启闭灵活、关闭严密。阀 门的驱动装置动作应正确可靠	第17.2.6条	全/5	共5处,全部检查,合格5处	√
	10	手动单叶片和多叶片调节阀的安 装应牢固可靠、启闭灵活、调节方便	第17.2.6条	全/10	共10处,全部检查,合格10处	√
	11	风管、部件制作符合设计要求和规 范规定	第17.2.6条	全/5	共5处,全部检查,合格5处	√
	12	风管、部件安装符合设计要求和规 范规定	第17.2.6条	全/5	共5处,全部检查,合格5处	√
	13	系统调试应符合设计要求和规范 规定	第17.2.6条	—	检验合格,报告编号××××	√

施工单位 检查结果	符合要求 专业工长:××× 项目专业质量检查员:××× ××年×月×日
监理单位 验收结论	合格 专业监理工程师:××× ××年×月×日

机房给水排水系统检验批质量验收记录

08180401 ___001

单位(子单位) 工程名称	××大厦	分部(子分部) 工程名称	智能建筑/机房	分项工程名称	给水排水系统
施工单位	××建筑有限公司	项目负责人	×××	检验批容量	1套
分包单位	××建筑工程有限 公司	分包单位 项目负责人	×××	检验批部位	首层1~8/A~C轴
施工依据	《智能建筑工程施工规范》 GB 50606—2010		验收依据	《智能建筑工程施工规范》 GB 50606—2010	

		验 收 项 目	设计要求及 规范规定	最小/实际 抽样数量	检 查 记 录	检查 结果
主 控 项 目	1	材料、器具、设备进场质量检测	第3.5.1条	—	质量证明文件齐全,通过进场 验收	√
	2	镀锌管道连接方式符合规范规定	第17.2.7条	全/3	共3处,全部检查,合格3处	√
	3	管道弯制符合设计要求和规范 规定	第17.2.7条	全/4	共4处,全部检查,合格4处	√
	4	管道支、吊、托架安装符合设计要 求和规范规定	第17.2.7条	全/20	共20处,全部检查,合格20处	√
	5	水平排水管道应用3.5‰~5‰的 坡度,并坡向排泄方向	第17.2.7条	全/5	共5处,全部检查,合格5处	√
	6	冷热水管道检漏和压力试验符合 设计要求和规范规定	第17.2.7条	—	试验合格,报告编号××××	√
	7	保温应采用难燃材料,保温层应平 整、密实,不得有裂缝、空隙。防潮层 应紧贴在保温层上,并应封闭良好; 表面层应光滑平整不起尘	第17.2.7条	全/5	共5处,全部检查,合格5处	√
	8	地面应坡向地漏处,坡度应不小于 3‰;地漏顶面应低于地面5mm	第17.2.7条	全/15	共15处,全部检查,合格15处	√
	9	空调器冷凝水排水管应设有存 水弯	第17.2.7条	全/5	共5处,全部检查,合格5处	√
	10	给水管道压力试验符合设计要求 和规范规定	第17.2.7条	—	试验合格,报告编号××××	√
	11	排水管应只做通水试验,流水应畅 通,不得渗漏	第17.2.7条	—	试验合格,报告编号××××	√

施工单位 检查结果	符合要求 专业工长:××× 项目专业质量检查员:××× ××年×月×日
监理单位 验收结论	合格 专业监理工程师:××× ××年×月×日

机房综合布线系统检验批质量验收记录

08180501 ___001

单位(子单位) 工程名称	××大厦	分部(子分部) 工程名称	智能建筑/机房	分项工程名称	综合布线系统
施工单位	××建筑有限公司	项目负责人	×××	检验批容量	1套
分包单位	××建筑工程有限 公司	分包单位 项目负责人	×××	检验批部位	首层1~8/ A~C轴
施工依据	《智能建筑工程施工规范》 GB 50606—2010		验收依据	《智能建筑工程施工规范》 GB 50606—2010	

		验 收 项 目	设计要求及 规范规定	最小/实际 抽样数量	检 查 记 录	检查 结果
主控项目	1	材料、器具、设备进场质量 检测	第3.5.1条	—	质量证明文件齐全， 通过进场验收	√
	2	配线柜的安装及配线架的 压接应符合规范规定	第17.2.4条	全/5	共5处，全部检查，合 格5处	√
	3	走线架、槽的安装应符合 规范规定	第17.2.4条	全/5	共5处，全部检查，合 格5处	√
	4	线缆的敷设应符合设计要 求和规范规定	第17.2.4条	全/5	共5处，全部检查，合 格5处	√
	5	线缆标识应符合规范规定	第17.2.4条	全/122	共122处，全部检查， 合格122处	√
	6	系统测试应符合设计要求 和规范规定	第17.2.4条	—	试验合格，报告编号 ××××	√

施工单位 检查结果	符合要求 　　　　　　　　　　　　　　　专业工长：××× 　　　　　　　　　　　项目专业质量检查员：××× 　　　　　　　　　　　　　　　　　　　××年×月×日

监理单位 验收结论	合格 　　　　　　　　　　　　　　专业监理工程师：××× 　　　　　　　　　　　　　　　　　　　××年×月×日

机房监控与安全防范系统检验批质量验收记录

08180601 ___001___

单位(子单位) 工程名称	××大厦	分部(子分部) 工程名称	智能建筑/机房	分项工程名称	监控与安全 防范系统
施工单位	××建筑有限公司	项目负责人	×××	检验批容量	1套
分包单位	××建筑工程有限 公司	分包单位 项目负责人	×××	检验批部位	首层1～8/ A～C轴
施工依据	《智能建筑工程施工规范》 GB 50606—2010		验收依据	《智能建筑工程施工规范》 GB 50606—2010	

验 收 项 目			设计要求及 规范规定	最小/实际 抽样数量	检 查 记 录	检查 结果
主控项目	1	材料、器具、设备进场质量检测	第3.5.1条	—	质量证明文件齐全,通过进场验收	√
	2	设备、装置及配件的安装应符合设计要求和规范规定	第17.2.5条	全/5	共5处,全部检查,合格5处	√
	3	环境监控系统和场地设备监控系统的数据采集、传送、转化、控制功能应符合设计要求和规范规定	第17.2.5条	全/25	共25处,全部检查,合格25处	√
	4	入侵报警系统的入侵报警功能、防破坏和故障报警功能、记录显示功能和系统自检功能应符合设计要求和规范规定	第17.2.5条	全/56	共56处,全部检查,合格56处	√
	5	视频监控系统的控制功能、监视功能、显示功能、记录功能和报警联动功能应符合设计要求和规范规定	第17.2.5条	全/33	共33处,全部检查,合格33处	√
	6	出入口控制系统的出入目标识读功能、信息处理和控制功能、执行机构功能应符合设计要求和规范规定	第17.2.5条	全/2	共2处,全部检查,合格2处	√
施工单位 检查结果	符合要求 专业工长:××× 项目专业质量检查员:××× ××年×月×日					
监理单位 验收结论	合格 专业监理工程师:××× ××年×月×日					

机房消防系统检验批质量验收记录

08180701___001

单位(子单位)工程名称	××大厦	分部(子分部)工程名称	智能建筑/机房	分项工程名称	消防系统
施工单位	××建筑有限公司	项目负责人	×××	检验批容量	1套
分包单位	××建筑工程有限公司	分包单位项目负责人	×××	检验批部位	首层1～8/A～C轴
施工依据	《智能建筑工程施工规范》GB 50606—2010		验收依据	《智能建筑工程施工规范》GB 50606—2010	

		验 收 项 目	设计要求及规范规定	最小/实际抽样数量	检 查 记 录	检查结果
主控项目	1	材料、器具、设备进场质量检测	第3.5.1条	—	质量证明文件齐全，通过进场验收	√
	2	火灾自动报警与消防联动控制系统安装及功能应符合设计要求和规范规定	第17.2.9条	全/15	共15处，全部检查，合格15处	√
	3	气体灭火系统安装及功能应符合设计要求和规范规定	第17.2.9条	全/12	共12处，全部检查，合格12处	√
	4	自动喷水灭火系统安装及功能应符合设计要求和规范规定	第17.2.9条	全/51	共51处，全部检查，合格51处	√

施工单位检查结果	符合要求 专业工长：××× 项目专业质量检查员：××× ××年×月×日
监理单位验收结论	合格 专业监理工程师：××× ××年×月×日

机房室内装饰装修检验批质量验收记录

单位(子单位) 工程名称	××大厦	分部(子分部) 工程名称	智能建筑/机房	分项工程名称	室内装饰装修
施工单位	××建筑有限公司	项目负责人	×××	检验批容量	1间
分包单位	××建筑工程有限 公司	分包单位 项目负责人	×××	检验批部位	首层1～8/A～C轴
施工依据	《智能建筑工程施工规范》 GB 50606—2010		验收依据	《智能建筑工程施工规范》 GB 50606—2010	

		验 收 项 目	设计要求及 规范规定	最小/实际 抽样数量	检 查 记 录	检查 结果
主控项目	1	材料、器具、设备进场质量检测	第3.5.1条	—	质量证明文件齐全,通过进场验收	√
	2	在防雷接地等电位排安装完毕并引入机柜线槽和管线的安装完毕后方可进行装饰工程	第17.2.1条 第1款	全/5	共5处,全部检查,合格5处	√
	3	吊顶吊杆、饰面板和龙骨的材质、规格符合设计要求	第17.2.1条	—	质量证明文件齐全,通过进场验收	√
	4	吊杆、龙骨安装间距和连接方式应符合设计要求	第17.2.1条	全/55	共55处,全部检查,合格55处	√
	5	吊顶板上铺设的防火、保温、吸音材料应包封严密,板块间应无缝隙,并应固定牢固	第17.2.1条	全/3	共3处,全部检查,合格3处	√
	6	吊顶与墙面、柱面、窗帘盒的交接应符合设计要求,装饰面质量符合规定	第17.2.1条	全/3	共3处,全部检查,合格3处	√
	7	隔断墙材料质量符合设计要求和规范规定	第17.2.1条	全/3	共3处,全部检查,合格3处	√
	8	隔断墙安装质量符合规范规定	第17.2.1条	全/3	共3处,全部检查,合格3处	√
	9	有耐火极限要求的隔断墙板安装应符合规定	第17.2.1条	全/3	共3处,全部检查,合格3处	√
	10	地面材料质量和安装质量符合规定	第17.2.1条	全/5	共5处,全部检查,合格5处	√
	11	防潮层材料和安装质量符合规定	第17.2.1条	全/5	共5处,全部检查,合格5处	√
	12	活动地板支撑架应安装牢固,并应调平	第17.2.1条 第2款	全/5	共5处,全部检查,合格5处	√
	13	活动地板的高度应根据电缆布线和空调送风要求确定,宜为200mm～500mm	第17.2.1条 第3款	全/5	共5处,全部检查,合格5处	√
	14	地板线缆出口应配合计算机实际位置进行定位,出口应有线缆保护措施	第17.2.1条 第4款	全/5	共5处,全部检查,合格5处	√
	15	内墙、顶棚及柱面的处理符合规定	第17.2.1条	全/5	共5处,全部检查,合格5处	√
	16	门窗材质符合设计要求,质量符合规定	第17.2.1条	—	质量证明文件齐全,通过进场验收	√
	17	其他材料符合设计要求,安装符合规定	第17.2.1条	全/5	共5处,全部检查,合格5处	√
施工单位 检查结果		符合要求 专业工长:××× 项目专业质量检查员:××× ××年×月×日				
监理单位 验收结论		合格 专业监理工程师:××× ××年×月×日				

机房电磁屏蔽检验批质量验收记录

08180901___001

单位(子单位) 工程名称	××大厦	分部(子分部) 工程名称	智能建筑/机房	分项工程名称	电磁屏蔽
施工单位	××建筑有限公司	项目负责人	×××	检验批容量	1套
分包单位	××建筑工程有限 公司	分包单位 项目负责人	×××	检验批部位	首层1~8/A~C轴
施工依据	《智能建筑工程施工规范》 GB 50606—2010		验收依据	《智能建筑工程施工规范》 GB 50606—2010	

		验 收 项 目	设计要求及 规范规定	最小/实际 抽样数量	检 查 记 录	检查 结果
主控项目	1	材料、器具、设备进场质量检测	第3.5.1条	—	质量证明文件齐全,通过进场验收	√
	2	焊接应牢固可靠,焊缝应光滑致密,不得有熔渣、裂纹、气泡、气孔和虚焊。焊接后应对全部焊缝进行除锈处理	第17.2.8条	全/5	共5处,全部检查,合格5处	√
	3	可拆卸式电磁屏蔽室壳体安装应符合规定	第17.2.8条	全/5	共5处,全部检查,合格5处	√
	4	自撑式电磁屏蔽室壳体安装应合规定	第17.2.8条	全/5	共5处,全部检查,合格5处	√
	5	直贴式电磁屏蔽室壳体安装应符合规定	第17.2.8条	全/5	共5处,全部检查,合格5处	√
	6	铰链屏蔽门安装应符合规定	第17.2.8条	全/5	共5处,全部检查,合格5处	√
	7	平移屏蔽门安装应符合规定	第17.2.8条	全/5	共5处,全部检查,合格5处	√
	8	滤波器安装应符合规定	第17.2.8条	全/5	共5处,全部检查,合格5处	√
	9	截止波导通风窗安装应符合规定	第17.2.8条	全/5	共5处,全部检查,合格5处	√
	10	屏蔽玻璃安装应符合规定	第17.2.8条	全/5	共5处,全部检查,合格5处	√
	11	所有屏蔽接口件应用电磁屏蔽检漏仪连续检漏,不得漏检,不合格处应修补	第17.2.8条	全/5	共5处,全部检查,合格5处	√
	12	电磁屏蔽室的全频段检测应符合规定	第17.2.8条	全/5	共5处,全部检查,合格5处	√
	13	其他施工不得破坏屏蔽层	第17.2.8条	全/5	共5处,全部检查,合格5处	√
	14	所有出入屏蔽室的信号线缆必须进行屏蔽滤波处理	第17.2.8条	全/5	共5处,全部检查,合格5处	√
	15	所有出入屏蔽室的气管和液管必须通过屏蔽波导	第17.2.8条	全/5	共5处,全部检查,合格5处	√
	16	屏蔽壳体接地符合设计要求,接地电阻符合设计要求	第17.2.8条	—	试验合格,报告编号××××	√

施工单位 检查结果	符合要求 专业工长:××× 项目专业质量检查员:××× ××年×月×日
监理单位 验收结论	合格 专业监理工程师:××× ××年×月×日

机房设备安装检验批质量验收记录

单位(子单位) 工程名称		××大厦	分部(子分部) 工程名称	智能建筑/机房	分项工程名称	供配电系统
施工单位		××建筑有限公司	项目负责人	×××	检验批容量	1 台
分包单位		××建筑工程有限 公司	分包单位 项目负责人	×××	检验批部位	首层 1～8/ A～C 轴
施工依据		《智能建筑工程施工规范》 GB 50606—2010		验收依据	《智能建筑工程施工规范》 GB 50606—2010	

验 收 项 目			设计要求及 规范规定	最小/实际 抽样数量	检 查 记 录	检查 结果
主控项目	1	电气装置应安装牢固、整齐、标识明确、内外清洁	第 17.3.1 条 第 1 款	全/15	共 15 处,全部检查, 合格 15 处	√
	2	机房内的地面、活动地板的防静电施工应符合规定	第 17.3.1 条 第 2 款	全/22	共 22 处,全部检查, 合格 22 处	√
	3	电源线、信号线入口处的浪涌保护器安装位置正确、牢固	第 17.3.1 条 第 3 款	全/2	共 2 处,全部检查,合 格 2 处	√
	4	接地线和等电位连接带连接正确,安装牢固。接地电阻应符合本规范第 16.4.1 的规定	第 17.3.1 条 第 4 款	全/12	共 12 处,全部检查, 合格 12 处	√
一般项目	1	吊顶内电气装置应安装在便于维修处	第 17.3.2 条 第 1 款	全/5	共 5 处,全部检查,合 格 5 处	100%
	2	配电装置应有明显标志,并应注明容量、电压、频率等	第 17.3.2 条 第 2 款	全/5	共 5 处,全部检查,合 格 5 处	100%
	3	落地式电气装置的底座与楼地面应安装牢固	第 17.3.2 条 第 3 款	全/1	共 1 处,全部检查,合 格 1 处	100%
	4	电源线、信号线应分别铺设,并应排列整齐,捆扎固定,长度应留有余量	第 17.3.2 条 第 4 款	全/3	共 3 处,全部检查,合 格 3 处	100%
	5	成排安装的灯具应平直、整齐	第 17.3.2 条 第 5 款	全/5	共 5 处,全部检查,合 格 5 处	100%
施工单位 检查结果		符合要求 专业工长:××× 项目专业质量检查员:××× ××年×月×日				
监理单位 验收结论		合格 专业监理工程师:××× ××年×月×日				

接地装置检验批质量验收记录

08190101 ___001___

单位(子单位) 工程名称	××大厦	分部(子分部) 工程名称	智能建筑/防 雷与接地	分项工程名称	接地装置
施工单位	××建筑有限公司	项目负责人	×××	检验批容量	1组
分包单位	××建筑工程有限 公司	分包单位项目 负责人	×××	检验批部位	首层1~8/ A~C轴
施工依据	《智能建筑工程施工规范》 GB 50606—2010		验收依据	《智能建筑工程质量验收规范》 GB 50339—2013	

		验 收 项 目	设计要求及 规范规定	最小/实际 抽样数量	检 查 记 录	检查 结果
主控项目	1	材料、器具、设备进场质量检测	第3.5.1条	—	质量证明文件齐全,通过进场验收	√
	2	采用建筑物共用接地装置时,接地电阻不应大于1Ω	第16.2.1条 第1款	—	检验合格,报告编号×× ××	√
	3	采用单独接地装置时,接地电阻不应大于4Ω	第16.2.1条 第2款	—	检验合格,报告编号×× ××	√
	4	接地装置的焊接应符合规定	第16.2.1条 第3款	全/35	共35处,全部检查,合格35处	√
	5	接地装置测试点的设置	第16.1.1条	全/5	共5处,全部检查,合格5处	√
	6	防雷接地的人工接地装置的接地干线埋设	第16.1.1条	全/5	共5处,全部检查,合格5处	√
	7	接地模块的埋设深度、间距和基坑尺寸	第16.1.1条	全/5	共5处,全部检查,合格5处	√
	8	接地模块设置应垂直或水平就位	第16.1.1条	全/5	共5处,全部检查,合格5处	√
一般项目	1	接地装置埋设深度、间距和搭接长度和防腐措施	第16.1.1条	全/5	共5处,全部检查,合格5处	100%
	2	接地装置的材质和最小允许规格尺寸	第16.1.1条	全/5	共5处,全部检查,合格5处	100%
	3	接地模块与干线的连接和干线材质选用	第16.1.1条	全/5	共5处,全部检查,合格5处	100%
	4	接地体垂直长度不应小于2.5m,间距不宜小于5m	第16.1.1条 第1款	全/5	共5处,全部检查,合格5处	100%
	5	接地体埋深不宜小于0.6m	第16.1.1条 第2款	全/5	共5处,全部检查,合格5处	100%
	6	接地体距建筑物距离不应小于1.5m	第16.1.1条 第3款	全/5	共5处,全部检查,合格5处	100%

施工单位 检查结果	符合要求 专业工长:××× 项目专业质量检查员:××× ××年×月×日
监理单位 验收结论	合格 专业监理工程师:××× ××年×月×日

接地线检验批质量验收记录

08190201　001

单位(子单位)工程名称	××大厦	分部(子分部)工程名称	智能建筑/防雷与接地	分项工程名称	接地线
施工单位	××建筑有限公司	项目负责人	×××	检验批容量	1组
分包单位	××建筑工程有限公司	分包单位项目负责人	×××	检验批部位	首层1～8/A～C轴
施工依据	《智能建筑工程施工规范》GB 50606—2010		验收依据	《智能建筑工程质量验收规范》GB 50339—2013	

		验 收 项 目	设计要求及规范规定	最小/实际抽样数量	检 查 记 录	检查结果
主控项目	1	材料、器具、设备进场质量检测	第3.5.1条	—	质量证明文件齐全,通过进场验收	√
	2	利用金属构件、金属管道作接地线时与接地干线的连接	第16.1.2条	全/9	共9处,全部检查,合格9处	√
一般项目	1	钢制接地线的连接和材料规格、尺寸	第16.1.2条	全/5	共5处,全部检查,合格5处	100%
	2	电缆穿过零序电流互感器时,电缆头的接地线检查	第16.1.2条	全/5	共5处,全部检查,合格5处	100%
	3	钢制接地线的焊接连接应焊缝饱满,并应采取防腐措施	第16.2.2条第1款	全/22	共22处,全部检查,合格22处	100%
	4	接地线在穿越墙壁和楼板处应加金属套管,金属套管应与接地线连接	第16.2.2条第2款	全/9	共9处,全部检查,合格9处	100%
施工单位检查结果		符合要求 专业工长:××× 项目专业质量检查员:××× ××年×月×日				
监理单位验收结论		合格 专业监理工程师:××× ××年×月×日				

等电位联接检验批质量验收记录

08190301　001

单位(子单位)工程名称	××大厦	分部(子分部)工程名称	智能建筑/防雷与接地	分项工程名称	接地装置
施工单位	××建筑有限公司	项目负责人	×××	检验批容量	1组
分包单位	××建筑工程有限公司	分包单位项目负责人	×××	检验批部位	首层1～8/A～C轴
施工依据	《智能建筑工程施工规范》GB 50606—2010		验收依据	《智能建筑工程质量验收规范》GB 50339—2013	

		验 收 项 目	设计要求及规范规定	最小/实际抽样数量	检 查 记 录	检查结果
主控项目	1	材料、器具、设备进场质量检测	第3.5.1条	—	质量证明文件齐全,通过进场验收	√
	2	建筑物总等电位联结端子板接地线应从接地装置直接引入,各区域的总等电位联结装置应相互连通	第16.1.3条第1款	全/5	共5处,全部检查,合格5处	√
	3	应在接地装置两处引连接导体与室内总等电位接地端子板相连接	第16.1.3条第2款	全/5	共5处,全部检查,合格5处	√
	4	接地装置与室内总等电位连接带的连接导体截面积,铜质接地线不应小于50mm²,钢质接地线不应小于80mm²	第16.1.3条第2款	全/5	共5处,全部检查,合格5处	√
	5	等电位接地端子板之间应采用螺栓连接,铜质接地线的连接应焊接或压接,钢质地线连接应采用焊接	第16.1.3条第3款	全/5	共5处,全部检查,合格5处	√
	6	每个电气设备的接地应用单独的接地线与接地干线相连	第16.1.3条第4款	全/5	共5处,全部检查,合格5处	√
	7	不得利用蛇皮管、管道保温层的金属外皮或金属网及电缆金属护层作接地线;不得将桥架、金属线管作接地线	第16.1.3条第5款	全/5	共5处,全部检查,合格5处	√
一般项目	1	等电位联结的可接近裸露导体或其他金属部件、构件与支线的连接可靠,导通正常	第16.1.3条	全/5	共5处,全部检查,合格5处	100%
	2	需等电位联结的高级装修金属部件或零件等电位联结的连接	第16.1.3条	全/5	共5处,全部检查,合格5处	100%

施工单位检查结果	符合要求 专业工长:××× 项目专业质量检查员:××× ××年×月×日
监理单位验收结论	合格 专业监理工程师:××× ××年×月×日

屏蔽设施检验批质量验收记录

08190401 ___001___

单位(子单位) 工程名称	××大厦	分部(子分部) 工程名称	智能建筑/防 雷与接地	分项工程名称	屏蔽设施
施工单位	××建筑有限公司	项目负责人	×××	检验批容量	1组
分包单位	××建筑工程有限 公司	分包单位项目 负责人	×××	检验批部位	首层1～8/ A～C轴
施工依据	《智能建筑工程施工规范》 GB 50606—2010		验收依据	《智能建筑工程质量验收规范》 GB 50339—2013	

验 收 项 目			设计要求及 规范规定	最小/实际 抽样数量	检 查 记 录	检查 结果
主控项目	1	屏蔽设施接地安装应符 合设计要求	第22.0.3条	全/3	共3处,全部检查, 合格3处	√
	2	接地电阻值应符合设计 要求	第22.0.3条	—	检验合格,报告编号 ××××	√

施工单位 检查结果	符合要求 专业工长:××× 项目专业质量检查员:××× ××年×月×日
监理单位 验收结论	合格 专业监理工程师:××× ××年×月×日

电涌保护器检验批质量验收记录

08190501___001

单位(子单位) 工程名称	××大厦	分部(子分部) 工程名称	智能建筑/ 防雷与接地	分项工程名称	电涌保护器
施工单位	××建筑有限公司	项目负责人	×××	检验批容量	1组
分包单位	××建筑工程有限 公司	分包单位项目 负责人	×××	检验批部位	首层1～8/ A～C轴
施工依据	《智能建筑工程施工规范》 GB 50606—2010		验收依据	《智能建筑工程质量验收规范》 GB 50339—2013	

验 收 项 目			设计要求及 规范规定	最小/实际 抽样数量	检 查 记 录	检查 结果
主控项目	1	材料、器具、设备进场质量检测	第3.5.1条	—	质量证明文件齐全,通过进场验收	√
	2	电源线路浪涌保护器 安装位置和连接设备	第16.1.4条	全/2	共2处,全部检查,合格2处	√
		连接方式	第16.1.4条	全/2	共2处,全部检查,合格2处	√
		连接导线最小截面积	第16.1.4条	全/2	共2处,全部检查,合格2处	√
	3	天馈线路浪涌保护器 安装位置和连接设备	第16.1.4条	全/5	共5处,全部检查,合格5处	√
		接地线路	第16.1.4条	全/5	共5处,全部检查,合格5处	√
	4	信息线路浪涌保护器 安装位置和连接设备	第16.1.4条	全/5	共5处,全部检查,合格5处	√
		导线和接地线路	第16.1.4条	全/5	共5处,全部检查,合格5处	√
	5	浪涌保护器应安装牢固	第16.1.4条	全/5	共5处,全部检查,合格5处	√
一般项目	1	室外安装时应有防水措施	第16.1.4条 第1款	全/5	共5处,全部检查,合格5处	100%
	2	浪涌保护器安装位置应靠近被保护设备	第16.1.4条 第2款	全/5	共5处,全部检查,合格5处	100%

施工单位 检查结果	符合要求 专业工长:××× 项目专业质量检查员:××× ××年×月×日
监理单位 验收结论	合格 专业监理工程师:××× ××年×月×日

二、《分部工程质量验收记录》填写范例

表G ___智能建筑___ 分部工程质量验收记录

编号：___008___

单位(子单位)工程名称	××大厦	子分部工程数量	8	分项工程数量	43
施工单位	××建筑有限公司	项目负责人	×××	技术(质量)负责人	×××
分包单位	××建筑工程有限公司	分包单位负责人	—	分包内容	智能建筑工程

序号	子分部工程名称	分项工程名称	检验批数量	施工单位检查结果	监理单位验收结论
1	智能化集成系统	设备安装	1	符合要求	合格
2		软件安装	1	符合要求	合格
3		接口及系统调试	1	符合要求	合格
4		试运行	1	符合要求	合格
5	信息接入系统	安装场地检查	1	符合要求	合格
6	用户电话交换系统	线缆敷设	1	符合要求	合格
7		设备安装	1	符合要求	合格
8		软件安装	1	符合要求	合格
质量控制资料			检查38项,齐全有效		合格
安全和功能检验结果			检查5项,符合要求		合格
观感质量检验结果			好		
综合验收结论		地基与基础分部工程验收合格			

施工单位 项目负责人：××× ××年×月×日	勘察单位 项目负责人： 年 月 日	设计单位 项目负责人：××× ××年×月×日	监理单位 总监理工程师：××× ××年×月×日

续表

单位(子单位)工程名称	××大厦	子分部工程数量	8	分项工程数量	43
施工单位	××建筑有限公司	项目负责人	×××	技术(质量)负责人	×××
分包单位	××建筑工程有限公司	分包单位负责人	—	分包内容	智能建筑工程

序号	子分部工程名称	分项工程名称	检验批数量	施工单位检查结果	监理单位验收结论
9	用户电话交换系统	接口及系统调试	1	符合要求	合格
10		试运行	1	符合要求	合格
11	信息网络系统	计算机网络系设备安装	1	符合要求	合格
12		计算机网络软件安装	1	符合要求	合格
13		网络安全设备安装	1	符合要求	合格
14		网络安全软件安装	1	符合要求	合格
15		系统调试	1	符合要求	合格
16	综合布线系统	梯架、托盘、槽盒和导管安装	5	符合要求	合格
质量控制资料			检查38项,齐全有效		合格
安全和功能检验结果			检查5项,符合要求		合格
观感质量检验结果			好		
综合验收结论			地基与基础分部工程验收合格		

施工单位	勘察单位	设计单位	监理单位
项目负责人:×××	项目负责人:	项目负责人:×××	总监理工程师:×××
××年×月×日	年 月 日	××年×月×日	××年×月×日

单位(子单位)工程名称	××大厦	子分部工程数量	8	分项工程数量	43
施工单位	××建筑有限公司	项目负责人	×××	技术(质量)负责人	×××
分包单位	××建筑工程有限公司	分包单位负责人	—	分包内容	智能建筑工程

序号	子分部工程名称	分项工程名称	检验批数量	施工单位检查结果	监理单位验收结论
17	综合布线系统	线缆敷设	5	符合要求	合格
18		机柜、机架、配线架安装	5	符合要求	合格
19		信息插座安装	5	符合要求	合格
20		链路或信道测试	5	符合要求	合格
21		软件安装	1	符合要求	合格
22		系统调试,试运行	1	符合要求	合格
23	火灾自动报警系统	探测器类设备安装	10	符合要求	合格
24		控制器类设备安装	2	符合要求	合格
质量控制资料			检查38项,齐全有效		合格
安全和功能检验结果			检查5项,符合要求		合格
观感质量检验结果			好		
综合验收结论			地基与基础分部工程验收合格		

施工单位 项目负责人:××× ××年×月×日	勘察单位 项目负责人: 年 月 日	设计单位 项目负责人:××× ××年×月×日	监理单位 总监理工程师:××× ××年×月×日

续表

单位(子单位)工程名称	××大厦	子分部工程数量	8	分项工程数量	43
施工单位	××建筑有限公司	项目负责人	×××	技术(质量)负责人	×××
分包单位	××建筑工程有限公司	分包单位负责人	—	分包内容	智能建筑工程

序号	子分部工程名称	分项工程名称	检验批数量	施工单位检查结果	监理单位验收结论
25	火灾自动报警系统	软件安装	2	符合要求	合格
26		系统调试	2	符合要求	合格
27		试运行	2	符合要求	合格
28	机房	供配电系统	1	符合要求	合格
29		防雷与接地系统	1	符合要求	合格
30		空气调节系统	1	符合要求	合格
31		给排水系统	1	符合要求	合格
32		综合布线系统	1	符合要求	合格
质量控制资料			检查38项,齐全有效		合格
安全和功能检验结果			检查5项,符合要求		合格
观感质量检验结果			好		
综合验收结论			地基与基础分部工程验收合格		

施工单位 项目负责人:××× ××年×月×日	勘察单位 项目负责人: 年 月 日	设计单位 项目负责人:××× ××年×月×日	监理单位 总监理工程师:××× ××年×月×日

注:1.地基与基础分部工程的验收应由施工、勘察、设计单位项目负责人和总监理工程师参加并签字。

　　2.主体结构、节能分部工程的验收应由施工、设计单位项目负责人和总监理工程师参加并签字。

三、《分部工程质量验收记录》填写说明

参见《建筑电气分部工程质量验收记录》填写说明相关内容。

第六章

建筑电气、智能建筑工程资料组卷与归档实例范本

本章内容包括下列资料：

- ► 建筑电气工程施工资料编制与组卷实例
- ► 智能建筑工程施工资料编制与组卷实例

第一节　建筑电气工程施工资料
编制与组卷实例

一、第××卷 C1 施工管理资料

1.案卷封面、卷内目录

工 程 资 料

工程名称：　　　　　　　　××办公楼工程

案卷题名：　　　　　　　建筑电气工程施工资料

C1 施工管理资料　施工日志、监理通知回复单、专业人员岗位证书

编制单位：　　　　　　××建设集团有限公司

技术主管：

编制日期：自　2013　年　10　月　20　日起至　2015　年　4　月　30　日　止

保管期限：　　　　　　　　　　　　**密级**：

保存档号：

共　　　　册　　　　第　　　　册

工程资料卷内目录

工程名称		××办公楼工程	资料类别	C1 施工管理资料		
序号	文件材料题名	原编字号	编制单位	编制日期	页次	备注
1	建筑电气工程施工日志		××建设集团有限公司	2013.10.20～2015.4.30	1～409	
2	监理通知回复单		××建设集团有限公司	2013.11.7 2015.2.1	410～416	
3	建筑电气专业人员岗位证书		××建委考核办	2012.5.30～2013.3.10	417～426	

2.备考表

（表略——编者注。）

二、第××卷 C2 施工技术资料

1. 案卷封面、卷内目录

工　程　资　料

工程名称：　　　　　　　　××办公楼工程

案卷题名：　　　　　　　　建筑电气工程施工资料

　　　　　　　C2 施工技术资料　　电气施工方案、技术交底记录、设计变更文件

编制单位：　　　　　　　　××建设集团有限公司

技术主管：

编制日期：自　2013　年　10　月　11　日起至　2015　年　4　月　16　日　止

保管期限：　　　　　　　　　　　　密级：

保存档号：

共　　　册　　　第　　　册

工程资料卷内目录

工程名称	××办公楼工程		资料类别		C2 施工技术资料		
序号	文件材料题名	原编字号	编制单位	编制日期	页次	备注	
1	工程技术文件报审表		××建设集团有限公司	2013.10.15	1		
2	建筑电气工程施工方案		××建设集团有限公司	2013.10.11	2～56		
3	建筑电气工程施工方案技术交底记录		××建设集团有限公司	2013.10.16	57～59		
4	建筑电气分项工程施工技术交底记录		××建设集团有限公司	2013.10.19～2015.4.16	60～160		
5	图纸会审记录		××集团开发有限公司	2013.10.13	161～162		
6	设计变更通知单		××建筑设计院	2013.12.28～2015.3.23	163～189		
7	工程变更洽商记录		××建设集团有限公司	2014.4.4～2014.12.8	190～242		

2.建筑电气分项工程施工技术交底记录目录

资料管理通用目录

工程名称	××办公楼工程	资料类别		建筑电气分项工程施工 技术交底记录		
序号	内 容 摘 要	编 制 单 位	日期	资料 编号	页次	备注
1	接地装置安装技术交底	××建设集团有限公司	2013.10.19	001	1～10	
2	避雷引下线和变配电室接地干线敷设技术交底	××建设集团有限公司	2013.10.20	002	11～17	
3	建筑物等电位联结技术交底	××建设集团有限公司	2013.10.20	003	18～22	
4	管路敷设技术交底	××建设集团有限公司	2013.11.29	004	23～32	
5	管内穿绝缘导线技术交底	××建设集团有限公司	2014.4.26	005	33～38	
6	金属线槽、桥架安装配线技术交底	××建设集团有限公司	2014.11.2	006	39～45	
7	电缆敷设技术交底	××建设集团有限公司	2014.11.10	007	46～49	
8	套接紧定式钢导管管路敷设技术交底	××建设集团有限公司	2014.11.26	008	50～57	
9	动力、照明配电箱安装技术交底	××建设集团有限公司	2015.1.25	009	58～63	
10	成套配电柜、控制柜安装技术交底	××建设集团有限公司	2015.1.25	010	64～68	
11	动力、照明系统电缆头制作、接线和线路绝缘测试技术交底	××建设集团有限公司	2015.2.9	011	69～72	
12	普通灯具安装技术交底	××建设集团有限公司	2015.2.27	012	73～78	
13	专用灯具安装技术交底	××建设集团有限公司	2015.2.27	013	79～82	
14	插座、开关安装技术交底	××建设集团有限公司	2015.3.1	014	83～86	
15	接闪器安装技术交底	××建设集团有限公司	2015.3.13	015	87～90	
16	低压电动机及电动执行机构检查、接线技术交底	××建设集团有限公司	2015.3.20	016	91～95	
17	低压电气动力设备试验和试运行技术交底	××建设集团有限公司	2015.4.5	017	96～98	
18	建筑照明通电试运行技术交底	××建设集团有限公司	2015.4.16	018	99～100	

3.备考表

（表略——编者注。）

三、第××卷 C3 进度造价资料

1. 案卷封面、卷内目录

工 程 资 料

工程名称： ××办公楼工程

案卷题名： 建筑电气工程施工资料

C3 进度造价资料 工程开工、复工、进度计划报审表等

编制单位： ××建设集团有限公司

技术主管：

编制日期： 自 2013 年 10 月 15 日起至 2015 年 3 月 25 日 止

保管期限： **密级：**

保存档号：

共 册 第 册

工程资料卷内目录

工程名称	××办公楼工程		资料类别		C3 进度造价资料	
序号	文件材料题名	原编字号	编制单位	编制日期	页次	备注
1	（　）月工、料、机动态表		××建设集团有限公司	2013.10.15～2015.3.25	1～19	
2	工程变更费用报审表		××建设集团有限公司	2014.10.12	20～21	

2.备考表

（表略——编者注。）

四、第××卷 C4 施工物资资料(1)

1. 案卷封面、卷内目录

工 程 资 料

工程名称：　　　　××办公楼工程

案卷题名：　　　　建筑电气工程施工资料

C4 施工物资资料(1)　　成套配电柜、配电箱、照明灯具、电线、电缆等出厂合格证、生产许可证、CCC 认证及证书复印件、进场检验记录等

编制单位：　　　　××建设集团有限公司

技术主管：

编制日期：自 2014 年 6 月 28 日起全 2015 年 3 月 29 日 止

保管期限：　　　　　　　　　　　密级：

保存档号：

共　　册　　第　　册

工程资料卷内目录

工程名称		××办公楼工程	资料类别		C4 施工物资资料(1)		
序号	文件材料题名	原编字号	编制单位	编制日期	页次	备注	
1	低压成套配电柜、动力、照明配电箱开箱检验记录		××建设集团有限公司	2015.1.6～2015.1.20	1～4		
2	低压成套配电柜、动力、照明配电箱出厂合格证、生产许可证、试验记录、CCC认证及证书复印件		××电器公司	2012.9～2014.12	5～101		
3	不间断电源柜等开箱检验记录		××建设集团有限公司	2015.1.9～2015.1.20	102～106		
4	不间断电源柜等出厂合格证、生产许可证、试验记录		××消防电子有限公司	2014.6.28～2014.12.24	107～140		
5	电动机、电动执行机构进场检验记录		××建设集团有限公司	2015.3.29	141		
6	电动机、电动执行机构合格证、生产许可证、CCC认证及证书复印件		××电器公司	2014.5.16～2014.10.22	142～145		
7	照明灯具、开关、插座进场检验记录		××建设集团有限公司	2015.2.5～2015.2.25	146～153		
8	照明灯具、开关、插座出厂合格证、CCC认证及证书复印件		××灯饰电器公司等	2012.12.16～2014.12.20	154～251		
9	电线、电缆进场检验记录		××建设集团有限公司	2014.11.16～2015.2.3	252～259		
10	电线、电缆出厂合格证、生产许可证、CCC认证及证书复印件		××线缆有限公司	2012.1.20～2014.12.21	260～358		

2.低压成套配电柜、动力、照明配电箱开箱检验记录目录

物资进场检验记录目录

工程名称	××办公楼工程			资料类别	低压成套配电柜、动力、照明配电箱开箱检验记录			
序号	物资名称	品种规格型号	检验单位	检验日期	检验结论	资料编号	页次	备注
1	配电柜	GGD	××公司	2015.1.6	符合要求	001	1	
2	配电箱	BDX	××公司	2015.1.6	符合要求	002	2	
3	配电箱	BDX	××公司	2015.1.20	符合要求	003	3	

3. 低压成套配电柜、动力、照明配电箱出厂合格证、生产许可证、试验记录、CCC 认证及证书复印件目录

资料管理专项目录（质量证明文件）

工程名称	××办公楼工程			资料类别	低压成套配电柜、动力、照明配电箱出厂合格证、生产许可证、试验记录、CCC 认证及证书复印件						
序号	物资(资料)名称	厂名	品种规格型号	产品质量证明编号	数量	进场日期	使用部位	资料编号	页次	备注
1	成套配电柜产品合格证	××电器公司	GGD	100909~051001	4台	2014.9~2014.10	地下一层	001	1~2	
2	成套配电柜生产许可证	××电器公司	GGD	XK11-2010708		2012.9		002	3	
3	成套配电柜出厂检验报告	××电器公司	GGD	100909~101001	4台	2014.9~2014.10	地下一层	003	4~7	
4	成套配电柜CCC认证及证书复印件	××电器公司	GGD	2012010301083074		2012.9.5		004	8	
5	成套配电柜安装技术文件	××电器公司	GGD			2014.9~2014.10	地下一层	005	9~18	
6	配电箱产品合格证	××电器公司	BDX	1010061~1010095 等	82台	2014.10~2014.12	地下一层~十一层	006	19~35	
7	配电箱生产许可证	××电器公司	BDX	XK11-2010707		2012.9		007	36	
8	配电箱出厂检验报告	××电器公司	BDX	1010061~1010095 等	82台	2014.10~2014.12	地下一层~十一层	008	37~62	
9	配电箱CCC认证及证书复印件	××电器公司	BDX	2012010301083068		2012.9.5		009	63	
10	配电箱安装技术文件	××电器公司	BDX			2014.10~2014.12	地下一层~十一层	0010	64~68	
11	配电箱产品合格证	××电器公司	BDX	1012145~1012184	40台	2014.12	地下一层~十一层	011	69~78	
12	配电箱出厂检验报告	××电器公司	BDX	1012145~1012184	40台	2014.12	地下一层~十一层	012	79~91	
13	配电箱安装技术文件	××电器公司	BDX			2014.12	地下一层~十一层	013	92~96	

4.照明灯具、开关、插座进场检验记录目录

物资进场检验记录目录

工程名称	××办公楼工程		资料类别		照明灯具、开关、插座进场检验记录		
序号	物 资 名 称	品种规格型号	检验单位	检验日期	检验结论	资料编号	页次	备注
1	T5 电子型格栅灯 嵌入式筒灯	2×28W 3×18W 3×36W 4″ 40W 5″ 40W	××公司	2015.2.5	符合要求	001	1	
2	T5 节能荧光灯	1×28W	××公司	2015.2.6	符合要求	002	2	
3	格栅射灯 消防应急照明灯	3×100W 2×100W XSL-3	××公司	2015.2.11	符合要求	003	3	
4	双管控弧荧光灯 带蓄电双管控弧荧光灯 单管荧光灯 带防尘罩单管荧光灯 313# 吸顶灯 壁灯	2×40W 2×40W 1×40W 1×30W 1×40W 1×40W 60W	××公司	2015.2.14	符合要求	004	4	
5	疏散指示灯	HMYD-8	××公司	2015.2.16	符合要求	005	5	
6	壁灯 白炽壁灯 镜前灯	1×40W 4×40W MB3075/22 22W	××公司	2015.2.20	符合要求	006	6	
7	开关 插座	KG L426	××公司	2015.2.25	符合要求	007	7	

5. 照明灯具、开关、插座出厂合格证、CCC 认证及证书复印件目录

资料管理专项目录（质量证明文件）

工程名称	××办公楼工程			资料类别		照明灯具、开关、插座出厂合格证、CCC 认证及证书复印件				
序号	物资(资料)名称	厂名	品种规格型号	产品质量证明编号	数量	进场日期	使用部位	资料编号	页次	备注
1	T5 电子型格栅灯产品合格证、检验报告	××灯饰电器公司	2×28W	××	960 套	2014.10	一～十一层	001	1～9	
2	T5 电子型格栅灯产品合格证、检验报告	××灯饰电器公司	3×18W	××	416 套	2014.10	一～十一层	002	10～18	
3	T5 电子型格栅灯产品合格证、检验报告	××灯饰电器公司	3×36W	××	6 套	2014.10	一～五层	003	19～27	
4	T5 电子型格栅灯 CCC 认证及证书复印件	××灯饰电器公司	2×28W 等	××		2013.7.5		004	28	
5	嵌入式筒灯产品合格证、检验报告	××灯饰电器公司	4″ 40W 5″ 40W	××	656 套 210 套	2014.10	地下一层～十一层	005	29～37	
6	嵌入式筒灯 CCC 认证及证书复印件	××灯饰电器公司	40W 等	××		2013.7.5		006	38	
7	T5 节能荧光灯产品合格证、CCC 认证及证书复印件	××集团股份有限公司	1×28W	××	378 套	2014.10	一～十一层	007	39～40	
8	格栅射灯产品合格证	××灯饰有限公司	××		94 套	2014.10	二层报告厅	008	41	

续表

序号	物资(资料)名称	厂名	品种规格型号	产品质量证明编号	数量	进场日期	使用部位	资料编号	页次	备注
9	格栅射灯产品合格证	××灯饰有限公司	SGD8014 2×100W		20套	2014.10	一、二层会议室	009	42	
10	格栅射灯CCC认证试验报告及证书复印件	××灯饰有限公司	SGD8014	××		2013.9.13		010	43~57	
11	消防应急照明灯产品合格证	××机械电子有限责任公司	XSL-3		6套	2013.11	变配电室	011	58	
12	消防应急照明灯产品型式认可证书及型式检验报告	××机械电子有限责任公司	XSL-3	××		2014.6.6		012	59~72	
13	双管控弧荧光灯产品合格证	××光电器材厂	2×40W		102套	2014.11	地下一层	013	73	
14	带蓄电双管控弧荧光灯产品合格证	××光电器材厂	2×40W		6套	2014.11	变配电室	014	73	
15	单管荧光灯产品合格证	××光电器材厂	1×40W 1×30W		952套 180套	2014.11	地下一层~十一层	015	73	
16	带防尘罩单管荧光灯产品合格证	××光电器材厂	1×40W		102套	2014.11	地下一层~十一层	016	73	
17	313# 吸顶灯产品合格证	××光电器材厂	1×40W		15套	2014.11	地下一层	017	73	
18	壁灯产品合格证	××光电器材厂	60W		34套	2014.11	二层~十层	018	73	
19	荧光灯具检验报告	××光电器材厂	2×40W等	××		2014.11.19		019	74~77	
20	荧光灯具CCC认证及证书复印件	××光电器材厂	2×40W等	××		2012.12.16		020	78	

续表

序号	物资(资料)名称	厂名	品种规格型号	产品质量证明编号	数量	进场日期	使用部位	资料编号	页次	备注
21	疏散指示灯产品合格证	××灯具有限公司	HMYD-8		228套	2014.12	地下一层～十一层	021	79	
22	疏散指示灯产品型式认可证书及型式检验报告	××灯具有限公司	HMYD-8	××		2014.8.16		022	80～85	
23	壁灯产品合格证、CCC认证及证书复印件	××灯饰公司	1×40W	××	4套	2014.12	接待室、会议室	023	86～87	
24	白炽壁灯产品合格证、CCC认证及证书复印件	××灯饰厂	4×40W	××	8套	2014.12	报告厅	024	88～89	
25	镜前灯产品合格证、CCC认证及证书复印件	××灯饰电器厂	MB3075/22 22W	××	58套	2014.12	地下一层～十层卫生间	025	90～91	
26	开关产品合格证	TCL国际电工	KG		784套	2014.12	地下一层～十一层	026	92	
27	插座产品合格证	TCL国际电工	L426		1855套	2014.12	地下一层～十一层	027	93	
28	开关、插座CCC认证及证书复印件	TCL国际电工	KG、L426等	××		2013.8.16		028	94～95	

注:本表适用于C4施工物资资料中产品合格证、检验报告编目。

6.电线、电缆出厂合格证、生产许可证、CCC认证及证书复印件目录

资料管理专项目录(质量证明文件)

工程名称	××办公楼工程			资料类别	电线、电缆出厂合格证、生产许可证、CCC认证及证书复印件				
序号	物资(资料)名称	厂名	品种规格型号	产品质量证明编号	数量(m)	进场日期	使用部位	资料编号	页次	备注
1	铜芯聚氯乙烯绝缘耐火电线产品合格证、检验报告	××线缆有限公司	NHBV 450/750V 2.5	2014-425	3500	2014.7.5	四层、五层	001	1~5	
2	铜芯聚氯乙烯绝缘阻燃电线产品合格证、检验报告	××线缆有限公司	ZRBV 450/750V 2.5	2014-542	22500	2014.7.16	四层、五层	002	6~10	
3	铜芯聚氯乙烯绝缘阻燃电线产品合格证、检验报告	××线缆有限公司	ZRBV 450/750V 4	2014-543	6100	2014.7.16	四层、五层	003	11~15	
4	铜芯聚氯乙烯绝缘阻燃电线产品合格证	××线缆有限公司	ZRBV 450/750V 2.5		40000	2014.8.22	一~三层、六~十一层	004	16	
5	铜芯聚氯乙烯绝缘阻燃电线产品合格证、检验报告	××线缆有限公司	ZRBV 450/750V 6	2014-544	6000	2014.8.22	一~三层、六~十一层	005	17~21	
6	铜芯聚氯乙烯绝缘阻燃电线产品合格证、检验报告	××线缆有限公司	ZRBV 450/750V 25	2014-575	100	2014.8.22	一~三层	006	22~26	
7	铜芯聚氯乙烯绝缘耐火电线产品合格证	××线缆有限公司	NHBV 450/750V 2.5		26500	2014.8.29	地下一层~三层、六~十一层	007	27	

序号	物资(资料)名称	厂名	品种规格型号	产品质量证明编号	数量(m)	进场日期	使用部位	资料编号	页次	备注
8	铜芯聚氯乙烯绝缘电线产品合格证、检验报告	××线缆有限公司	NHBV 450/750V 4	2014-427	1000	2014.8.29	地下一层～十一层	008	28～32	
9	铜芯聚氯乙烯绝缘电线产品合格证、检验报告	××线缆有限公司	BVR 450/750V 6	2014-406	600	2014.9.1	地下一层～十一层	009	33～37	
10	铜芯聚氯乙烯绝缘阻燃电线产品合格证	××线缆有限公司	ZRBV 450/750V 2.5		6000	2014.9.17	地下一层	010	38	
11	铜芯聚氯乙烯绝缘阻燃电线产品合格证、检验报告	××线缆有限公司	ZRBV 450/750V 10	2014-568	500	2014.9.17	地下一层	011	39～43	
12	铜芯聚氯乙烯绝缘阻燃电线产品合格证、检验报告	××线缆有限公司	ZRRVS 300/300V 2×0.75	2014-540	200	2014.9.20	地下一层	012	44～48	
13	铜芯聚氯乙烯绝缘阻燃电线产品合格证	××线缆有限公司	ZRBV 450/750V 6		500	2014.10.12	地下一层	013	49	
14	铜芯聚氯乙烯绝缘阻燃电线产品合格证、检验报告	××线缆有限公司	ZRBV 450/750V 16	2014-572	400	2014.10.12	一层、地下一层	014	50～54	
15	铜芯聚氯乙烯绝缘阻燃电线产品合格证	××线缆有限公司	ZRBV 450/750V 25		600	2014.10.12	一层、地下一层	015	55	
16	铜芯聚氯乙烯绝缘阻燃电线产品合格证、检验报告	××线缆有限公司	ZRBV 450/750V 35	2014-578	100	2014.10.12	一层	016	56～60	

序号	物资(资料)名称	厂名	品种规格型号	产品质量证明编号	数量(m)	进场日期	使用部位	资料编号	页次	备注
17	铜芯聚氯乙烯绝缘耐火电线产品合格证、检验报告	××线缆有限公司	NHBV 450/750V 1.5	2014-424	300	2014.10.26	一层、地下一层	017	61~65	
18	铜芯聚氯乙烯绝缘耐火电线产品合格证、检验报告	××线缆有限公司	NHBV 450/750V 16	2014-433	400	2014.10.26	地下一层	018	66~70	
19	铜芯聚氯乙烯绝缘电线生产许可证	××线缆有限公司	(BV) 450/750V 1.5~150	XK06-138 5945		2012.1.20		019	71	
20	铜芯聚氯乙烯绝缘电线CCC认证及证书复印件	××线缆有限公司	(BV) 450/750V 1.5~150	20120101 05019595		2012.10.23		020	72	
21	铜芯交联聚乙烯绝缘聚氯乙烯护套阻燃电力电缆产品合格证	××线缆有限公司	ZRYJV 3×35+2×16~4×35+1×16		284/…/1100	2014.11.3	地下一层~十一层	021	73~75	包括5种规格
22	铜芯交联聚乙烯绝缘聚氯乙烯护套耐火电力电缆产品合格证	××线缆有限公司	NHYJV 3×95+2×50~4×35+1×16		1150/…/590	2014.11.8	地下一层~十一层	022	75~77	包括4种规格
23	铜芯交联聚乙烯绝缘聚氯乙烯护套耐火电力电缆产品合格证	××线缆有限公司	NHYJV 3×35+2×16~5×10		400/…/360	2014.11.24	地下一层~十一层	023	77~81	包括8种规格
24	铜芯交联聚乙烯绝缘聚氯乙烯护套阻燃电力电缆产品合格证	××线缆有限公司	ZRVV 5×16、5×10		150 162	2014.12.5	地下一层~十一层	024	81~82	
25	铜芯交联聚乙烯绝缘聚氯乙烯护套电力电缆产品合格证	××线缆有限公司	VV2×1.5		1210	2014.12.5	地下一层~十一层	025	82	

序号	物资(资料)名称	厂名	品种规格型号	产品质量证明编号	数量(m)	进场日期	使用部位	资料编号	页次	备注
26	铜芯交联聚乙烯绝缘聚氯乙烯护套阻燃电力电缆产品合格证	××线缆有限公司	ZRYJV 4×95＋1×50、4×70＋1×35		385 370	2014.12.5	地下一层～十一层	026	83	
27	铜芯交联聚乙烯绝缘聚氯乙烯护套耐火电力电缆产品合格证	××线缆有限公司	NHYJV 4×35＋1×16		150	2014.12.10	地下一层～十一层	027	84	
28	铜芯交联聚乙烯绝缘聚氯乙烯电力电缆生产许可证	××线缆有限公司	YJV 等	XK06-138 6214		2012.10.22		028	85	
29	铜芯交联聚乙烯绝缘聚氯乙烯电力电缆CCC认证及证书复印件	××线缆有限公司	YJV 等	20120101 05019596		2012.10.23		029	86	
30	铜芯交联聚乙烯绝缘聚氯乙烯护套阻燃电力电缆检验报告	××线缆有限公司	ZRYJV 4×35＋1×16	2014-841		2014.12.21		030	87～91	
31	铜芯交联聚乙烯绝缘聚氯乙烯护套耐火电力电缆检验报告	××线缆有限公司	NHYJV 5×16	2014-840		2014.12.21		031	92～96	

7. 备考表

（表略——编者注。）

五、第××卷 C4 施工物资资料(2)

1. 案卷封面、卷内目录

工 程 资 料

工程名称： ××办公楼工程

案卷题名： 建筑电气工程施工资料

C4 施工物资资料(2) 导管、电缆桥架、线槽、型钢、镀锌制品等合格证、
质量证明书、进场检验记录等

编制单位： ××建设集团有限公司

技术主管：

编制日期： 自 2013 年 5 月 17 日起至 2015 年 3 月 11 日 止

保管期限： **密级：**

保存档号：

共 册 第 册

工程资料卷内目录

工程名称	××办公楼工程			资料类别	C4 施工物资资料(2)	
序号	文件材料题名	原编字号	编制单位	编制日期	页次	备注
1	导管、电缆桥架和线槽进场检验记录		××建设集团有限公司	2013.11.24～2014.12.29	1～11	
2	导管、电缆桥架和线槽出厂合格证		××钢管厂等	2013.7.15～2014.10.9	12～146	
3	型钢和电焊条进场检验记录		××建设集团有限公司	2013.11.17～2014.10.8	147～151	
4	型钢和电焊条合格证和材质证明书		××钢铁(集团)有限公司等	2013.9.6～2014.9.15	152～174	
5	镀锌制品进场检验记录		××建设集团有限公司	2014.11.13	175	
6	镀锌制品合格证和镀锌质量证明书		××建材有限公司	2014.8.2	176～179	
7	其他材料进场检验记录		××建设集团有限公司	2013.11.28～2015.3.11	180～184	
8	其他材料产品质量证明		××电器设备厂等	2013.5.17～2014.12.1	185～252	

2.导管、电缆桥架和线槽出厂合格证目录

资料管理专项目录(质量证明文件)

工程名称		××办公楼工程					资料类别	导管、电缆桥架和线槽出厂合格证			
序号	物资(资料)名称	厂名	品种规格型号	产品质量证明编号	数量(m)	进场日期	使用部位	资料编号	页次	备注
1	焊接钢管产品合格证、质量证明书	××钢管厂	SC50 SC40 SC32 SC25 SC20 SC15		28 120 330 600 1800 6000	2013.11.5	地下一层	001	1~8	
2	热镀锌管产品合格证、质量证明书	××钢管厂	φ150 φ100		42 18	2013.11.20	地下一层进户	002	9~12	
3	PVC阻燃电线套管产品合格证、检验报告	××塑料制品有限公司	GY·315-20	BETC-NH-2013-118	310	2013.12.16	地下一层~十一层	003	13~16	
4	建筑用绝缘电工套管合格证、检验报告	××电器公司	φ32	20130266	190	2013.12.18	地下一层~十一层	004	17~18	
5	焊接钢管产品合格证、质量证明书	××钢管厂	SC15 SC20		28000 10000	2014.1.25	一层~十一层	005	19~22	
6	焊接钢管产品合格证、质量证明书	××钢管厂	SC25		2450	2014.1.31	一层~十一层	006	23~24	
7	焊接钢管产品合格证、质量证明书	××钢管厂	SC32		1200	2014.2.1	一层~十一层	007	25~26	
8	焊接钢管产品合格证、质量证明书	××钢管厂	SC40 SC50		25 200	2014.2.10	一层~十一层	008	27~29	
9	焊接钢管产品合格证、质量证明书	××钢管厂	SC70		40	2014.2.15	一层~十一层	009	30~31	
10	焊接钢管产品合格证、质量证明书	××钢管厂	SC20 SC25 SC32		2000 600 430	2014.3.1	一层~十一层	010	32~35	

序号	物资(资料)名称	厂名	品种规格型号	产品质量证明编号	数量(m)	进场日期	使用部位	资料编号	页次	备注
11	套接紧定式镀锌钢导管(JDG)产品合格证	××制管有限公司	Q235φ16 Q235φ20 Q235φ25		1520 760 270	2014.9.30	一层～十一层吊顶内	011	36	
12	套接紧定式镀锌钢导管(JDG)产品合格证	××制管有限公司	Q235φ16		1700	2014.10.9	一层～十一层吊顶内	012	37	
13	套接紧定式镀锌钢导管(JDG)产品认证证书及认证试验报告	××制管有限公司		CQC0400 3010716		2013.7.15		013	38～50	
14	电控配电用电缆桥架产品合格证、检验报告	××电缆桥架厂	100×50	J201406159	308	2014.9.3	十一层	014	51～53	
15	电控配电用电缆桥架产品合格证、检验报告	××电缆桥架厂	55×40	J201406158	114	2014.9.3	十一层	015	54～56	
16	电控配电用电缆桥架产品合格证、检验报告	××电缆桥架厂	200×100	J201406161	6	2014.9.4	十一层	016	57～59	
17	电控配电用电缆桥架产品合格证、检验报告	××电缆桥架厂	100×100	J201406160	58	2014.9.4	十一层	017	60～62	
18	电控配电用电缆桥架产品合格证、检验报告	××电缆桥架厂	400×150	J201406166	20	2014.9.5	十一层	018	63～65	
19	电控配电用电缆桥架产品合格证、检验报告	××电缆桥架厂	300×100	J201406164	34	2014.9.10	十层	019	66～68	
	······									

续表

序号	物资(资料)名称	厂名	品种规格型号	产品质量证明编号	数量(m)	进场日期	使用部位	资料编号	页次	备注
40	电控配电用电缆桥架产品合格证	××电缆桥架厂	200×100		260	2014.10.6	一层、学术报告厅	040	124	
41	电控配电用电缆桥架产品合格证、检验报告	××电缆桥架厂	300×150	J201406165	85	2014.10.6	地下一层	041	125~127	
42	电控配电用电缆桥架产品合格证	××电缆桥架厂	400×150		46	2014.10.6	地下一层	042	128	
43	电控配电用电缆桥架产品合格证、检验报告	××电缆桥架厂	800×150	J201406173	42	2014.10.6	地下一层	043	129~131	

3.型钢和电焊条合格证和材质证明书目录

资料管理专项目录(质量证明文件)

工程名称		××办公楼工程				资料类别	型钢和电焊条合格证和材质证明书			
序号	物资(资料)名称	厂名	品种规格型号(mm)	产品质量证明编号	数量(m)	进场日期	使用部位	资料编号	页次	备注
1	镀锌扁钢产品合格证、质量证明书	××镀锌钢管厂	40×4		400	2013.9.6	基础底板接地	001	1~2	
2	镀锌扁钢产品合格证、质量证明书	××镀锌钢管厂	25×3		200	2013.9.6	卫生间等电位联结	002	3~4	
3	镀锌扁钢产品合格证、质量证明书	××镀锌钢管厂	50×5		30	2013.9.11	变配电室接地	003	5~6	
4	热轧钢带产品合格证、质量证明书	××钢铁(集团)有限公司	10		1块	2013.9.23	地下一层进户	004	7~8	
5	电焊条产品合格证、质保书	××焊材集团有限公司	3.2		100kg	2013.10.8	地下一层~十一层	005	9~10	
6	槽钢产品合格证、质量证明书	××轧钢有限责任公司	10#		30	2014.6.2	配电柜基础	006	11~12	
7	镀锌扁钢产品合格证、质量证明书	××带钢厂	50×5		24	2014.8.10	变配电室夹层	007	13~14	
8	镀锌扁钢产品合格证、质量证明书	××带钢厂	25×4		24	2014.8.25	电梯机房	008	15~16	
	......									

4.备考表

(表略——编者注。)

六、第××卷 C5 施工记录

1.案卷封面、卷内目录

工 程 资 料

工程名称： ××办公楼工程

案卷题名： 建筑电气工程施工资料

C5 施工记录　隐蔽工程验收记录、交接检查记录、施工检查记录

编制单位： ××建设集团有限公司

技术主管：

编制日期： 自 2013 年 11 月 25 日起至 2015 年 4 月 25 日 止

保管期限：　　　　　　　　　**密级：**

保存档号：

共　　　册　　　第　　　册

工程资料卷内目录

工程名称	××办公楼工程			资料类别	C5 施工记录	
序号	文件材料题名	原编字号	编制单位	编制日期	页次	备注
1	照明、插座、风机盘管系统管路敷设隐蔽工程验收记录		××建设集团有限公司	2013.12.7～2014.9.21	1～57	
2	电气动力系统管路敷设隐蔽工程验收记录		××建设集团有限公司	2013.12.7～2014.9.21	58～100	
3	防雷接地引下线敷设隐蔽工程验收记录		××建设集团有限公司	2013.11.25～2014.8.9	101～138	
4	等电位暗埋隐蔽工程验收记录		××建设集团有限公司	2013.12.8～2014.2.25	139～144	
5	卫生间局部等电位联结PVC管路敷设隐蔽工程验收记录		××建设集团有限公司	2014.6.1～2014.8.9	145～157	
6	接地极装置埋设隐蔽工程验收记录		××建设集团有限公司	2013.11.25～2014.1.16	158～164	
7	幕墙与避雷引下线连接隐蔽工程验收记录		××建设集团有限公司	2014.8.17～2014.9.8	165～171	
8	不进人吊顶内的电线导管隐蔽工程验收记录		××建设集团有限公司	2014.11.26～2015.2.8	172～183	
9	不进人吊顶内的线槽隐蔽工程验收记录		××建设集团有限公司	2014.11.25～2015.2.3	184～195	
10	交接检查记录		××建设集团有限公司	2015.3.6	196	
11	工序交接检查记录		××建设集团有限公司	2013.11.25～2015.4.25	197～255	
12	开关及插座接地检验记录		××建设集团有限公司	2015.4.9～2015.4.10	256～257	
13	施工检查记录		××建设集团有限公司	2013.11.25～2015.3.11	258～304	

2.照明、插座、风机盘管系统管路敷设隐蔽工程验收记录目录

施工记录目录

工程名称	××办公楼工程		资料类别	照明、插座、风机盘管系统管路敷设隐蔽工程验收记录			
序号	施工部位(内容摘要)	编制单位	日期	资料编号	页次	备注
1	照明系统管路敷设　地下一层⑭～⑦/⑧～⑭轴墙体、柱内	××建设集团有限公司	2013.12.7	001	1	
2	照明系统管路敷设　地下一层⑦～⑬/Ⓐ～⑭轴墙体、柱内	××建设集团有限公司	2013.12.13	002	2	
3	照明系统管路敷设　地下一层⑭～⑦/⑧～⑭轴顶板	××建设集团有限公司	2014.1.1	003	3	
4	照明系统管路敷设　地下一层⑦～⑬/Ⓐ～⑭轴顶板	××建设集团有限公司	2014.1.10	004	4	
5	照明系统管路敷设　地下一层⑭～③/Ⓔ～Ⓖ轴顶板	××建设集团有限公司	2014.1.14	005	5	
6	照明系统管路敷设　分界室夹层⑭～③/Ⓔ～Ⓖ轴墙体	××建设集团有限公司	2014.1.16	006	6	
7	照明系统管路敷设　分界室夹层⑭～③/Ⓔ～Ⓖ轴顶板	××建设集团有限公司	2014.1.19	007	7	
8	照明系统管路敷设　一层⑨～⑬/Ⓐ～Ⓖ轴顶板	××建设集团有限公司	2014.3.18	008	8	
9	照明、插座、风机盘管系统管路敷设一层⑤～⑨/Ⓓ～Ⓖ轴顶板	××建设集团有限公司	2014.3.20	009	9	
10	照明、插座、风机盘管系统管路敷设一层①～⑤/Ⓓ～Ⓖ轴顶板	××建设集团有限公司	2014.3.22	010	10	
11	照明、插座、风机盘管系统管路敷设二层⑨～⑬/Ⓐ～Ⓖ轴顶板	××建设集团有限公司	2014.3.29	011	11	
12	照明、插座、风机盘管系统管路敷设二层⑤～⑨/Ⓓ～Ⓖ轴顶板	××建设集团有限公司	2014.3.31	012	12	
13	照明、插座、风机盘管系统管路敷设二层①～⑤/Ⓓ～Ⓖ轴顶板	××建设集团有限公司	2014.4.3	013	13	
14	照明、插座、风机盘管系统管路敷设三层⑨～⑬/Ⓐ～Ⓖ轴顶板	××建设集团有限公司	2014.4.12	014	14	
15	照明、插座、风机盘管系统管路敷设三层⑤～⑨/Ⓓ～Ⓖ轴顶板	××建设集团有限公司	2014.4.13	015	15	

序号	施工部位(内容摘要)	编制单位	日期	资料编号	页次	备注
16	照明、插座、风机盘管系统管路敷设 三层①～⑤/①～⑥轴顶板	××建设集团有限公司	2014.4.16	016	16	
	......					
27	照明、插座、风机盘管系统管路敷设 一层①～⑬/Ⓐ～⑥轴后砌墙	××建设集团有限公司	2014.6.1	027	27	
28	照明、插座、风机盘管系统管路敷设 二层①～⑬/Ⓐ～⑥轴后砌墙	××建设集团有限公司	2014.6.7	028	28	
29	照明、插座、风机盘管系统管路敷设 三层①～⑬/Ⓐ～⑥轴后砌墙	××建设集团有限公司	2014.6.14	029	29	
30	照明、插座、风机盘管系统管路敷设 四层①～⑬/①～Ⓕ轴后砌墙	××建设集团有限公司	2014.6.21	030	30	
31	照明、插座、风机盘管系统管路敷设 五层①～⑬/①～Ⓕ轴后砌墙	××建设集团有限公司	2014.6.29	031	31	
32	照明、插座、风机盘管系统管路敷设 六层①～⑬/①～Ⓕ轴后砌墙	××建设集团有限公司	2014.7.6	032	32	
	......					
46	照明系统管路敷设 电梯机房及水箱间③/①～Ⓕ轴顶板	××建设集团有限公司	2014.8.6	046	46	
47	照明、插座、风机盘管系统管路敷设 七层①～⑬/①～Ⓕ轴后砌墙	××建设集团有限公司	2014.8.9	047	47	
48	照明、插座、风机盘管系统管路敷设 八层①～⑬/①～Ⓕ轴后砌墙	××建设集团有限公司	2014.8.17	048	48	
49	照明、插座、风机盘管系统管路敷设 九层①～⑬/①～Ⓕ轴后砌墙	××建设集团有限公司	2014.8.23	049	49	
50	照明、插座、风机盘管系统管路敷设 十一层①～⑬/①～Ⓔ轴后砌墙	××建设集团有限公司	2014.8.30	050	50	
51	照明、插座、风机盘管系统管路敷设 十层①～⑬/①～Ⓕ轴后砌墙	××建设集团有限公司	2014.9.5	051	51	
52	插座系统管路敷设 地下一层⑭～⑬/Ⓑ～Ⓗ轴地面内	××建设集团有限公司	2014.9.21	052	52	
53	插座系统管路敷设 地下一层⑭～⑬/Ⓑ～Ⓗ轴后砌墙	××建设集团有限公司	2014.9.21	053	53	

3.电气动力系统管路敷设隐蔽工程验收记录目录

施工记录目录

工程名称	××办公楼工程		资料类别		电气动力系统管路敷设隐蔽工程验收记录		
序号	施工部位(内容摘要)		编制单位	日期	资料编号	页次	备注
1	地下一层⑭～⑦/Ⓑ～Ⓗ轴墙体、柱内		××建设集团有限公司	2013.12.7	001	1	
2	地下一层⑦～⑬/Ⓐ～Ⓗ轴墙体、柱内		××建设集团有限公司	2013.12.13	002	2	
3	地下一层⑭～⑦/Ⓑ～Ⓗ轴顶板		××建设集团有限公司	2014.1.1	003	3	
4	地下一层⑦～⑬/Ⓐ～Ⓗ轴顶板		××建设集团有限公司	2014.1.10	004	4	
5	分界室夹层⑭～③/Ⓔ～Ⓖ轴顶板		××建设集团有限公司	2014.1.19	005	5	
	......						
39	地下一层⑦～⑬/Ⓑ～Ⓗ轴地面内		××建设集团有限公司	2014.9.21	039	39	
40	地下一层⑦～⑬/Ⓑ～Ⓗ轴后砌墙内		××建设集团有限公司	2014.9.21	040	40	

4.防雷接地引下线敷设隐蔽工程验收记录目录

施工记录目录

工程名称	××办公楼工程		资料类别	防雷接地引下线敷设隐蔽工程验收记录			
序号	施工部位(内容摘要)		编制单位	日期	资料编号	页次	备注
1	地下一层⑭~⑦/ⓒ~ⓗ轴		××建设集团有限公司	2013.11.25	001	1	
2	地下一层⑦~⑬/Ⓐ~ⓗ轴		××建设集团有限公司	2013.11.30	002	2	
3	分界室夹层⑭~③/Ⓔ~Ⓖ轴		××建设集团有限公司	2014.1.16	003	3	
4	一层⑨~⑬/Ⓐ~Ⓖ轴柱内		××建设集团有限公司	2014.3.7	004	4	
5	一层⑤~⑨/Ⓓ~Ⓖ轴柱内		××建设集团有限公司	2014.3.10	005	5	
6	一层①~⑤/Ⓓ~Ⓖ轴柱内		××建设集团有限公司	2014.3.11	006	6	
7	二层⑨~⑬/Ⓐ~Ⓖ轴柱内		××建设集团有限公司	2014.3.22	007	7	
8	二层⑤~⑨/Ⓓ~Ⓖ轴柱内		××建设集团有限公司	2014.3.24	008	8	
9	二层①~⑤/Ⓓ~Ⓖ轴柱内		××建设集团有限公司	2014.3.27	009	9	
10	三层⑨~⑬/Ⓐ~Ⓕ轴柱内		××建设集团有限公司	2014.4.2	010	10	
11	三层⑤~⑨/Ⓓ~Ⓕ轴柱内		××建设集团有限公司	2014.4.4	011	11	
12	三层①~⑤/Ⓓ~Ⓕ轴柱内		××建设集团有限公司	2014.4.5	012	12	
13	四层⑨~⑬/Ⓐ~Ⓕ轴柱内		××建设集团有限公司	2014.4.16	013	13	
14	四层⑤~⑨/Ⓓ~Ⓕ轴柱内		××建设集团有限公司	2014.4.16	014	14	
15	四层①~⑤/Ⓓ~Ⓕ轴柱内		××建设集团有限公司	2014.4.19	015	15	
	······						

5.接地极装置埋设隐蔽工程验收记录目录

施工记录目录

工程名称	××办公楼工程		资料类别		接地极装置埋设隐蔽工程验收记录		
序号	施工部位(内容摘要)		编制单位	日期	资料编号	页次	备注
1	接地装置安装 地下一层 ⑰～⑦/ⓒ～Ⓗ轴		××建设集团有限公司	2013.11.25	001	1	
2	人工接地极预埋扁钢 地下一层 ⑰～⑦/ⓒ～Ⓗ轴		××建设集团有限公司	2013.11.25	002	2	
3	接地引下线敷设 地下一层 变配电室 ⑰～③/Ⓔ～Ⓗ轴		××建设集团有限公司	2013.11.25	003	3	
4	接地装置安装 地下一层 ⑦～⑬/Ⓐ～Ⓗ轴		××建设集团有限公司	2013.11.30	004	4	
5	人工接地极预埋扁钢 地下一层 ⑦～⑬/Ⓐ～Ⓗ轴		××建设集团有限公司	2013.11.30	005	5	
6	接地引下线敷设 分界室夹层 ⑰～③/Ⓔ～Ⓖ轴墙体		××建设集团有限公司	2014.1.16	006	6	

6.不进人吊顶内的电线导管隐蔽工程验收记录目录

施工记录目录

工程名称	××办公楼工程		资料类别	不进人吊顶内的电线导管隐蔽工程验收记录			
序号	施工部位(内容摘要)		编制单位	日期	资料编号	页次	备注
1	照明、插座、风机盘管系统管路敷设 十层①～⑬/Ⓓ～Ⓕ轴吊顶内		××建设集团有限公司	2014.11.26	001	1	
2	照明、插座、风机盘管系统管路敷设 十一层①～⑬/Ⓓ～Ⓔ轴吊顶内		××建设集团有限公司	2014.11.30	002	2	
3	照明、插座、风机盘管系统管路敷设 九层①～⑬/Ⓓ～Ⓕ轴吊顶内		××建设集团有限公司	2014.12.6	003	3	
4	照明、插座、风机盘管系统管路敷设 八层①～⑬/Ⓓ～Ⓕ轴吊顶内		××建设集团有限公司	2014.12.12	004	4	
5	照明、插座、风机盘管系统管路敷设 七层①～⑬/Ⓓ～Ⓕ轴吊顶内		××建设集团有限公司	2014.12.19	005	5	
6	照明、插座、风机盘管系统管路敷设 六层①～⑬/Ⓓ～Ⓕ轴吊顶内		××建设集团有限公司	2014.12.24	006	6	
7	照明、插座、风机盘管系统管路敷设 五层①～⑬/Ⓓ～Ⓕ轴吊顶内		××建设集团有限公司	2014.12.31	007	7	
8	照明、插座、风机盘管系统管路敷设 四层①～⑬/Ⓓ～Ⓕ轴吊顶内		××建设集团有限公司	2015.1.5	008	8	
9	照明、插座、风机盘管系统管路敷设 三层①～⑬/Ⓐ～Ⓖ轴吊顶内		××建设集团有限公司	2015.1.15	009	9	
10	照明、插座、风机盘管系统管路敷设 二层①～⑬/Ⓐ～Ⓖ轴吊顶内		××建设集团有限公司	2015.1.26	010	10	
11	照明、插座、风机盘管系统管路敷设 一层①～⑬/Ⓐ～Ⓖ轴吊顶内		××建设集团有限公司	2015.2.8	011	11	

7. 不进人吊顶内的线槽隐蔽工程验收记录目录

施工记录目录

工程名称	××办公楼工程	资料类别	不进人吊顶内的线槽隐蔽工程验收记录			
序号	施工部位(内容摘要)	编制单位	日期	资料编号	页次	备注
1	照明、插座、风机盘管系统线槽敷设 十层①～⑬/Ⓓ～Ⓕ轴吊顶内	××建设集团有限公司	2014.11.25	001	1	
2	照明、插座、风机盘管系统线槽敷设 十一层①～⑬/Ⓓ～Ⓔ轴吊顶内	××建设集团有限公司	2014.11.29	002	2	
3	照明、插座、风机盘管系统线槽敷设 九层①～⑬/Ⓓ～Ⓕ轴吊顶内	××建设集团有限公司	2014.12.5	003	3	
4	照明、插座、风机盘管系统线槽敷设 八层①～⑬/Ⓓ～Ⓕ轴吊顶内	××建设集团有限公司	2014.12.10	004	4	
5	照明、插座、风机盘管系统线槽敷设 七层①～⑬/Ⓓ～Ⓕ轴吊顶内	××建设集团有限公司	2014.12.17	005	5	
6	照明、插座、风机盘管系统线槽敷设 六层①～⑬/Ⓓ～Ⓕ轴吊顶内	××建设集团有限公司	2014.12.22	006	6	
7	照明、插座、风机盘管系统线槽敷设 五层①～⑬/Ⓓ～Ⓕ轴吊顶内	××建设集团有限公司	2014.12.30	007	7	
8	照明、插座、风机盘管系统线槽敷设 四层①～⑬/Ⓓ～Ⓕ轴吊顶内	××建设集团有限公司	2015.1.4	008	8	
9	照明、插座、风机盘管系统线槽敷设 三层①～⑬/Ⓐ～Ⓖ轴吊顶内	××建设集团有限公司	2015.1.13	009	9	
10	照明、插座、风机盘管系统线槽敷设 二层①～⑬/Ⓐ～Ⓖ轴吊顶内	××建设集团有限公司	2015.1.25	010	10	
11	照明、插座、风机盘管系统线槽敷设 一层①～⑬/Ⓐ～Ⓖ轴吊顶内	××建设集团有限公司	2015.2.3	011	11	

8. 备考表

(表略——编者注。)

七、第××卷 C6 施工试验记录及检测报告

1.案卷封面、卷内目录

工 程 资 料

工程名称：　　　　　　　　　　××办公楼工程

案卷题名：　　　　　　　　建筑电气工程施工资料

C6 施工试验资料　　电气接地电阻测试记录及接地装置隐检与平面示意图表、绝缘电阻测试、通电安全检查、设备空载、照明通电试运行、漏电开关摸拟试验、避雷带支架拉力测试记录等

编制单位：　　　　　　　　××建设集团有限公司

技术主管：　　　　　　　　　　×××

编制日期：自 2013 年 11 月 23 日起至 2015 年 4 月 25 日 止

保管期限：　　　　　　　　　　　**密级：**

保存档号：

共　　　册　　　第　　　册

工程资料卷内目录

工程名称	××办公楼工程		资料类别	C6 施工试验记录及检测报告		
序号	文件材料题名	原编字号	编制单位	编制日期	页次	备注
1	电气接地电阻测试记录及接地装置隐检与平面示意图表		××建设集团有限公司	2013.11.30	1～2	
2	电气绝缘电阻测试记录（照明系统支线）		××建设集团有限公司	2015.3.5～2015.4.7	3～117	
3	电气绝缘电阻测试记录（动力系统支线）		××建设集团有限公司	2015.3.5～2015.4.7	118～170	
4	电气绝缘电阻测试记录（干线）		××建设集团有限公司	2015.3.18	171～172	
5	电气绝缘电阻测试记录（电机）		××建设集团有限公司	2015.3.24	173	
6	电气器具通电安全检查记录		××建设集团有限公司	2015.3.31～2015.4.7	174～211	
7	电气设备空载试运行记录		××建设集团有限公司	2015.4.1～2015.4.12	212～255	
8	建筑物照明通电试运行记录		××建设集团有限公司	2015.4.25	256～257	
9	大型照明灯具承载试验记录		××建设集团有限公司	2015.3.13	258	
10	漏电开关模拟试验记录		××建设集团有限公司	2015.4.10	259～271	
11	大容量电气线路结点测温记录		××建设集团有限公司	2015.3.8	272	
12	避雷带支架拉力测试记录		××建设集团有限公司	2015.3.18	273～277	
13	电气设备交接试验记录		××建设集团有限公司	2015.3.8	278	
14	电气仪表检定记录		××计量检测所	2013.11.23～2014.5.16	279～294	

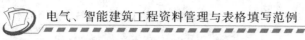

2.电气绝缘电阻测试记录(照明系统支线)目录

资料管理通用目录

工程名称	××办公楼工程		资料类别	电气绝缘电阻测试记录 (照明系统支线)		
序号	内 容 摘 要	编制单位	日期	资料编号	页次	备注
1	地下一层照明系统支线第一次绝缘电阻测试	××建设集团有限公司	2015.3.5	001	1～2	
2	一层照明系统支线第一次绝缘电阻测试	××建设集团有限公司	2015.3.5	002	3～12	
3	二层照明系统支线第一次绝缘电阻测试	××建设集团有限公司	2015.3.5	003	13～19	
4	三层照明系统支线第一次绝缘电阻测试	××建设集团有限公司	2015.3.5	004	20～26	
5	四层照明系统支线第一次绝缘电阻测试	××建设集团有限公司	2015.3.8	005	27～30	
6	五层照明系统支线第一次绝缘电阻测试	××建设集团有限公司	2015.3.8	006	31～35	
7	六层照明系统支线第一次绝缘电阻测试	××建设集团有限公司	2015.3.12	007	36～39	
8	七层照明系统支线第一次绝缘电阻测试	××建设集团有限公司	2015.3.12	008	40～43	
9	八层照明系统支线第一次绝缘电阻测试	××建设集团有限公司	2015.3.12	009	44～47	
10	九层照明系统支线第一次绝缘电阻测试	××建设集团有限公司	2015.3.12	010	48～51	
11	十层照明系统支线第一次绝缘电阻测试	××建设集团有限公司	2015.3.13	011	52～55	
12	十一层照明系统支线第一次绝缘电阻测试	××建设集团有限公司	2015.3.13	012	56～57	
13	地下一层照明系统支线第二次绝缘电阻测试	××建设集团有限公司	2015.3.31	013	58～59	
14	一层照明系统支线第二次绝缘电阻测试	××建设集团有限公司	2015.3.31	014	60～69	
15	二层照明系统支线第二次绝缘电阻测试	××建设集团有限公司	2015.3.31	015	70～76	
16	三层照明系统支线第二次绝缘电阻测试	××建设集团有限公司	2015.3.31	016	77～83	
17	四层照明系统支线第二次绝缘电阻测试	××建设集团有限公司	2015.4.3	017	84～87	
18	五层照明系统支线第二次绝缘电阻测试	××建设集团有限公司	2015.4.3	018	88～92	
19	六层照明系统支线第二次绝缘电阻测试	××建设集团有限公司	2015.4.6	019	93～96	
20	七层照明系统支线第二次绝缘电阻测试	××建设集团有限公司	2015.4.6	020	97～100	
21	八层照明系统支线第二次绝缘电阻测试	××建设集团有限公司	2015.4.6	021	101～104	
22	九层照明系统支线第二次绝缘电阻测试	××建设集团有限公司	2015.4.6	022	105～108	
23	十层照明系统支线第二次绝缘电阻测试	××建设集团有限公司	2015.4.7	023	109～112	
24	十一层照明系统支线第二次绝缘电阻测试	××建设集团有限公司	2015.4.7	024	113～114	

3.电气绝缘电阻测试记录(动力系统支线)目录

资料管理通用目录

工程名称	××办公楼工程	资料类别	电气绝缘电阻测试记录(动力系统支线)			
序号	内容摘要	编制单位	日期	资料编号	页次	备注
1	地下一层动力系统支线第一次绝缘电阻测试	××建设集团有限公司	2015.3.5	001	1～3	
2	一层动力系统支线第一次绝缘电阻测试	××建设集团有限公司	2015.3.5	002	4～8	
3	二层动力系统支线第一次绝缘电阻测试	××建设集团有限公司	2015.3.5	003	9	
4	三层动力系统支线第一次绝缘电阻测试	××建设集团有限公司	2015.3.5	004	10～11	
5	四层动力系统支线第一次绝缘电阻测试	××建设集团有限公司	2015.3.8	005	12～13	
6	五层动力系统支线第一次绝缘电阻测试	××建设集团有限公司	2015.3.8	006	14～15	
7	六层动力系统支线第一次绝缘电阻测试	××建设集团有限公司	2015.3.12	007	16～17	
8	七层动力系统支线第一次绝缘电阻测试	××建设集团有限公司	2015.3.12	008	18～19	
9	八层动力系统支线第一次绝缘电阻测试	××建设集团有限公司	2015.3.12	009	20～21	
10	九层动力系统支线第一次绝缘电阻测试	××建设集团有限公司	2015.3.12	010	22～23	
11	十层动力系统支线第一次绝缘电阻测试	××建设集团有限公司	2015.3.13	011	24～25	
12	十一层动力系统支线第一次绝缘电阻测试	××建设集团有限公司	2015.3.13	012	26	
13	地下一层动力系统支线第二次绝缘电阻测试	××建设集团有限公司	2015.3.31	013	27～29	
14	一层动力系统支线第二次绝缘电阻测试	××建设集团有限公司	2015.3.31	014	30～34	
15	二层动力系统支线第二次绝缘电阻测试	××建设集团有限公司	2015.3.31	015	35	
16	三层动力系统支线第二次绝缘电阻测试	××建设集团有限公司	2015.3.31	016	36～37	
17	四层动力系统支线第二次绝缘电阻测试	××建设集团有限公司	2015.4.3	017	38～39	
18	五层动力系统支线第二次绝缘电阻测试	××建设集团有限公司	2015.4.3	018	40～41	
19	六层动力系统支线第二次绝缘电阻测试	××建设集团有限公司	2015.4.6	019	42～43	
20	七层动力系统支线第二次绝缘电阻测试	××建设集团有限公司	2015.4.6	020	44～45	
21	八层动力系统支线第二次绝缘电阻测试	××建设集团有限公司	2015.4.6	021	46～47	
22	九层动力系统支线第二次绝缘电阻测试	××建设集团有限公司	2015.4.6	022	48～49	
23	十层动力系统支线第二次绝缘电阻测试	××建设集团有限公司	2015.4.7	023	50～51	
24	十一层动力系统支线第二次绝缘电阻测试	××建设集团有限公司	2015.4.7	024	52	

4.电气器具通电安全检查记录目录

资料管理通用目录

工程名称	××办公楼工程		资料类别	电气器具通电安全检查记录			
序号	内 容 摘 要		编制单位	日期	资料编号	页次	备注
1	地下一层电气器具通电安全检查		××建设集团有限公司	2015.3.31	001	1～2	
2	一层电气器具通电安全检查		××建设集团有限公司	2015.3.31	002	3～6	
3	二层电气器具通电安全检查		××建设集团有限公司	2015.3.31	003	7～10	
4	三层电气器具通电安全检查		××建设集团有限公司	2015.3.31	004	11～13	
5	四层电气器具通电安全检查		××建设集团有限公司	2015.4.3	005	14～16	
6	五层电气器具通电安全检查		××建设集团有限公司	2015.4.3	006	17～19	
7	六层电气器具通电安全检查		××建设集团有限公司	2015.4.6	007	20～22	
8	七层电气器具通电安全检查		××建设集团有限公司	2015.4.6	008	23～25	
9	八层电气器具通电安全检查		××建设集团有限公司	2015.4.6	009	26～28	
10	九层电气器具通电安全检查		××建设集团有限公司	2015.4.6	010	29～31	
11	十层电气器具通电安全检查		××建设集团有限公司	2015.4.7	011	32～34	
12	十一层电气器具通电安全检查		××建设集团有限公司	2015.4.7	012	35～36	
13	电梯机房及水箱间电气器具通电安全检查		××建设集团有限公司	2015.4.7	013	37	

5.电气设备空载试运行记录目录

资料管理通用目录

工程名称	××办公楼工程		资料类别	电气设备空载试运行记录			
序号	内 容 摘 要	编制单位	日期	资料编号	页次	备注
1	地下一层 9# 风机	××建设集团有限公司	2015.4.1	001	1	
2	地下一层 10# 风机	××建设集团有限公司	2015.4.1	002	2	
3	地下一层 16# 排烟风机	××建设集团有限公司	2015.4.1	003	3	
4	地下一层 18# 人防风机	××建设集团有限公司	2015.4.1	004	4	
5	地下一层 8# 潜污泵	××建设集团有限公司	2015.4.1	005	5	
6	地下一层 9# 潜污泵	××建设集团有限公司	2015.4.1	006	6	
7	地下一层 12# 潜污泵	××建设集团有限公司	2015.4.1	007	7	
8	地下一层 13# 潜污泵	××建设集团有限公司	2015.4.1	008	8	
9	地下一层 14# 潜污泵	××建设集团有限公司	2015.4.1	009	9	
10	地下一层 15# 潜污泵	××建设集团有限公司	2015.4.1	010	10	
11	地下一层 19# 潜污泵	××建设集团有限公司	2015.4.1	011	11	
12	地下一层 20# 潜污泵	××建设集团有限公司	2015.4.1	012	12	
13	地下一层 1# 喷淋泵	××建设集团有限公司	2015.4.1	013	13	
14	地下一层 2# 喷淋泵	××建设集团有限公司	2015.4.1	014	14	
15	地下一层 3# 消防泵	××建设集团有限公司	2015.4.1	015	15	
16	地下一层 4# 消防泵	××建设集团有限公司	2015.4.1	016	16	
17	地下一层 5# 消防泵	××建设集团有限公司	2015.4.1	017	17	
18	一层 8# 风机	××建设集团有限公司	2015.4.2	018	18	
19	一层 9# 风机	××建设集团有限公司	2015.4.2	019	19	
	······					
41	电梯机房轴流风机	××建设集团有限公司	2015.4.12	041	41	
42	屋顶西侧 1# 风机	××建设集团有限公司	2015.4.12	042	42	
43	屋顶东侧 2# 风机	××建设集团有限公司	2015.4.12	043	43	

6. 漏电开关模拟试验记录目录

资料管理通用目录

工程名称	××办公楼工程		资料类别		漏电开关模拟试验记录		
序号	内 容 摘 要		编制单位	日期	资料编号	页次	备注
1	地下一层漏电开关模拟试验		××建设集团有限公司	2015.4.10	001	1	
2	一层漏电开关模拟试验		××建设集团有限公司	2015.4.10	002	2	
3	二层漏电开关模拟试验		××建设集团有限公司	2015.4.10	003	3	
4	三层漏电开关模拟试验		××建设集团有限公司	2015.4.10	004	4	
5	四层漏电开关模拟试验		××建设集团有限公司	2015.4.10	005	5	
6	五层漏电开关模拟试验		××建设集团有限公司	2015.4.10	006	6	
7	六层漏电开关模拟试验		××建设集团有限公司	2015.4.10	007	7	
8	七层漏电开关模拟试验		××建设集团有限公司	2015.4.10	008	8	
9	八层漏电开关模拟试验		××建设集团有限公司	2015.4.10	009	9	
10	九层漏电开关模拟试验		××建设集团有限公司	2015.4.10	010	10	
11	十层漏电开关模拟试验		××建设集团有限公司	2015.4.10	011	11	
12	十一层漏电开关模拟试验		××建设集团有限公司	2015.4.10	012	12	

7. 备考表

（表略——编者注。）

八、第××卷 C7 施工质量验收记录

1. 案卷封面、卷内目录

工 程 资 料

工程名称：　　　　××办公楼工程

案卷题名：　　　　建筑电气工程施工资料

C7 施工质量验收记录　建筑电气分部、子分部、分项、检验批质量
验收记录

编制单位：　　　　××建设集团有限公司

技术主管：　　　　×××

编制日期：自　2013　年　11　月　25　日起至　2015　年　4　月　30　日　止

保管期限：　　　　　　　　　　密级：

保存档号：

共　　册　　第　　册

工程资料卷内目录

工程名称	××办公楼工程		资料类别	C7 施工质量验收记录		
序号	文件材料题名	原编字号	编制单位	编制日期	页次	备注
1	建筑电气分部工程质量验收记录		××建设集团有限公司	2015.4.30	1	
2	供电干线子分部工程质量验收记录		××建设集团有限公司	2015.2.15	2	
3	电缆竖井内电缆敷设分项工程质量验收记录		××建设集团有限公司	2015.2.15	3	
4	电缆竖井内电缆敷设检验批质量验收记录		××建设集团有限公司	2015.2.11	4	
5	电气动力子分部工程质量验收记录		××建设集团有限公司	2015.4.25	5	
6	成套配电柜、控制柜和动力配电箱安装分项工程质量验收记录		××建设集团有限公司	2015.3.10	6	
7	成套配电柜、控制柜和动力配电箱安装检验批质量验收记录		××建设集团有限公司	2015.3.9	7	
8	低压电动机及电动执行机构检查、接线分项工程质量验收记录		××建设集团有限公司	2015.4.15	8	
9	低压电动机及电动执行机构检查、接线检验批质量验收记录		××建设集团有限公司	2015.4.14	9	
10	低压电气动力设备试验和试运行分项工程质量验收记录		××建设集团有限公司	2015.4.21	10	
11	低压电气动力设备试验和试运行检验批质量验收记录		××建设集团有限公司	2015.4.15～2015.4.20	11～23	
12	动力系统电缆桥架安装和桥架内电缆敷设分项工程质量验收记录		××建设集团有限公司	2015.2.26	24	
13	动力系统电缆桥架安装和桥架内电缆敷设检验批质量验收记录		××建设集团有限公司	2015.2.8～2015.2.23	25～37	
14	动力系统电线、电缆导管和线槽敷设分项工程质量验收记录		××建设集团有限公司	2015.2.15	38～40	
15	动力系统电线、电缆导管和线槽敷设检验批质量验收记录		××建设集团有限公司	2013.12.7～2015.1.12	41～84	
16	动力系统电线、电缆穿管和线槽敷线分项工程质量验收记录		××建设集团有限公司	2015.3.18	85～86	
17	动力系统电线、电缆穿管和线槽敷线检验批质量验收记录		××建设集团有限公司	2014.8.5～2015.3.16	87～116	
18	动力系统电缆头制作、接线和线路绝缘测试分项工程质量验收记录		××建设集团有限公司	2015.3.10	117	
19	动力系统电缆头制作、接线和线路绝缘测试检验批质量验收记录		××建设集团有限公司	2015.2.25～2015.3.8	118～130	

续表

序号	文件材料题名	原编字号	编制单位	编制日期	页次	备注
20	电气照明安装子分部工程质量验收记录		××建设集团有限公司	2015.4.27	131	
21	成套配电柜、控制柜和照明配电箱安装分项工程质量验收记录		××建设集团有限公司	2015.4.2	132	
22	成套配电柜、控制柜和照明配电箱安装检验批质量验收记录		××建设集团有限公司	2015.3.6～2015.4.1	133～145	
23	照明系统电线、电缆导管和线槽敷设分项工程质量验收记录		××建设集团有限公司	2015.2.5	146～151	
24	照明系统电线、电缆导管和线槽敷设检验批质量验收记录		××建设集团有限公司	2013.12.7～2015.2.3	152～245	
25	照明系统电线、电缆穿管和线槽敷线分项工程质量验收记录		××建设集团有限公司	2015.3.15	246～247	
26	照明系统电线、电缆穿管和线槽敷线检验批质量验收记录		××建设集团有限公司	2014.11.28～2015.3.14	248～279	
27	槽板配线分项工程质量验收记录		××建设集团有限公司	2015.2.17	280	
28	槽板配线检验批质量验收记录		××建设集团有限公司	2015.2.16	281	
29	照明系统电缆头制作、接线和线路绝缘测试分项工程质量验收记录		××建设集团有限公司	2015.3.22	282	
30	照明系统电缆头制作、接线和线路绝缘测试检验批质量验收记录		××建设集团有限公司	2015.3.18～2015.3.20	283～295	
31	普通灯具安装分项工程质量验收记录		××建设集团有限公司	2015.3.25	296	
32	普通灯具安装检验批质量验收记录		××建设集团有限公司	2015.3.12～2015.3.22	297～309	
33	专用灯具安装分项工程质量验收记录		××建设集团有限公司	2015.3.12	310	
34	专用灯具安装检验批质量验收记录		××建设集团有限公司	2015.3.6～2015.3.10	311～323	
35	插座、开关安装分项工程质量验收记录		××建设集团有限公司	2015.4.5	324	
36	插座、开关安装检验批质量验收记录		××建设集团有限公司	2015.3.24～2015.4.4	325～337	
37	建筑照明通电试运行分项工程质量验收记录		××建设集团有限公司	2015.4.25	338	
38	建筑物照明通电试运行检验批质量验收记录		××建设集团有限公司	2015.4.25	339～340	
39	备用和不间断电源安装子分部工程质量验收记录		××建设集团有限公司	2015.3.6	341	

续表

序号	文件材料题名	原编字号	编制单位	编制日期	页次	备注
40	不间断电源安装分项工程质量验收记录		××建设集团有限公司	2015.3.6	342	
41	不间断电源安装检验批质量验收记录		××建设集团有限公司	2015.2.6~2015.3.5	343~355	
42	防雷及接地安装子分部工程质量验收记录		××建设集团有限公司	2015.3.28	356	
43	接地装置安装分项工程质量验收记录		××建设集团有限公司	2013.12.5	357	
44	接地装置安装检验批质量验收记录		××建设集团有限公司	2013.11.25~2013.11.30	358~359	
45	避雷引下线和变配电室接地干线敷设分项工程质量验收记录		××建设集团有限公司	2014.8.15	360~361	
46	避雷引下线和变配电室接地干线敷设检验批质量验收记录(防雷引下线)		××建设集团有限公司	2013.11.25~2014.8.9	362~399	
47	建筑物等电位联结分项工程质量验收记录		××建设集团有限公司	2014.8.10	400~401	
48	建筑物等电位联结检验批质量验收记录		××建设集团有限公司	2014.1.1~2014.7.8	402~426	
49	接闪器安装分项工程质量验收记录		××建设集团有限公司	2015.3.19	427	
50	接闪器安装检验批质量验收记录		××建设集团有限公司	2015.3.18	428	

2.动力系统电线、电缆导管和线槽敷设检验批质量验收记录目录

质量验收记录目录

工程名称	××办公楼工程		资料类别	动力系统电线、电缆导管和线槽敷设检验批质量验收记录			
序号	验收部位(内容摘要)		编制单位	验收日期	资料编号	页次	备注
1	地下一层 ⑭～⑦/⑧～⑭轴墙体、柱内		××建设集团有限公司	2013.12.7	001	1	
2	地下一层 ⑦～⑬/④～⑭轴墙体、柱内		××建设集团有限公司	2013.12.13	002	2	
3	地下一层 ⑭～⑦/⑧～⑭轴顶板		××建设集团有限公司	2014.1.1	003	3	
4	地下一层 ⑦～⑬/④～⑭轴顶板		××建设集团有限公司	2014.1.10	004	4	
5	分界室夹层 ⑭～③/⑤～⑥轴顶板		××建设集团有限公司	2014.1.19	005	5	
	………						
39	地下一层 ⑭～⑬/⑧～⑭轴地面		××建设集团有限公司	2014.9.21	039	39	
40	地下一层 ⑭～⑬/⑧～⑭轴后砌墙内		××建设集团有限公司	2014.9.21	040	40	
	………						

3.动力系统电线、电缆穿管和线槽敷线检验批质量验收记录目录

质量验收记录目录

工程名称	××办公楼工程	资料类别	动力系统电线、电缆穿管和线槽敷线检验批质量验收记录			
序号	验收部位(内容摘要)	编制单位	验收日期	资料编号	页次	备注
1	十一层动力系统管内穿线	××建设集团有限公司	2014.8.5	001	1	
2	十层动力系统管内穿线	××建设集团有限公司	2014.8.14	002	2	
3	九层动力系统管内穿线	××建设集团有限公司	2014.9.5	003	3	
4	八层动力系统管内穿线	××建设集团有限公司	2014.9.19	004	4	
5	七层动力系统管内穿线	××建设集团有限公司	2014.9.22	005	5	
6	六层动力系统管内穿线	××建设集团有限公司	2014.9.26	006	6	
7	五层动力系统管内穿线	××建设集团有限公司	2014.9.30	007	7	
8	四层动力系统管内穿线	××建设集团有限公司	2014.10.8	008	8	
9	三层动力系统管内穿线	××建设集团有限公司	2014.10.13	009	9	
10	二层动力系统管内穿线	××建设集团有限公司	2014.10.17	010	10	
11	一层动力系统管内穿线	××建设集团有限公司	2014.10.22	011	11	
12	地下一层动力系统管内穿线	××建设集团有限公司	2014.11.1	012	12	
	......					

4.照明配电箱安装检验批质量验收记录目录

质量验收记录目录

工程名称	××办公楼工程	资料类别	照明配电箱安装检验批质量验收记录			
序号	验收部位(内容摘要)	编制单位	验收日期	资料编号	页次	备注
1	地下一层照明系统配电箱安装	××建设集团有限公司	2015.3.6	001	1	
2	一层照明系统配电箱安装	××建设集团有限公司	2015.3.8	002	2	
3	二层照明系统配电箱安装	××建设集团有限公司	2015.3.11	003	3	
4	三层照明系统配电箱安装	××建设集团有限公司	2015.3.14	004	4	
5	四层照明系统配电箱安装	××建设集团有限公司	2015.3.17	005	5	
6	五层照明系统配电箱安装	××建设集团有限公司	2015.3.19	006	6	
7	六层照明系统配电箱安装	××建设集团有限公司	2015.3.21	007	7	
8	七层照明系统配电箱安装	××建设集团有限公司	2015.3.24	008	8	
9	八层照明系统配电箱安装	××建设集团有限公司	2015.3.27	009	9	
10	九层照明系统配电箱安装	××建设集团有限公司	2015.3.29	010	10	
11	十层照明系统配电箱安装	××建设集团有限公司	2015.4.1	011	11	
12	十一层照明系统配电箱安装	××建设集团有限公司	2015.4.1	012	12	

5.普通灯具安装检验批质量验收记录目录

质量验收记录目录

工程名称	××办公楼工程	资料类别	普通灯具安装检验批质量验收记录			
序号	验收部位(内容摘要)	编制单位	验收日期	资料编号	页次	备注
1	地下一层普通灯具安装	××建设集团有限公司	2015.3.12	001	1	
2	一层普通灯具安装	××建设集团有限公司	2015.3.13	002	2	
3	二层普通灯具安装	××建设集团有限公司	2015.3.14	003	3	
4	三层普通灯具安装	××建设集团有限公司	2015.3.15	004	4	
5	四层普通灯具安装	××建设集团有限公司	2015.3.16	005	5	
6	五层普通灯具安装	××建设集团有限公司	2015.3.17	006	6	
7	六层普通灯具安装	××建设集团有限公司	2015.3.18	007	7	
8	七层普通灯具安装	××建设集团有限公司	2015.3.19	008	8	
9	八层普通灯具安装	××建设集团有限公司	2015.3.20	009	9	
10	九层普通灯具安装	××建设集团有限公司	2015.3.21	010	10	
11	十层普通灯具安装	××建设集团有限公司	2015.3.22	011	11	
12	十一层普通灯具安装	××建设集团有限公司	2015.3.22	012	12	

6. 开关、插座安装检验批质量验收记录目录

质量验收记录目录

工程名称	××办公楼工程		资料类别		开关、插座安装检验批质量验收记录	
序号	验收部位(内容摘要)	编制单位	验收日期	资料编号	页次	备注
1	地下一层开关、插座安装	××建设集团有限公司	2015.3.24	001	1	
2	一层开关、插座安装	××建设集团有限公司	2015.3.25	002	2	
3	二层开关、插座安装	××建设集团有限公司	2015.3.26	003	3	
4	三层开关、插座安装	××建设集团有限公司	2015.3.27	004	4	
5	四层开关、插座安装	××建设集团有限公司	2015.3.28	005	5	
6	五层开关、插座安装	××建设集团有限公司	2015.3.29	006	6	
7	六层开关、插座安装	××建设集团有限公司	2015.3.30	007	7	
8	七层开关、插座安装	××建设集团有限公司	2015.3.31	008	8	
9	八层开关、插座安装	××建设集团有限公司	2015.4.1	009	9	
10	九层开关、插座安装	××建设集团有限公司	2015.4.2	010	10	
11	十层开关、插座安装	××建设集团有限公司	2015.4.3	011	11	
12	十一层开关、插座安装	××建设集团有限公司	2015.4.4	012	12	

7. 避雷引下线和变配电室接地干线敷设检验批质量验收记录(防雷引下线)目录

质量验收记录目录

工程名称	××办公楼工程	资料类别	避雷引下线和变配电室接地干线敷设检验批质量验收记录(防雷引下线)		
序号	验收部位(内容摘要)	编制单位	验收日期	资料编号	页次	备注
1	地下一层⑰~⑦/ⓒ~Ⓗ轴	××建设集团有限公司	2013.11.25	001	1	
2	地下一层⑦~⑬/Ⓐ~Ⓗ轴	××建设集团有限公司	2013.11.30	002	2	
3	分界室夹层⑰~③/Ⓔ~Ⓖ轴	××建设集团有限公司	2014.1.16	003	3	
4	一层⑨~⑬/Ⓐ~Ⓖ轴柱内	××建设集团有限公司	2014.3.7	004	4	
5	一层⑤~⑨/Ⓓ~Ⓖ轴柱内	××建设集团有限公司	2014.3.10	005	5	
6	一层①~⑤/Ⓓ~Ⓖ轴柱内	××建设集团有限公司	2014.3.11	006	6	
7	二层⑨~⑬/Ⓐ~Ⓖ轴柱内	××建设集团有限公司	2014.3.22	007	7	
8	二层⑤~⑨/Ⓓ~Ⓖ轴柱内	××建设集团有限公司	2014.3.24	008	8	
9	二层①~⑤/Ⓓ~Ⓖ轴柱内	××建设集团有限公司	2014.3.27	009	9	
10	三层⑨~⑬/Ⓐ~Ⓕ轴柱内	××建设集团有限公司	2014.4.2	010	10	
11	三层⑤~⑨/Ⓓ~Ⓕ轴柱内	××建设集团有限公司	2014.4.4	011	11	
12	三层①~⑤/Ⓓ~Ⓕ轴柱内	××建设集团有限公司	2014.4.5	012	12	
13	四层⑨~⑬/Ⓐ~Ⓕ轴柱内	××建设集团有限公司	2014.4.16	013	13	
14	四层⑤~⑨/Ⓓ~Ⓕ轴柱内	××建设集团有限公司	2014.4.16	014	14	
15	四层①~⑤/Ⓓ~Ⓕ轴柱内	××建设集团有限公司	2014.4.19	015	15	
	⋯⋯					

8. 备考表

(表略——编者注。)

第二节 智能建筑工程施工资料 编制与组卷实例

一、通信网络系统施工资料编制与组卷实例(第××卷)

1.案卷封面、卷内目录

工 程 资 料

工程名称： ××办公楼工程

案卷题名： 智能建筑工程——通信网络系统施工资料

编制单位： ××电信工程有限公司

技术主管： ×××

编制日期： 自 2014 年 1 月 14 日起至 2015 年 4 月 30 日 止

保管期限： **密级：**

保存档号：

共 册 第 册

工程资料卷内目录

工程名称	××办公楼工程			资料类别	智能建筑工程——通信网络系统施工资料	
序号	文件材料题名	原编字号	编制单位	编制日期	页次	备注
1	施工现场质量管理检查记录		××电信工程有限公司	2014.10.4	1～6	含质量管理制度
2	施工日志		××电信工程有限公司	2014.10.8～2015.4.28	7～150	
3	工程技术文件报审表		××电信工程有限公司	2014.10.6	151	
4	施工进度计划报审表		××电信工程有限公司	2014.10.15～2015.5.25	152～158	
5	工程动工报审表		××电信工程有限公司	2014.10.4	159	
6	分包单位资质报审表		××电信工程有限公司	2014.10.6	160	
7	（　）月工、料、机动态表		××电信工程有限公司	2014.10.15～2015.4.21	161～167	
8	（　）月工程进度款报审表		××电信工程有限公司	2014.10.20～2015.5.20	168～174	
9	工程变更费用报审表		××电信工程有限公司	2014.12.2	175	
10	工程款支付申请表		××电信工程有限公司	2014.10.23～2015.5.26	176～182	
11	××电信公司企业资质证明文件及主要专业工种操作上岗证书	××	建设部××建委考核办	2005.8.12～2014.3.20	183～192	
12	通信网络系统施工方案		××电信工程有限公司	2014.10.5	193～218	
13	通信网络系统施工方案技术交底记录		××电信工程有限公司	2014.10.6	219～221	
14	通信网络系统分项工程施工技术交底记录		××电信工程有限公司	2014.10.8～2015.4.12	222～242	
15	设计更改审核表		××建筑设计院	2014.12.3	243～244	
16	工程变更洽商记录		××电信工程有限公司	2014.10.10～2015.3.15	245～260	
17	设备进场检验记录		××电信工程有限公司	2014.10.19～2015.3.2	261～266	
18	设备质量合格证明、检测报告及技术文件		××电器设备有限公司	2014.4.9～2014.12.13	267～286	
19	材料进场检验记录		××电信工程有限公司	2014.11.8～2015.3.28	287～296	
20	材料质量合格证明、检测报告		××电缆有限公司等	2014.1.14～2014.12.22	297～338	

续表

序号	文件材料题名	原编字号	编制单位	编制日期	页次	备注
21	隐蔽工程验收记录		××电信工程有限公司	2014.2.25～2015.2.9	339～354	
22	交接检查记录		××电信工程有限公司	2014.10.8	355	
23	智能建筑工程安装质量检查记录		××电信工程有限公司	2015.4.21	356～366	
24	电气接地电阻测试记录		××电信工程有限公司	2014.10.28	367～368	
25	电气绝缘电阻测试记录		××电信工程有限公司	2015.3.5～2015.4.7	369～410	
26	智能建筑工程设备性能测试记录		××电信工程有限公司	2015.3.21～2015.3.25	411～414	
27	通信网络系统程控电话交换系统自检测记录		××电信工程有限公司	2015.4.14	415～419	
28	通信网络系统公共广播与紧急广播系统自检测记录		××电信工程有限公司	2015.4.19	420	
29	通信网络系统会议电视系统自检测记录		××电信工程有限公司	2015.4.15	421	
30	通信网络系统接入网设备安装工程自检测记录		××电信工程有限公司	2015.4.16	422	
31	通信网络系统卫星数字电视系统自检测记录		××电信工程有限公司	2015.4.17	423	
32	通信网络系统有线电视系统自检测记录		××电信工程有限公司	2015.4.18	424	
33	智能系统试运行记录		××电信工程有限公司	2015.4.26～2015.4.28	425～427	
34	系统技术、操作和维护手册		××电信工程有限公司	2015.4.20	428～459	
35	系统管理、操作人员培训记录		××电信工程有限公司	2015.4.20	460～461	
36	系统检测报告		××电信工程有限公司	2015.4.28	462	
37	通信网络系统竣工报告		××电信工程有限公司	2015.4.30	463～465	

2. 备考表

（表略——编者注。）

二、火灾自动报警及消防联动系统施工资料编制与组卷实例（第××卷）

1.案卷封面、卷内目录

工 程 资 料

工程名称：　　　　　　　　××办公楼工程

案卷题名：　　　智能建筑工程——火灾自动报警及消防联动系统施工资料

编制单位：　　　　　　　××消防工程有限公司

技术主管：　　　　　　　　××

编制日期：自　2013　年　3　月　10　日起至　2015　年　5　月　16　日　止

保管期限：　　　　　　　　　　　　　**密级：**

保存档号：

共　　　　册　　　　第　　　　册

工程资料卷内目录

工程名称	××办公楼工程		资料类别	智能建筑工程——火灾自动报警及消防联动系统施工资料		
序号	文件材料题名	原编字号	编制单位	编制日期	页次	备注
1	施工现场质量管理检查记录		××消防工程有限公司	2014.9.20	1	
2	施工日志		××消防工程有限公司	2014.10.12～2015.4.27	2～151	
3	专业人员岗位证书		××建设委员会考核办	2013.3.20～2014.4.8	152～160	
4	火灾自动报警及消防联动系统专项施工方案		××消防工程有限公司	2014.9.15	161～191	
5	火灾自动报警及消防联动系统专项施工方案技术交底记录		××消防工程有限公司	2014.9.22	192～193	
6	火灾自动报警及消防联动系统分项工程施工技术交底记录		××消防工程有限公司	2014.9.23～2015.4.20	194～219	
7	设计变更通知单		××建筑设计院	2014.9.27～2014.12.20	220～226	
8	工程变更洽商记录		××消防工程有限公司	2014.10.28～2015.2.19	227～242	
9	设备进场检验记录		××消防工程有限公司	2015.1.8～2015.1.22	243～250	
10	设备质量合格证明、检测报告及技术文件		××电子有限公司	2014.8～2014.11	251～296	
11	材料进场检验记录		××消防工程有限公司	2014.10.12～2015.1.20	297～300	
12	材料质量合格证明、检测报告		××电线电缆有限公司等	2013.8.28～2014.12.10	301～326	
13	埋在结构内管路敷设隐蔽工程验收记录		××建设集团有限公司	2013.12.7～2014.9.21	327～381	
14	不进人吊顶内管路敷设隐蔽工程验收记录		××消防工程有限公司	2014.11.26～2015.2.8	382～393	
15	智能建筑工程安装质量检查记录		××消防工程有限公司	2015.4.28	394	
16	电气接地电阻测试记录		××消防工程有限公司	2014.10.28	395～396	
17	电气绝缘电阻测试记录		××消防工程有限公司	2014.12.7～2015.4.2	397～427	
18	火灾自动报警及消防联动系统自检测记录		××消防工程有限公司	2015.4.30	428	

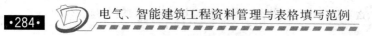

续表

序号	文件材料题名	原编字号	编制单位	编制日期	页次	备注
19	智能系统试运行记录		××消防工程有限公司	2015.4.26～2015.4.27	429～430	
20	子系统检测记录		××消防工程有限公司	2015.4.24～2015.4.25	431～433	
21	自检调试报告及附表		××消防工程有限公司	2015.5.8	434～437	
22	火灾自动报警及消防联动系统子分部工程质量验收记录		××消防工程有限公司	2015.5.9	438	
23	电线导管、电缆导管和线槽敷设分项工程质量验收记录		××消防工程有限公司	2015.2.10	439～441	
24	电线导管、电缆导管和线槽敷设检验批质量验收记录		××消防工程有限公司	2014.11.26～2015.2.8	442～453	
25	电线、电缆穿管和线槽敷线分项工程质量验收记录		××消防工程有限公司	2015.3.8	454	
26	电线、电缆穿管和线槽敷线检验批质量验收记录		××消防工程有限公司	2014.11.28～2015.3.6	455～467	
27	建筑工程消防设计防火审核意见书	××	北京市公安局消防局	2013.3.10	468	
28	火灾自动报警及消防联动系统测试报告	××	××科技开发有限责任公司	2015.5.12	469～479	
29	建筑工程消防验收意见书	××	北京市公安局消防局	2015.5.16	480	

2.设备进场检验记录目录

物资进场检验记录目录

工程名称	××办公楼工程		资料类别		设备进场检验记录			
序号	物 资 名 称	品种规格型号	检验单位	检验日期	检验结论	资料编号	页次	备注
1	点型光电感烟火灾探测器 点型定温火灾探测器	JTY-GD/LD3000E JTW-ZD/LD3300E	××公司	2015.1.8	符合要求	001	1	
2	模块底座 单输入单输出控制模块 编码型信号单输入接口	LD60X LD6800E-1 LD4400E-1	××公司	2015.1.15	符合要求	002	2	
3	消防吸顶音箱 消防壁挂音箱 多线消防电话主机 多线电话分机	LD7300(A) LD7300(B) LD8040 LD8100	××公司	2015.1.20	符合要求	003	3~4	
4	火灾报警控制器(联动型) 四路气体灭火控制盘 标准机柜	JB-QG-LD128E LD5500E-4B LD5900(B)	××公司	2015.1.22	符合要求	004	5~7	

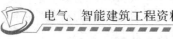

3.设备质量合格证明、检测报告及技术文件目录

资料管理专项目录(质量证明文件)

工程名称		××办公楼工程			资料类别		火灾自动报警及消防联动系统设备质量合格证明、检测报告及技术文件			
序号	物资(资料)名称	厂名	品种规格型号	产品质量证明编号	数量	进场日期	使用部位	资料编号	页次	备注
1	点型光电感烟火灾探测器合格证	××电子有限公司	JTY-GD/LD3000E		652	2014.10	地下一层~十一层	001	1	
2	点型定温火灾探测器合格证	××电子有限公司	JTW-ZD/LD3300E		247	2014.10	地下一层~十一层	002	1	
3	模块底座合格证	××电子有限公司	LD60X		240	2014.10	地下一层~十一层	003	2	
4	单输入单输出控制模块合格证	××电子有限公司	LD6800E-1		90	2014.10	地下一层~十一层	004	2	
5	编码型信号单输入接口合格证	××电子有限公司	LD4400E-1		240	2014.10	地下一层~十一层	005	2	
6	消防吸顶音箱合格证	××电子有限公司	LD7300(A)		230	2014.11	地下一层~十一层	006	3	
7	消防壁挂音箱合格证	××电子有限公司	LD7300(B)		45	2014.11	地下一层~十一层	007	3	
8	多线消防电话主机合格证	××电子有限公司	LD8040		5	2014.11	地下一层~十一层	008	3	
9	多线电话分机合格证	××电子有限公司	LD8100		12	2014.11	地下一层~十一层	009	3	
10	火灾报警控制器(联动型)合格证	××电子有限公司	JB-QG-LD128E		2	2014.11	一层	010	4	
11	四路气体灭火控制盘合格证	××电子有限公司	LD5500E-4B		2	2014.11	一层	011	4	
12	标准机柜合格证	××电子有限公司	LD5900(B)		2	2014.11	一层	012	4	
13	企业管理体系认证证书和国家强制性产品认证证书及检验报告(合订本)	××电子有限公司				2014.8		013	5~45	

4.材料进场检验记录目录

物资进场检验记录目录

工程名称	××办公楼工程		资料类别	材料进场检验记录				
序号	物 资 名 称	品种规格型号	检验单位	检验日期	检验结论	资料编号	页次	备注
1	铜芯聚氯乙烯绝缘绞型软电线	ZR-RVS 2×1.0 ZR-RVS 2×1.5	××公司	2014.10.12	符合要求	001	1	
2	耐火全塑控制电缆	NHKVV6×1.5	××公司	2014.11.17	符合要求	002	2	
3	消防电话插孔 紧急启停按钮 手动火灾报警按钮 放气指示灯	LD8300A LD1200 LD2000E LD1100	××公司	2015.1.20	符合要求	003	3	

5.材料质量合格证明、检测报告目录

资料管理专项目录（质量证明文件）

工程名称	××办公楼工程		资料类别	火灾自动报警及消防联动系统材料质量合格证明、检测报告				

序号	物资(资料)名称	厂名	品种规格型号	产品质量证明编号	数量	进场日期	使用部位	资料编号	页次	备注
1	铜芯聚氯乙烯绝缘绞型软电线产品合格证、检验报告	××电线电缆有限公司	ZR-RVS 2×1.0	20140348	7000m	2014.9.9	一层～十一层	001	1～5	
2	铜芯聚氯乙烯绝缘绞型软电线产品合格证、检验报告	××电线电缆有限公司	ZR-RVS 2×1.5	20140349	20000m	2014.9.20	一层～十一层	002	6～10	
3	铜芯聚氯乙烯绝缘绞型软电线CCC认证及证书复印件	××电线电缆有限公司	ZR-RVS 0.5～2.5 (2芯)	201301010 5012047		2013.8.28		003	11	
4	耐火全塑控制电缆产品合格证、试验报告单	××电线电缆有限公司	NHKVV 6×1.5	0187254	240m	2014.11.6	地下室、一层	004	12	
5	耐火全塑控制电缆生产许可证	××电线电缆有限公司	NHKVV 6×1.5	XK11-138 6027～6029		2014.3		003	13	
6	耐火全塑控制电缆检验报告	××电线电缆有限公司	NHKVV 6×1.5	20141205		2014.12.5	地下室、一层	006	14～16	
7	耐火全塑控制电缆CCC认证及证书复印件	××电线电缆有限公司	NHKVV 6×1.5	201301010 5012049		2013.8.28		007	17	
8	电线电缆厂家资质证明文件	××电线电缆有限公司						008	18～22	
9	消防电话插孔合格证	××电子有限公司	LD8300A		78	2014.12	地下一层～十一层	009	23	
10	紧急启停按钮合格证	××电子有限公司	LD1200		27	2014.12	地下一层～十一层	010	23	
11	手动火灾报警按钮合格证、CCC认证及证书复印件	××电子有限公司	LD2000E	20130818 01000441	78	2014.12	地下一层～十一层	011	23～24	
12	放气指示灯合格证	××电子有限公司	LD1100		30	2014.12	地下一层～十一层	012	25	

6.埋在结构内管路敷设隐蔽工程验收记录目录

施工记录目录

工程名称	××办公楼工程		资料类别	埋在结构内管路敷设 隐蔽工程验收记录			
序号	施工部位(内容摘要)		编制单位	日期	资料编号	页次	备注
1	火灾自动报警及消防联动系统管路敷设 地下一层⑰~⑦/⑧~⑭轴墙体、柱内		××建设集团 有限公司	2013.12.7	001	1	
2	火灾自动报警及消防联动系统管路敷设 地下一层⑦~⑬/④~⑭轴墙体、柱内		××建设集团 有限公司	2013.12.13	002	2	
3	火灾自动报警及消防联动系统管路敷设 地下一层⑰~⑦/⑧~⑭轴顶板		××建设集团 有限公司	2014.1.1	003	3	
4	火灾自动报警及消防联动系统管路敷设 地下一层⑦~⑬/④~⑭轴顶板		××建设集团 有限公司	2014.1.10	004	4	
5	火灾自动报警及消防联动系统管路敷设 地下一层⑰~③/⑥~⑥轴顶板		××建设集团 有限公司	2014.1.14	005	5	
6	火灾自动报警及消防联动系统管路敷设 一层⑨~⑬/④~⑥轴顶板		××建设集团 有限公司	2014.3.18	006	6	
7	火灾自动报警及消防联动系统管路敷设 一层⑤~⑨/①~⑥轴顶板		××建设集团 有限公司	2014.3.20	007	7	
8	火灾自动报警及消防联动系统管路敷设 一层①~⑤/①~⑥轴顶板		××建设集团 有限公司	2014.3.22	008	8	
9	火灾自动报警及消防联动系统管路敷设 二层⑨~⑬/④~⑥轴顶板		××建设集团 有限公司	2014.3.29	009	9	
10	火灾自动报警及消防联动系统管路敷设 二层⑤~⑨/①~⑥轴顶板		××建设集团 有限公司	2014.3.31	010	10	
11	火灾自动报警及消防联动系统管路敷设 二层①~⑤/①~⑥轴顶板		××建设集团 有限公司	2014.4.3	011	11	
12	火灾自动报警及消防联动系统管路敷设 三层⑨~⑬/④~⑥轴顶板		××建设集团 有限公司	2014.4.12	012	12	
13	火灾自动报警及消防联动系统管路敷设 三层⑤~⑨/①~⑥轴顶板		××建设集团 有限公司	2014.4.13	013	13	
14	火灾自动报警及消防联动系统管路敷设 三层①~⑤/①~⑥轴顶板		××建设集团 有限公司	2014.4.16	014	14	
	......						

序号	施工部位(内容摘要)	编制单位	日期	资料编号	页次	备注
25	火灾自动报警及消防联动系统管路敷设一层①～⑬/Ⓐ～Ⓖ轴后砌墙	××建设集团有限公司	2014.6.1	025	25	
26	火灾自动报警及消防联动系统管路敷设二层①～⑬/Ⓐ～Ⓖ轴后砌墙	××建设集团有限公司	2014.6.7	026	26	
27	火灾自动报警及消防联动系统管路敷设三层①～⑬/Ⓐ～Ⓖ轴后砌墙	××建设集团有限公司	2014.6.14	027	27	
28	火灾自动报警及消防联动系统管路敷设四层①～⑬/Ⓓ～Ⓕ轴后砌墙	××建设集团有限公司	2014.6.21	028	28	
29	火灾自动报警及消防联动系统管路敷设五层①～⑬/Ⓓ～Ⓕ轴后砌墙	××建设集团有限公司	2014.6.29	029	29	
30	火灾自动报警及消防联动系统管路敷设六层①～⑬/Ⓓ～Ⓕ轴后砌墙	××建设集团有限公司	2014.7.6	030	30	
	······					
44	火灾自动报警及消防联动系统管路敷设电梯机房及水箱间③/Ⓓ～Ⓕ轴顶板	××建设集团有限公司	2014.8.6	044	44	
45	火灾自动报警及消防联动系统管路敷设七层①～⑬/Ⓓ～Ⓕ轴后砌墙	××建设集团有限公司	2014.8.9	045	45	
46	火灾自动报警及消防联动系统管路敷设八层①～⑬/Ⓓ～Ⓕ轴后砌墙	××建设集团有限公司	2014.8.17	046	46	
47	火灾自动报警及消防联动系统管路敷设九层①～⑬/Ⓓ～Ⓕ轴后砌墙	××建设集团有限公司	2014.8.23	047	47	
48	火灾自动报警及消防联动系统管路敷设十一层①～⑬/Ⓓ～Ⓔ轴后砌墙	××建设集团有限公司	2014.8.30	048	48	
49	火灾自动报警及消防联动系统管路敷设十层①～⑬/Ⓓ～Ⓕ轴后砌墙	××建设集团有限公司	2014.9.5	049	49	
50	火灾自动报警及消防联动系统管路敷设地下一层⑰～⑬/Ⓑ～Ⓗ轴地面内	××建设集团有限公司	2014.9.21	050	50	
51	火灾自动报警及消防联动系统管路敷设地下一层⑰～⑬/Ⓑ～Ⓗ轴后砌墙	××建设集团有限公司	2014.9.21	051	51	

7. 不进人吊顶内管路敷设隐蔽工程验收记录目录

施工记录目录

工程名称	××办公楼工程		资料类别	不进人吊顶内管路敷设隐蔽工程验收记录		
序号	施工部位(内容摘要)		编制单位	日期	资料编号	页次	备注
1	火灾自动报警及消防联动系统管路敷设 十层①~⑬/①~⑥轴吊顶内		××消防工程有限公司	2014.11.26	001	1	
2	火灾自动报警及消防联动系统管路敷设 十一层①~⑬/①~⑥轴吊顶内		××消防工程有限公司	2014.11.30	002	2	
3	火灾自动报警及消防联动系统管路敷设 九层①~⑬/①~⑥轴吊顶内		××消防工程有限公司	2014.12.6	003	3	
4	火灾自动报警及消防联动系统管路敷设 八层①~⑬/①~⑥轴吊顶内		××消防工程有限公司	2014.12.12	004	4	
5	火灾自动报警及消防联动系统管路敷设 七层①~⑬/①~⑥轴吊顶内		××消防工程有限公司	2014.12.19	005	5	
6	火灾自动报警及消防联动系统管路敷设 六层①~⑬/①~⑥轴吊顶内		××消防工程有限公司	2014.12.24	006	6	
7	火灾自动报警及消防联动系统管路敷设 五层①~⑬/①~⑥轴吊顶内		××消防工程有限公司	2014.12.31	007	7	
8	火灾自动报警及消防联动系统管路敷设 四层①~⑬/①~⑥轴吊顶内		××消防工程有限公司	2015.1.5	008	8	
9	火灾自动报警及消防联动系统管路敷设 三层①~⑬/Ⓐ~Ⓖ轴吊顶内		××消防工程有限公司	2015.1.15	009	9	
10	火灾自动报警及消防联动系统管路敷设 二层①~⑬/Ⓐ~Ⓖ轴吊顶内		××消防工程有限公司	2015.1.26	010	10	
11	火灾自动报警及消防联动系统管路敷设 一层①~⑬/Ⓐ~Ⓖ轴吊顶内		××消防工程有限公司	2015.2.8	011	11	

8. 备考表

(表略——编者注。)

三、安全防范系统施工资料编制与组卷实例(第××卷)

1.案卷封面、卷内目录

工 程 资 料

工程名称：　　　　　××办公楼工程

案卷题名：　　　　智能建筑工程——安全防范系统施工资料

编制单位：　　　　××安全系统工程技术有限公司

技术主管：　　　　　　　×××

编制日期：自 2014 年 10 月 6 日起至 2015 年 5 月 25 日 止

保管期限：　　　　　　　　　　密级：

保存档号：

　　　　　　共　　　册　　　　第　　　册

工程资料卷内目录

工程名称	××办公楼工程		资料类别	智能建筑工程—— 安全防范系统施工资料		
序号	文件材料题名	原编字号	编制单位	编制日期	页次	备注
1	施工现场质量管理检查记录		××安全系统工程技术公司	2015.1.5	1～9	含质量管理制度
2	施工日志		××安全系统工程技术公司	2015.1.11～2015.5.9	10～81	
3	工程技术文件报审表		××安全系统工程技术公司	2014.12.30	82	
4	施工进度计划报审表		××安全系统工程技术公司	2015.1.15～2015.5.15	83～86	
5	工程动工报审表		××安全系统工程技术公司	2015.1.5	87	
6	分包单位资质报审表		××安全系统工程技术公司	2015.1.5	88～93	
7	（ ）月工、料、机动态表		××安全系统工程技术公司	2015.1.15～2015.5.15	94～97	
8	（ ）月工程进度款报审表		××安全系统工程技术公司	2015.1.20～2015.5.20	98～101	
9	工程变更费用报审表		××安全系统工程技术公司	2015.3.16	102～103	
10	工程款支付申请表		××安全系统工程技术公司	2015.1.25～2015.5.25	104～107	
11	××安全系统工程公司企业资质证明文件及专业人员岗位证书		建设部××建委考核办	2005.6.18～2014.5.10	108～117	
12	安全防范系统专项施工方案		××安全系统工程技术公司	2014.12.28	118～153	
13	安全防范系统专项施工方案技术交底记录		××安全系统工程技术公司	2015.1.7	154～156	
14	安全防范系统分项工程施工技术交底记录		××安全系统工程技术公司	2015.1.11～2015.4.20	157～184	
15	设计更改审核表		××建筑设计院	2015.2.14	185～186	
16	工程变更洽商记录		××安全系统工程技术公司	2015.1.19～2015.4.8	187～198	
17	设备器材进场检验记录		××安全系统工程技术公司	2015.1.15～2015.2.16	199～208	
18	设备器材质量合格证明、检测报告及技术文件		××技术有限公司等	2014.10.6～2014.12.25	209～311	

序号	文件材料题名	原编字号	编制单位	编制日期	页次	备注
19	材料进场检验记录		××安全系统工程技术公司	2015.1.8～2015.4.12	312～320	
20	材料质量合格证明、检测报告		××线缆有限公司等	2012.8.10～2014.12.9	321～391	
21	隐蔽工程验收记录		××安全系统工程技术公司	2015.1.15～2015.3.31	392～406	
22	智能建筑工程安装质量检查记录		××安全系统工程技术公司	2015.4.25	407	
23	电气接地电阻测试记录		××安全系统工程技术公司	2015.1.8	408	
24	电气绝缘电阻测试记录		××安全系统工程技术公司	2015.1.15～2015.3.30	409～421	
25	智能建筑工程设备性能测试记录		××安全系统工程技术公司	2015.3.2～2015.3.15	422～427	
26	安全防范综合管理系统自检测记录		××安全系统工程技术公司	2015.5.9	428	
27	出入口控制(门禁)系统自检测记录		××安全系统工程技术公司	2015.4.29	429	
28	入侵报警系统自检测记录		××安全系统工程技术公司	2015.4.28	430	
29	视频安防监控系统自检测记录		××安全系统工程技术公司	2015.4.27	431	
30	停车场(库)管理系统自检测记录		××安全系统工程技术公司	2015.5.6	432	
31	巡更管理系统自检测记录		××安全系统工程技术公司	2015.5.2	433	
32	综合防范功能自检测记录		××安全系统工程技术公司	2015.4.25	434	
33	智能系统试运行记录		××安全系统工程技术公司	2015.4.10～2015.5.9	435～443	
34	系统的产品说明书、操作和维护手册		××安全系统工程技术公司	2015.4.20	444～463	
35	系统管理、操作人员培训记录		××安全系统工程技术公司	2015.4.20	464～469	
36	安全防范系统子分部工程质量验收记录		××安全系统工程技术公司	2015.5.10	470	

2.设备器材质量合格证明、检测报告及技术文件目录

资料管理专项目录（质量证明文件）

工程名称			××办公楼工程		资料类别		设备器材质量合格证明、检测报告及技术文件			
序号	物资(资料)名称	厂名	品种规格型号	产品质量证明编号	数量	进场日期	使用部位	资料编号	页次	备注
1	Honeywell 一体化彩色摄像机合格证明及检验报告	××技术有限公司	GC-655P	××	116只	2014.10.6	B01～F11层	001	1～5	
2	电控锁合格证明及检验报告	××电锁厂	MC 270H	××	60把	2014.10.21	F01～F11层	002	6～10	
3	电视墙合格证及检验报告	××科贸有限公司	DV	××	2套	2014.10.24	F01层	003	11～13	
4	控制台合格证及检验报告	××科贸有限公司	PVM	××	2套	2014.10.24	F01层	004	14～17	
5	网络机柜合格证及检验报告	××科贸有限公司	HY-B	××	4组	2014.10.24	F02、F03层	005	18～19	
6	读卡器及门控制器合格证明及原产地证明文件	××科技有限公司	Smart ID	××	60台	2014.11.20	F01～F11层	006	20～32	
7	报警探测器、报警主机合格证、检验报告、CCC认证及证书复印件	××电子有限公司	DT6360 VISTA-120	××	2台 2台	2014.11.27	F01层	007	33～40	
8	彩色监视器合格证及检验报告	××电子有限公司	SMC-152F	××	10台	2014.11.27	F01层	008	41～45	
9	小型阀控铅酸蓄电池合格证及检测报告	××蓄电池有限公司	6FM7	××	144块	2014.11.30	F01层	009	46～49	
10	UPS合格证及检测报告	××不间断电源有限公司	Smart-UPS	××	5台	2014.12.5	F01层	010	50～58	
11	机房专用空调原产地证明及测试报告	××设备有限公司	××		1台	2014.12.10	F01层	011	59～70	
12	六类4对屏蔽信道及链路合格证及检验报告	××电缆有限公司	Cat6 4pair F^2TP	××	450条	2014.12.13	F01～F11层	012	71～87	
13	出入口管理系统合格证及检验报告	××自动化有限公司	RF-8002	××	1套	2014.12.19	B01层	013	88～95	
14	硬盘录像机合格证及检测报告	××信息技术有限公司	XP8016	××	6台	2014.12.25	F01层控制中心和核密值班室	014	96～102	

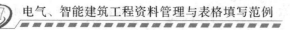

3. 材料质量合格证明、检测报告目录

资料管理专项目录（质量证明文件）

工程名称			××办公楼工程			资料类别		材料质量合格证明、检测报告			
序号	物资(资料)名称	厂名	品种规格型号	产品质量证明编号	数量	进场日期	使用部位	资料编号	页次	备注
1	同轴电缆产品合格证、生产许可证、检验报告	××线缆有限公司	SYV 75-5	JY00032-3	20570m	2014.8.22	B01～F11层	001	1～5	
2	同轴电缆CCC认证及证书复印件	××线缆有限公司	SYV 75-5	2013010105015042		2013.9.16		002		6
3	聚氯乙烯护套软线产品合格证、检验报告	××线缆有限公司	RVV 2×1.0等	FECA10-369-1	20140m	2014.9.28	B01～F11层	003	7～12	
4	聚氯乙烯护套软电缆产品合格证、检验报告	××线缆有限公司	RVV 4×1.0等	FECA10-369-3	6650m	2014.9.28	B01～F11层	004	13～18	
5	多模室内光纤产品合格证、测试报告	××电缆有限公司	12芯(62.5/125)	JY10088-2	1100m	2014.11.16	F01～F11层	005	19～22	
6	多模室内光纤产品合格证、测试报告	××电缆有限公司	4芯(62.5/125)	JY10088-1	28200m	2014.11.16	F01～F11层	006	23～26	
7	六类4对数据电缆产品合格证、检验报告	××电缆有限公司	CAT6 4P F^2 TP	JY10069	27000m	2014.11.21	F01～F11层	007	27～44	
8	单芯硬导体无护套电缆产品合格证、生产许可证、检验报告	××电线厂	227IEC01(BV)10mm²	2014-0138	500m	2014.11.25	F01层机房	008	45～49	
9	单芯硬导体无护套电缆产品合格证、检验报告	××电线厂	227IEC01(BV)2.5mm²	2014-0135	300m	2014.11.25	F01层机房	009	50～54	
10	单芯硬导体无护套电缆CCC认证及证书复印件	××电线厂	227IEC(01)	2012010107028009		2013.8.10	010	010	55	
	······									

4. 备考表

（表略——编者注。）

附录 工程资料类别、来源及保存

工程资料类别		工程资料名称	工程资料来源	工程资料保存			
				施工单位	监理单位	建设单位	城建档案馆
A 类		工程准备阶段文件					
A1类	决策立项文件	项目建议书	建设单位			●	●
		项目建议书的批复文件	建设行政管理部门			●	●
		可行性研究报告及附件	建设单位			●	●
		可行性研究报告的批复文件	建设行政管理部门			●	●
		关于立项的会议纪要、领导批示	建设单位			●	●
		工程立项的专家建议资料	建设单位			●	●
		项目评估研究资料	建设单位			●	●
A2类	建设用地文件	选址申请及选址规划意见通知书	建设单位规划部门			●	●
		建设用地批准文件	土地行政管理部门			●	●
		拆迁安置意见、协议、方案等	建设单位			●	●
		建设用地规划许可证及其附件	规划行政管理部门			●	●
		国有土地使用证	土地行政管理部门			●	●
		划拨建设用地文件	土地行政管理部门			●	●
A3类	勘察设计文件	岩土工程勘察报告	勘察单位	●	●	●	●
		建设用地钉桩通知单(书)	规划行政管理部门	●	●	●	●
		地形测量和拨地测量成果报告	测绘单位			●	●
		审定设计方案通知书及审查意见	规划行政管理部门			●	●
		审定设计方案通知书要求征求有关部门的审查意见和要求取得的有关协议	有关部门			●	●
		初步设计图及设计说明	设计单位			●	
		消防设计审核意见	公安机关消防机构	○	○	●	●
		施工图设计文件审查通知书及审查报告	施工图审查机构	○	○	●	●
		施工图及设计说明	设计单位	○	○	●	

工程资料类别		工程资料名称	工程资料来源	工程资料保存			
				施工单位	监理单位	建设单位	城建档案馆
A4类	招投标及合同文件	勘察招投标文件	建设单位 勘察单位			●	
		勘察合同*	建设单位 勘察单位			●	●
		设计招投标文件	建设单位 设计单位			●	
		设计合同*	建设单位 设计单位			●	●
		监理招投标文件	建设单位 监理单位		●	●	
		委托监理合同*	建设单位 监理单位		●	●	●
		施工招投标文件	建设单位 施工单位	●	○	●	
		施工合同*	建设单位 施工单位	●	○	●	●
A5类	开工文件	建设项目列入年度计划的申报文件	建设单位			●	●
		建设项目列入年度计划的批复文件或年度计划项目表	建设行政管理部门			●	●
		规划审批申报表及报送的文件和图纸	建设单位 设计单位			●	
		建设工程规划许可证及其附件	规划部门			●	●
		建设工程施工许可证及其附件	建设行政管理部门	●	●	●	●
		工程质量安全监督注册登记	质量监督机构	○	○	●	●
		工程开工前的原貌影像资料	建设单位	●	●	●	●
		施工现场移交单	建设单位	○	○	○	
A6类	商务文件	工程投资估算资料	建设单位			●	
		工程设计概算资料	建设单位			●	
		工程施工图预算资料	建设单位			●	
A类其他资料							
B类		监理资料					
B1类	监理管理资料	监理规划	监理单位		●	●	●
		监理实施细则	监理单位	○	●	●	●
		监理月报	监理单位		●	●	
		监理会议纪要	监理单位	○	●	●	
		监理工作日志	监理单位		●		

工程资料类别		工程资料名称	工程资料来源	工程资料保存			
				施工单位	监理单位	建设单位	城建档案馆
B1类	监理管理资料	监理工作总结	监理单位		●	●	●
		工作联系单	监理单位 施工单位	○	○		
		监理工程师通知	监理单位	○	○		
		监理工程师通知回复单*	施工单位	○	○		
		工程暂停令	监理单位	○	○	○	●
		工程复工报审表*	施工单位	●	●	●	●
B2类	进度控制资料	工程开工报审表*	施工单位	●	●	●	●
		施工进度计划报审表*	施工单位	○	○		
B3类	质量控制资料	质量事故报告及处理资料	施工单位	●	●	●	●
		旁站监理记录*	监理单位	○	●	●	
		见证取样和送检见证人员备案表	监理单位或建设单位	●	●	●	
		见证记录*	监理单位	●	●	●	
		工程技术文件报审表*	施工单位	○	○		
B4类	造价控制资料	工程款支付申请表	施工单位	○	○	●	
		工程款支付证书	监理单位	○	○	●	
		工程变更费用报审表*	施工单位	○	○	●	
		费用索赔申请表	施工单位	○	○	●	
		费用索赔审批表	监理单位	○	○	●	
B5类	合同管理资料	委托监理合同*	监理单位		●	●	●
		工程延期申请表	施工单位	●	●	●	●
		工程延期审批表	监理单位	●	●	●	●
		分包单位资质报审表*	施工单位	●	●		
B6类	竣工验收资料	单位(子单位)工程竣工预验收报验表*	施工单位	●	●		
		单位(子单位)工程质量竣工验收记录**	施工单位	●	●	●	●
		单位(子单位)工程质量控制资料核查记录*	施工单位	●	●	●	
		单位(子单位)工程安全和功能检验资料核查及主要功能抽查记录*	施工单位	●	●	●	●
		单位(子单位)工程观感质量检查记录*	施工单位	●	●	●	●
		工程质量评估报告	监理单位	●	●	●	●
		监理费用决算资料	监理单位		○	●	
		监理资料移交书	监理单位		●	●	
B类其他资料							

续表

工程资料类别		工程资料名称	工程资料来源	工程资料保存			
				施工单位	监理单位	建设单位	城建档案馆
C类		施工资料					
C1类	施工管理资料	工程概况表	施工单位	●	●	●	●
		施工现场质量管理检查记录*	施工单位	○	○		
		企业资质证书及相关专业人员岗位证书	施工单位	○	○		
		分包单位资质报审表*	施工单位	●	●	●	
		建设工程质量事故调查、勘查记录	调查单位	●	●	●	●
		建设工程质量事故报告书	调查单位	●	●	●	●
		施工检测计划	施工单位	○	○		
		见证记录*	监理单位	●	●	●	
		见证试验检测汇总表	施工单位	●	●		
		施工日志	施工单位	●			
		监理工程师通知回复单*	施工单位	○	○		
C2类	施工技术资料	工程技术文件报审表*	施工单位	○	○		
		施工组织设计及施工方案	施工单位	○	○		
		危险性较大分部分项工程施工方案专家论证表	施工单位	○	○		
		技术交底记录	施工单位	○			
		图纸会审记录**	施工单位	●	●	●	●
		设计变更通知单*	设计单位	●	●	●	●
		工程洽商记录（技术核定单）**	施工单位	●	●	●	●
C3类	进度造价资料	工程开工报审表*	施工单位	●	●	●	●
		工程复工报审表*	施工单位	●	●	●	●
		施工进度计划报审表*	施工单位	○	○		
		施工进度计划	施工单位	○	○		
		人、机、料动态表	施工单位	○	○		
		工程延期申请表	施工单位	●	●	●	●
		工程款支付申请表	施工单位	○	○	●	
		工程变更费用报审表*	施工单位	○	○	●	
		费用索赔申请表*	施工单位	○	○	●	

工程资料类别		工程资料名称	工程资料来源	工程资料保存			
				施工单位	监理单位	建设单位	城建档案馆
C4类	施工物资资料	出厂质量证明文件及检测报告					
		砂、石、砖、水泥、钢筋、隔热保温、防腐材料、轻集料出厂质量证明文件	施工单位	●	●	●	●
		其他物资出厂合格证、质量保证书、检测报告和报关单或商检证等	施工单位	●	○	○	
		材料、设备的相关检验报告、型式检测报告、3C强制认证合格证书或3C标志	采购单位	●	○	○	
		主要设备、器具的安装使用说明书	采购单位	●	○	○	
		进口的主要材料设备的商检证明文件	采购单位	●	○	●	●
		涉及消防、安全、卫生、环保、节能的材料、设备的检测报告或法定机构出具的有效证明文件	采购单位	●	●	●	●
		进场检验通用表格					
		材料、构配件进场检验记录*	施工单位	○	○		
		设备开箱检验记录*	施工单位	○	○		
		设备及管道附件试验记录*	施工单位	●	○	●	
		进场复试报告					
		钢材试验报告	检测单位	●	●	●	●
		水泥试验报告	检测单位	●	●	●	●
		砂试验报告	检测单位	●	●	●	●
		碎(卵)石试验报告	检测单位	●	●	●	●
		外加剂试验报告	检测单位	●	●	○	●
		防水涂料试验报告	检测单位	●	○	●	
		防水卷材试验报告	检测单位	●	○	●	
		砖(砌块)试验报告	检测单位	●	●	●	●
		预应力筋复试报告	检测单位	●	●	●	●
		预应力锚具、夹具和连接器复试报告	检测单位	●	●	●	●
		装饰装修用门窗复试报告	检测单位	●	○	●	
		装饰装修用人造木板复试报告	检测单位	●	○	●	
		装饰装修用花岗石复试报告	检测单位	●	○	●	
		装饰装修用安全玻璃复试报告	检测单位	●	○	●	
		装饰装修用外墙面砖复试报告	检测单位	●	○	●	

工程资料类别		工程资料名称	工程资料来源	工程资料保存			
				施工单位	监理单位	建设单位	城建档案馆
C4类	施工物资资料	钢结构用钢材复试报告	检测单位	●	●	●	●
		钢结构用防火涂料复试报告	检测单位	●	●	●	●
		钢结构用焊接材料复试报告	检测单位	●	●	●	●
		钢结构用高强度大六角头螺栓连接副复试报告	检测单位	●	●	●	●
		钢结构用扭剪型高强螺栓连接副复试报告	检测单位	●	●	●	●
		幕墙用铝塑板、石材、玻璃、结构胶复试报告	检测单位	●	●	●	●
		散热器、采暖系统保温材料、通风与空调工程绝热材料、风机盘管机组、低压配电系统电缆的见证取样复试报告	检测单位	●	○		
		节能工程材料复试报告	检测单位	●	●	●	
C5类	施工记录	通用表格					
		隐蔽工程验收记录*	施工单位	●	●	●	●
		施工检查记录	施工单位	○			
		交接检查记录	施工单位	○			
		专用表格					
		工程定位测量记录*	施工单位	●	●	●	●
		基槽验线记录	施工单位	●	●	●	●
		楼层平面放线记录	施工单位	○	○		
		楼层标高抄测记录	施工单位	○	○		
		建筑物垂直度、标高观测记录*	施工单位	●	○	●	
		沉降观测记录	建设单位委托测量单位提供	●	○	●	●
		基坑支护水平位移监测记录	施工单位	○	○		
		桩基、支护测量放线记录	施工单位	○	○		
		地基验槽记录**	施工单位	●	●	●	●
		地基钎探记录	施工单位	○	○	●	●
		混凝土浇灌申请书	施工单位	○	○		
		预拌混凝土运输单	施工单位	○			
		混凝土开盘鉴定	施工单位	○	○		
		混凝土拆模申请单	施工单位	○	○		

工程资料类别		工程资料名称	工程资料来源	工程资料保存			
				施工单位	监理单位	建设单位	城建档案馆
C5类	施工记录	混凝土预拌测温记录	施工单位	○			
		混凝土养护测温记录	施工单位	○			
		大体积混凝土养护测温记录	施工单位	○			
		大型构件吊装记录	施工单位	○	○	●	●
		焊接材料烘焙记录	施工单位	○			
		地下工程防水效果检查记录*	施工单位	○	○	●	
		防水工程试水检查记录*	施工单位	○	○	●	
		通风(烟)道、垃圾道检查记录*	施工单位	○	○	●	
		预应力筋张拉记录	施工单位	●	○	●	●
		有粘结预应力结构灌浆记录	施工单位	●	○	●	●
		钢结构施工记录	施工单位	●	○	●	
		网架(索膜)施工记录	施工单位	●	○	●	
		木结构施工记录	施工单位	●	○	●	
		幕墙注胶检查记录	施工单位	●	○	●	
		自动扶梯、自动人行道的相邻区域检查记录	施工单位	●	○	●	
		电梯电气装置安装检查记录	施工单位	●	○	●	
		自动扶梯、自动人行道电气装置检查记录	施工单位	●	○	●	
		自动扶梯、自动人行道整机安装质量检查记录	施工单位	●	○	●	
C6类	施工试验记录及检测报告	通用表格					
		设备单机试运转记录*	施工单位	●	○	●	●
		系统试运转调试记录*	施工单位	●	○	●	
		接地电阻测试记录*	施工单位	●	○	●	●
		绝缘电阻测试记录*	施工单位	●	○	●	
		专用表格					
		建筑与结构工程					
		锚杆试验报告	检测单位	●	○	●	●
		地基承载力检验报告	检测单位	●	○	●	●
		桩基检测报告	检测单位	●	○	●	●
		土工击实试验报告	检测单位	●	○	●	●
		回填土试验报告(应附图)	检测单位	●	○	●	●

续表

工程资料类别		工程资料名称	工程资料来源	工程资料保存			
				施工单位	监理单位	建设单位	城建档案馆
C6类	施工试验记录及检测报告	钢筋机械连接试验报告	检测单位	●	○	●	●
		钢筋焊接连接试验报告	检测单位	●	○	●	●
		砂浆配合比申请单、通知单	施工单位	○	○		
		砂浆抗压强度试验报告	检测单位	●	○	●	●
		砌筑砂浆试块强度统计、评定记录	施工单位	●		●	●
		混凝土配合比申请单、通知单	施工单位	○	○		
		混凝土抗压强度试验报告	检测单位	●	●	●	●
		混凝土试块强度统计、评定记录	施工单位	●		●	●
		混凝土抗渗试验报告	检测单位	●	○	●	●
		砂、石、水泥放射性指标报告	施工单位	●	○	●	●
		混凝土碱总量计算书	施工单位	●	○	●	●
		外墙饰面砖样板粘结强度试验报告	检测单位	●	○	●	●
		后置埋件抗拔试验报告	检测单位	●	○	●	●
		超声波探伤报告、探伤记录	检测单位	●	○	●	●
		钢构件射线探伤报告	检测单位	●	○	●	●
		磁粉探伤报告	检测单位	●	○	●	●
		高强度螺栓抗滑移系数检测报告	检测单位	●	○	●	●
		钢结构焊接工艺评定	检测单位	○	○		
		网架节点承载力试验报告	检测单位	●	○	●	●
		钢结构防腐、防火涂料厚度检测报告	检测单位	●	○	●	●
		木结构胶缝试验报告	检测单位	●	○	●	●
		木结构构件力学性能试验报告	检测单位	●	○	●	●
		木结构防护剂试验报告	检测单位	●	○	●	●
		幕墙双组分硅酮结构密封胶混匀性及拉断试验报告	检测单位	●	○	●	●
		幕墙的抗风压性能、空气渗透性能、雨水渗透性能及平面内变形性能检测报告	检测单位	●	○	●	●
		外门窗的抗风压性能、空气渗透性能和雨水渗透性能检测报告	检测单位	●	○	●	●
		墙体节能工程保温板材与基层粘结强度现场拉拔试验	检测单位	●	○	●	●

工程资料类别		工程资料名称	工程资料来源	工程资料保存			
				施工单位	监理单位	建设单位	城建档案馆
C6类	施工试验记录及检测报告	外墙保温浆料同条件养护试件试验报告	检测单位	●	○	●	●
		结构实体混凝土强度检验记录*	施工单位	●	○	●	●
		结构实体钢筋保护层厚度检验记录*	施工单位	●	○	●	●
		围护结构现场实体检验	检测单位	●	○	●	
		室内环境检测报告	检测单位	●	○	●	
		节能性能检测报告	检测单位	●	○	●	●
		给排水及采暖工程					
		灌(满)水试验记录*	施工单位	○	○	●	
		强度严密性试验记录*	施工单位	●	○	●	●
		通水试验记录*	施工单位	○	○	●	
		冲(吹)洗试验记录*	施工单位	●	○	●	
		通球试验记录	施工单位	○	○	●	
		补偿器安装记录	施工单位	○	○	●	
		消火栓试射记录	施工单位	●	○	●	
		安全附件安装检查记录	施工单位	●	○		
		锅炉烘炉试验记录	施工单位	●	○		
		锅炉煮炉试验记录	施工单位	●	○		
		锅炉试运行记录	施工单位	●	○	●	
		安全阀定压合格证书	检测单位	●	○	●	
		自动喷水灭火系统联动试验记录	施工单位	●	○	●	●
		建筑电气工程					
		电气接地装置平面示意图表	施工单位	●	○	●	●
		电气器具通电安全检查记录	施工单位	○	○	●	
		电气设备空载试运行记录*	施工单位	●	○	●	●
		建筑物照明通电试运行记录	施工单位	●	○	●	●
		大型照明灯具承载试验记录*	施工单位	●	○	●	
		漏电开关模拟试验记录	施工单位	●	○	●	
		大容量电气线路结点测温记录	施工单位	●	○	●	
		低压配电电源质量测试记录	施工单位	●	○	●	
		建筑物照明系统照度测试记录	施工单位	○	○	●	

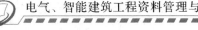

工程资料类别		工程资料名称	工程资料来源	工程资料保存			
				施工单位	监理单位	建设单位	城建档案馆
C6类	施工试验记录及检测报告	智能建筑工程					
		综合布线测试记录*	施工单位	●	○	●	●
		光纤损耗测试记录*	施工单位	●	○	●	●
		视频系统末端测试记录*	施工单位	●	○	●	●
		子系统检测记录*	施工单位	●	○	●	●
		系统试运行记录*	施工单位	●	○	●	●
		通风与空调工程					
		风管漏光检测记录*	施工单位	○	○	●	
		风管漏风检测记录*	施工单位	●	○	●	
		现场组装除尘器、空调机漏风检测记录	施工单位	○	○		
		各房间室内风量测量记录	施工单位	●	○	●	
		管网风量平衡记录	施工单位	●	○	●	
		空调系统试运转调试记录	施工单位	●	○	●	●
		空调水系统试运转调试记录	施工单位	●	○	●	●
		制冷系统气密性试验记录	施工单位	●	○	●	
		净化空调系统检测记录	施工单位	●	○	●	
		防排烟系统联合试运行记录	施工单位	●	○	●	●
		电梯工程					
		轿厢平层准确度测量记录	施工单位	○	○	●	
		电梯层门安全装置检测记录	施工单位	●	○	●	
		电梯电气安全装置检测记录	施工单位	●	○	●	
		电梯整机功能检测记录	施工单位	●	○	●	
		电梯主要功能检测记录	施工单位	●	○	●	
		电梯负荷运行试验记录	施工单位	●	○	●	●
		电梯负荷运行试验曲线图表	施工单位	●	○	●	
		电梯噪声测试记录	施工单位	○	○	○	
		自动扶梯、自动人行道安全装置检测记录	施工单位	●	○	●	
		自动扶梯、自动人行道整机性能、运行试验记录	施工单位	●	○	●	●

工程资料类别		工程资料名称	工程资料来源	工程资料保存			
				施工单位	监理单位	建设单位	城建档案馆
C7类	施工质量验收记录	检验批质量验收记录*	施工单位	○	○	●	
		分项工程质量验收记录*	施工单位	●	●	●	
		分部(子分部)工程质量验收记录**	施工单位	●	●	●	●
		建筑节能分部工程质量验收记录**	施工单位	●	●	●	●
		自动喷水系统验收缺陷项目划分记录	施工单位	●	○	○	
		程控电话交换系统分项工程质量验收记录	施工单位	●	○	●	
		会议电视系统分项工程质量验收记录	施工单位	●	○	●	
		卫星数字电视系统分项工程质量验收记录	施工单位	●	○	●	
		有线电视系统分项工程质量验收记录	施工单位	●	○	●	
		公共广播与紧急广播系统分项工程质量验收记录	施工单位	●	○	●	
		计算机网络系统分项工程质量验收记录	施工单位	●	○	●	
		应用软件系统分项工程质量验收记录	施工单位	●	○	●	
		网络安全系统分项工程质量验收记录	施工单位	●	○	●	
		空调与通风系统分项工程质量验收记录	施工单位	●	○	●	
		变配电系统分项工程质量验收记录	施工单位	●	○	●	
		公共照明系统分项工程质量验收记录	施工单位	●	○	●	
		给排水系统分项工程质量验收记录	施工单位	●	○	●	
		热源和热交换系统分项工程质量验收记录	施工单位	●	○	●	
		冷冻和冷却水系统分项工程质量验收记录	施工单位	●	○	●	
		电梯和自动扶梯系统分项工程质量验收记录	施工单位	●	○	●	
		数据通信接口分项工程质量验收记录	施工单位	●	○	●	
		中央管理工作站及操作分站分项工程质量验收记录	施工单位	●	○	●	
		系统实时性、可维护性、可靠性分项工程质量验收记录	施工单位	●	○	●	
		现场设备安装及检测分项工程质量验收记录	施工单位	●	○	●	
		火灾自动报警及消防联动系统分项工程质量验收记录	施工单位	●	○	●	
		综合防范功能分项工程质量验收记录	施工单位	●	○	●	
		视频安防监控系统分项工程质量验收记录	施工单位	●	○	●	
		入侵报警系统分项工程质量验收记录	施工单位	●	○	●	
		出入口控制(门禁)系统分项工程质量验收记录	施工单位	●	○	●	
		巡更管理系统分项工程质量验收记录	施工单位	●	○	●	

续表

工程资料类别	工程资料名称			工程资料来源	工程资料保存			
					施工单位	监理单位	建设单位	城建档案馆
C7类	施工质量验收记录		停车场(库)管理系统分项工程质量验收记录	施工单位	●	○	●	
			安全防范综合管理系统分项工程质量验收记录	施工单位	●	○	●	
			综合布线系统安装分项工程质量验收记录	施工单位	●	○	●	
			综合布线系统性能检测分项工程质量验收记录	施工单位	●	○	●	
			系统集成网络连接分项工程质量验收记录	施工单位	●	○	●	
			系统数据集成分项工程质量验收记录	施工单位	●	○	●	
			系统集成整体协调分项工程质量验收记录	施工单位	●	○	●	
			系统集成综合管理及冗余功能分项工程质量验收记录	施工单位	●	○	●	
			系统集成可维护性和安全性分项工程质量验收记录	施工单位	●	○	●	
			电源系统分项工程质量验收记录	施工单位	●	○	●	
C8类	竣工验收资料		工程竣工报告	施工单位	●	●	●	●
			单位(子单位)工程竣工预验收报验表*	施工单位	●	●	●	●
			单位(子单位)工程质量竣工验收记录**	施工单位	●	●	●	●
			单位(子单位)工程质量控制资料核查记录*	施工单位	●	●	●	●
			单位(子单位)工程安全和功能检验资料核查及主要功能抽查记录*	施工单位	●	●	●	●
			单位(子单位)工程观感质量检查记录**	施工单位	●	●	●	●
			施工决算资料	施工单位	○	○	●	
			施工资料移交书	施工单位	●		●	
			房屋建筑工程质量保修书	施工单位	●	●	●	
	C类其他资料							
D类	竣工图							
D类	竣工图	建筑与结构竣工图	建筑竣工图	编制单位	●		●	●
			结构竣工图	编制单位	●		●	●
			钢结构竣工图	编制单位	●		●	●
		建筑装饰与装修竣工图	幕墙竣工图	编制单位	●		●	●
			室内装饰竣工图	编制单位	●		●	
			建筑给水、排水与采暖竣工图	编制单位	●		●	●
			建筑电气竣工图	编制单位	●		●	●
		智能建筑竣工图		编制单位	●		●	●

工程资料类别	工程资料名称			工程资料来源	工程资料保存			
					施工单位	监理单位	建设单位	城建档案馆
D类	竣工图		通风与空调竣工图	编制单位	●		●	●
		室外工程竣工图	室外给水、排水、供热、供电、照明管线等竣工图	编制单位	●		●	●
			室外道路、园林绿化、花坛、喷泉等竣工图	编制单位	●		●	●
D类其他资料								
E类	工程竣工文件							
E1类	竣工验收文件	单位(子单位)工程质量竣工验收记录**		施工单位	●	●	●	●
		勘察单位工程质量检查报告		勘察单位	○	○	●	●
		设计单位工程质量检查报告		设计单位	○	○	●	●
		工程竣工验收报告		建设单位	●	●	●	●
		规划、消防、环保等部门出具的认可文件或准许使用文件		政府主管部门	●	●	●	●
		房屋建筑工程质量保修书		施工单位	●	●	●	●
		住宅质量保证书、住宅使用说明书		建设单位			●	
		建设工程竣工验收备案表		建设单位	●	●	●	●
E2类	竣工决算文件	施工决算资料*		施工单位	○	○	●	
		监理费用决算资料*		监理单位		○	●	
E3类	竣工交档文件	工程竣工档案预验收意见		城建档案管理部门			●	●
		施工资料移交书*		施工单位	●		●	
		监理资料移交书*		监理单位		●	●	
		城市建设档案移交书		建设单位			●	
E4类	竣工总结文件	工程竣工总结		建设单位			●	●
		竣工新貌影像资料		建设单位	●		●	●
E类其他资料								

注:1.表中工程资料名称与资料保存单位所对应的栏中"●"表示"归档保存";"○"表示"过程保存",是否归档保存可自行确定。

2.表中注明"*"的表,宜由施工单位和监理或建设单位共同形成;表中注明"**"的表,宜由建设、设计、监理、施工等多方共同形成。

3.勘察单位保存资料内容应包括工程地质勘察报告、勘察招投标文件、勘察合同、勘察单位工程质量检查报告以及勘察单位签署的有关质量验收记录等。

4.设计单位保存资料内容应包括审定设计方案通知书及审查意见、审定设计方案通知书要求征求有关部门的审查意见和要求取得的有关协议、初步设计图及设计说明、施工图及设计说明、消防设计审核意见、施工图设计文件审查通知书及审查报告、设计招投标文件、设计合同、图纸会审记录、设计变更通知单、设计单位签署意见的工程洽商记录(包括技术核定单)、设计单位工程质量检查报告以及设计单位签署的有关质量验收记录。

参 考 文 献

[1] 中华人民共和国住房和城乡建设部. 建筑工程资料管理规程:JGJ/T 185—2009[S]. 北京:中国建筑工业出版社,2010

[2] 中华人民共和国住房和城乡建设部. 建筑工程文件归档规范:GB/T 50328—2014 [S]. 北京:中国建筑工业出版社,2014

[3]《建筑工程施工质量验收统一标准》GB 50300—2013 编写组. 建筑工程施工质量验收统一标准解读与资料编写指南[M]. 北京:中国建筑工业出版社,2014

[4] 中华人民共和国住房和城乡建设部. 建筑电气工程施工质量验收规范:GB/T 50303—2002[S]. 北京:中国计划出版社,2004

[5] 中华人民共和国住房和城乡建设部. 电气装置安装工程 高压电器施工及验收规范: GB 50147—2010[S]. 北京:中国计划出版社,2010

[6] 中华人民共和国住房和城乡建设部. 电气装置安装工程 电力变压器、油浸电抗器、互感器施工及验收规范:GB 50148—2010[S]. 北京:中国计划出版社,2010

[7] 中华人民共和国住房和城乡建设部. 电气装置安装工程 母线装置施工及验收规范: GB 50149—2010[S]. 北京:中国计划出版社,2011

[8] 中华人民共和国住房和城乡建设部. 电气装置安装工程 起重机电气装置施工及验收规范:GB 50256—2014[S]. 北京:中国计划出版社,2015

[9] 中华人民共和国住房和城乡建设部. 建筑电气照明装置施工与验收规范:GB 50617—2010[S]. 北京:中国计划出版社,2011

[10] 中华人民共和国住房和城乡建设部. 建筑物防雷工程施工与质量验收规范:GB 50601—2010[S]. 北京:中国计划出版社,2011

[11] 中华人民共和国住房和城乡建设部. 智能建筑工程施工规范:GB 50606—2010[S]. 北京:中国计划出版社,2011

[12] 中华人民共和国住房和城乡建设部. 智能建筑工程质量验收规范:GB 50339—2013 [S]. 北京:中国计划出版社,2014

[13] 中华人民共和国住房和城乡建设部. 防静电工程施工与质量验收规范:GB 50944—2013[S]. 北京:中国计划出版社,2014

[14] 中华人民共和国住房和城乡建设部. 建筑设备监控系统工程技术规范:JGJ/T 334—2014[S]. 北京:中国建筑工业出版社,2014

[15] 中华人民共和国住房和城乡建设部. 住宅区和住宅建筑内通信设施工程验收规范: GB/T 50624—2010[S]. 北京:中国计划出版社,2011